EL INGENIO DE LOS GENIOS

Auge y declive en Física

El Ingenio de los Genios
Auge y declive en Física
Autor: Miguel Ángel Herrero García
Copyright © Miguel Ángel Herrero García, 2020
Todos los derechos reservados

EL INGENIO DE LOS GENIOS

Auge y declive en Física

MIGUEL ÁNGEL HERRERO

Entendimiento sin conceptos es sol sin rayos; y cuantos brillan en las celestes lumbreras son materiales comparados con los del ingenio.

Baltasar Gracián
"Arte de Ingenio"

ÍNDICE

ÍNDICE 9

INTRODUCCIÓN 15
    El método científico 17
    Ciencia e ingenio 19
    El lenguaje de la naturaleza 20
    Revolución en física 21
    Entre ciencia y filosofía 23

PRIMERA PARTE 27

1. UN GRAN LIBRO ABIERTO 29

    1. 1. Introducción 29

    1.2. Modelo: percepción y razón 30

    1.3. Simbolización 37

    1.4. Construcción de leyes 42

    1.5. Medidas y números 48

    1.6. La física no opera con sensaciones 50

    1.7. Ciencia: un lenguaje bien hecho 57
        Masa y materia 58
        Vocablos científicos 62

    1.8. Idealización, simbolización y creatividad 67
        Idealización 67
        Simbolización 68
        Creatividad 68

2. GALILEO: GEOMETRÍA Y MECÁNICA 71

2.1. Introducción 71

2.2. Geometría: razón de la mecánica 72
"Le Mecaniche" 76

2.3. El momento mecánico 81

2.4. Experimento mental 83

2.5. Analogía en Galileo 88

2.6. Visión galileana de la naturaleza 92

3. NEWTON: EL "SISTEMA DEL MUNDO" 99

3.1. Introducción 99

3.2. "Quaestiones quaedam philosophicae" 101
Cautivado por la matemática 104

3.3. El método newtoniano 109
Conceptos newtonianos 109

3.4. "Principios matemáticos de filosofía natural" 113
El estilo de Newton 118
La atracción universal 119

3.5. La revolución newtoniana 124

4. FARADAY: DIÁLOGO CON LA NATURALEZA 127

4.1. Introducción 127

4.2. Idear y experimentar 128

4.3. Origen del *campo de fuerza* 133
Inducción electromagnética 142

4.4. ¿Existen las *líneas de fuerza*? 151

4.5. Recursos conceptuales **154**
   "El cambio más fecundo después de Newton" 157

5. MAXWELL: "NACIMIENTO DE UNA TEORÍA" 161

5.1. Introducción **161**

5.2. El método analógico **163**

5.3. Un fluido ideal **165**

5.4. Vórtices y *líneas de fuerza* **168**
   ¿Son reales las líneas de fuerza? 170

5.5. De las imágenes a los símbolos **177**
   Ecuaciones del campo electromagnético 180
   Una analogía luminosa 182

SEGUNDA PARTE 185

6. EINSTEIN: EL UNIVERSO RELATIVISTA 189

6.1. Introducción **189**

6.2. Teorías de Principios **192**
   Principios de Equivalencia 196

6.3. Teoría general de la relatividad **199**
   Una geometría a la medida de la física 204

6.4. La unificación pendiente **210**

7. "FÍSICA TEÓRICA": ¿CONTRA LA LÓGICA? 215

7.1. Introducción **215**

7.2. *Cuantización* del átomo **218**
   Líneas espectrales 223
   Onda-partícula 227

7.3. *Complementariedad*: dualidad de contrarios **230**

7.4. Materia invisible y Ondas gravitatorias 234
El bosón de Higgs 235
Materia y energía oscura: búsqueda a ciegas 238
Ondas gravitatorias: ¿reales o teóricas? 241

7.5. Teoría de cuerdas: ¿física o geometría? 244
El lenguaje de las cuerdas 246
El dominio de los símbolos 248

7.6. Atrapados por la matemática 250

8. ¿SÍMBOLOS O REALIDADES? 255

8.1 Introducción 255

8.2. Teoría como metáfora 255

8.3. Objetos reales y simbólicos 259
Finito e Infinito 261

8.4. ¿Ficciones o realidades? 265
Conceptos y objetos 270

8.5. Entre lo real y lo ideal 273
El cuanto en busca de sentido 282
Formalismo cuántico 285
¿Verdad aproximada? 291

9. VISIÓN FÍSICA DEL MUNDO 297

9.1. Introducción 297

9.2. De la predicción a la comprobación 301
"Los impedimentos de la materia" 303

9.3. ¿Un mundo irreal? 307

9.4. Fundamento de las leyes científicas 314

10. EPÍLOGO: MÁS ALLÁ DE LA CIENCIA 321

10.1. Desde la ciencia 321

10.2. Fuera de la ciencia 323

10.3. Ciencia y creencia 330

10.5. Universo inteligible... 338

BIBLIOGRAFÍA **343**

SOBRE EL AUTOR...**357**

INTRODUCCIÓN

Los primeros años del siglo XX marcan el comienzo del espléndido progreso de la física cuyos remotos fundamentos se deben al genial hallazgo de Galileo, que proporcionó el método científico a la investigación experimental. El procedimiento, perfeccionado durante los tres siglos siguientes, impulsó el conocimiento de los fenómenos naturales observables. En la última década del siglo XIX, la física estaba en condiciones de indagar la estructura atómica de la materia, que requería nuevos conceptos teóricos y más precisos dispositivos de experimentación. A estos avances se suma, el no menor en el campo de las aplicaciones a la comunicación con su prodigiosa repercusión social. En la actualidad, presenciamos la enorme difusión de noticias e imágenes sobre temas científicos como el descubrimiento de "ondas gravitatorias" que acercan a la humanidad a distantes y recónditos lugares del universo fomentando el interés por el potencial de la ciencia para desvelar los misterios de la naturaleza e impulsando el progreso material de la humanidad. Además, este auge de la física y de la tecnología se expande hacia otras áreas afines de la investigación empírica como la química y la biología con sus respectivas especialidades, e incluso ejerce cierta influencia en regiones más apartadas como la economía o la sociología.

Sin embargo, junto con la admiración por los grandes descubrimientos de la física atómica y relativista, ha sido inevitable cierto grado de confusión y desconcierto derivados de algunas interpretaciones paradójicas juzgadas desde la lógica natural. Este desconcierto se produce ante algunas nociones de la física cuántica, como "dualidad", "onda-partícula", el "principio de incertidumbre" de Heisenberg, o la mención de extraños objetos del universo: "agujeros negros", "antimateria", "materia oscura" o "energía oscura". Así mismo, las modernas teorías que describen la estructura interna de la materia han introducido inéditas partículas atómicas y subatómicas, algunas a su vez integradas por otras de menor tamaño, como quarks, neutrinos, bosones, etc., junto con interacciones cada vez más complejas. Con todo ello, las explicaciones que dan las teorías actuales del mundo de la microfísica contrasta con la visión que la física clásica proporcionaba de los fenómenos naturales que ocurren a escala humana. Hasta el punto de que existe una disociación entre lo que podría llamarse la lógica de la física teórica y la lógica del pensamiento natural. Un alejamiento conceptual que comienza a principios del siglo pasado a raíz de las teorías de la relatividad de Einstein y la teoría de los *quantos* de Planck. Tal distanciamiento no pensamos que sea aparente, sino más bien conceptual y provocado por la "nueva física" y sus interpretaciones surgidas de los principios relativistas y cuánticos, que afectaron al pensamiento de sus más notables protagonistas. Especial resonancia tuvo la polémica en torno a la llamada "interpretación de Copenhague" que mantuvieron Niels Bohr, Albert Einstein, Werner Heisenberg, Erwin Schrödinger y otros investigadores que compartían un apreciable bagaje filosófico. Así, en ocasiones, el debate desbordó el estricto campo de la física, invadiendo el de la metafísica.

En estos últimos treinta años, la proliferación de trabajos de investigación en física teórica no ha dado los frutos que se esperaba, pese a costosos esfuerzos y grandes inversiones institucionales. Por ello, se han levantado algunas voces críticas que detectan una cierta desorientación en la física teórica, manifestada en la propagación de complejas formulaciones especulativas sin resultados experimentales fehacientes. Se comprende así el interrogante sobre el origen y raíz del desconcierto, cuya respuesta apunta hacia un olvido consentido en los fundamentos del método científico, a pesar de tan prolongado y eficaz cúmulo de resultados positivos. De hecho, la situación de estancamiento ha provocado la inquietud y crítica de algunos investigadores actuales, como Lee Smolin, cofundador del centro de investigación canadiense *Perimeter Institute for Theoretical Physics*. Sabine Hossenfelder, especialista en física teórica y gravedad cuántica, en el *Frankfurt Institute for Advanced Studies*, ha sido más explícita en su denuncia ante el extravío metodológico que desde hace años se produce en la física teórica, como tendremos ocasión de señalar.

El método científico

La situación de incertidumbre señalada nos invita a indagar la raíz del método y su desarrollo posterior. El análisis nos acercará también al proceso mental seguido por los autores y al despliegue de su creatividad. Pues el método no debe considerarse como una guía rígida o una receta que se aplica de manera sistemática, sino de un proceso flexible que se adapta a cada investigación. En nuestra exposición no seguiremos un único esquema abstracto, sino que analizaremos los trabajos de investigación de físicos relevantes desde el siglo XVI. No pretendemos, por tanto, presentar una teoría sobre el método científico, sino mostrarlo en acción, recurriendo a ejemplos históricos que nos den a conocer sus rasgos peculiares.

Sería my laborioso para un solo autor abordar el estudio de tantos y tan diversos trabajos científicos. Por lo que nos centramos en los más sobresalientes, a partir de los textos originales. Esto implica exponer con cierto detalle los aspectos técnicos del trabajo en cuestión y comentarlo siguiendo el pensamiento del autor. La selección de esos ejemplos particulares ha de ser por fuerza reducida, si bien constituye una representación elocuente que aporta ingeniosas soluciones a problemas inveterados que reclamaban urgente explicación.

Teniendo en cuenta la distinción que hemos mencionado más arriba entre física anterior y posterior al siglo XX, parece oportuno presentar el contenido del libro en dos partes. La Primera Parte se dedica al estudio de algunos trabajos sobresalientes de Galileo, Newton, Faraday y Maxwell. Cada uno de ellos se presenta en el entorno cultural de su época, haciendo notar particularmente sus respectivas inquietudes humanísticas combinadas con el apasionado estudio de la naturaleza. Pueden calificarse de "filósofos de la naturaleza" pues supieron armonizar magistralmente su razón con una aguda facultad de observación y habilidad experimental.

En el análisis realizado pueden señalarse tres planos cuyos rasgos respectivos calificamos como: físico, metodológico y epistemológico. En el primero, mostramos detalles técnicos básicos concebidos para describir el problema que se trata de resolver; en el segundo nivel, analizamos el proceso seguido por el autor en la investigación del problema; y en el tercer plano, extraemos las consecuencias epistemológicas del caso concreto.

La Segunda Parte comienza con una breve referencia a las teorías relativistas de Einstein y al descubrimiento de los "cuantos de acción" de Planck. Así mismo, revisamos la evolución del "modelo atómico" y los problemas de interpretación que plantea la "dualidad onda-partícula" y las desconcertantes paradojas que fueron materia de largos debates en los primeros años del siglo XX. En particular, veremos las consecuencias de los "Principios de equivalencia" formulados por Einstein y su intento de "Teoría Unitaria", concebida como supremo deseo de explicación omnicomprensiva de todos los fenómenos físicos. Al internarse en el ambicioso panorama de las primeras décadas del siglo pasado, uno se encuentra con otros muchos físicos geniales, entre ellos Planck, Heisenberg, Schrödinger, Bohr, Pauli, etc.

Ciencia e ingenio

En nuestro deseo de conocer los medios técnicos y el pensamiento de los físicos citados, sobresale una de las cualidades más relevantes en la ciencia y quizá menos estudiada: el *ingenio* que acompaña a sus logros intelectuales. Las creaciones artísticas, como literatura, pintura, escultura, teatro, etc., muestran la inventiva de sus respectivos autores. El fruto de su trabajo encierra innovaciones, rasgos únicos, que no existían en anteriores creaciones artísticas. Ese tipo de factor inédito, cuya identidad no es fácil precisar, introduce una sustancial divergencia con la simple copia. Es el sello propio de cada autor que define su modo de hacer. En definitiva, al calificar de *genios* a los científicos que han requerido nuestra atención en estas páginas, subrayamos a quienes sobresalen por el ingenio que demostraron al aportar soluciones creativas. Nuestro objetivo inmediato, pues, será explicar en qué consistieron esas soluciones y cuáles fueron algunas de sus consecuencias. Sus aportaciones al acerbo común de la ciencia pueden sin duda calificarse de geniales convirtiéndose en paradigmas metodológicos para las generaciones posteriores.

El objetivo que pretendemos alcanzar (juzgarán los lectores en qué medida) es mostrar dónde reside las aportaciones originales -verdaderamente creativas e ingeniosas- de los autores seleccionados y a la vez, comparar los métodos que unos y otros aplicaron en su propio trabajo. Es decir, se trata no tanto de mostrar los resultados de sus investigaciones, sino de bosquejar el camino que siguieron para llegar a la meta que se propusieron. En parte, se trata de aplicar un proceso análogo al utilizado para analizar la técnica empleada por un artista a partir de la contemplación de sus obras.

El lenguaje de la naturaleza

Galileo fue el primero que descubrió la clave del método que abría la puerta al conocimiento de la naturaleza, utilizando el lenguaje de la matemática. Fue el resultado de una combinación entre ingenio y agudo espíritu de observación, que resumió en las páginas de *Il Saggiatore* ("El Ensayador"). La publicación refleja sus propias convicciones asentadas en una incesante tarea científica. No fue fruto de la imaginación literaria, sino de una perspicaz reflexión avalada por los hechos. El lenguaje, como forma de expresión, implica el uso de símbolos que se refieren a las entidades representadas. Se comprende así que en estas páginas asignemos un papel destacado a la formación de símbolos. Coincide con esta misma idea el físico francés Pierre Duhem (1861 – 1916), como se comprueba en el siguiente texto:

> Recurrimos a las ciencias físicas para obtener una ley precisa del movimiento del sol (...). Para resolver el problema, las ciencias físicas no recurrirán a las realidades sensibles, al sol tal como lo vemos brillar en el cielo, sino a los *símbolos* mediante los que las teorías representan esas realidades. El sol real, con todas las irregularidades de su superficie y con las inmensas protuberancias que presenta, lo sustituirán por una esfera geométricamente perfecta, e intentarán determinar la posición del centro de esta esfera ideal

(...). De modo que la única realidad sensible que se ofrece a nuestras constataciones, el disco brillante que nuestro anteojo puede contemplar, la sustituyen por un *símbolo*[1].

En el párrafo transcrito se alude a la construcción de un esquema gráfico, a partir de la observación visual, cuya imagen concebida como un *símbolo*[2] se forma contemplando el objeto circular que brilla a lo lejos. Es evidente, que ese *modelo* es una idealización geométrica de una realidad material mucho más compleja. Tenemos pues en la simbolización una clave imprescindible para analizar la metodología científica. Así, en los Capítulos dedicados a Faraday y a Maxwell, veremos el origen y aplicación de las *líneas de fuerza* y del *campo de fuerza*. Construcciones simbólicas que hicieron posible la formulación de la "teoría electromagnética" y facilitaron el camino metodológico para el posterior desarrollo de la "física teórica".

La historia de la ciencia pone de manifiesto que el estudio del método científico no sólo reclama la reflexión sobre el papel de un lenguaje preciso, sino que es inseparable de la simbolización y del papel que juegan los símbolos en la descripción de los fenómenos naturales.

Revolución en física

El tipo de ejemplos estudiados en la Primera Parte se incluyen dentro de la llamada "física clásica", que Von Weizsäcker califica de "física intuista" ("intuible es ante

---

[1] P. Duhem (2003): 223 [Cursiva añadida].

[2] Tomamos, indistintamente, los términos "símbolo" o "signo", pues ambos comparten el oficio de representar a otras entidades, materiales o inmateriales.

todo el relato de lo que he visto"³). Por el contrario, a partir del primer capítulo de la Segunda Parte, con las hipótesis de equivalencia de Einstein se inaugura la "física teórica", es decir un tipo de "física no intuible". Es un cambio de enfoque que viene obligado por la necesidad de indagar el mundo microscópico. Un ámbito experimental que escapa a la observación directa, y para el cual, se necesitan nuevas técnicas de observación que provocan un nuevo enfoque conceptual. En esa tarea de adaptación a las nuevas invenciones experimentales, se multiplican las dificultades de interpretación de los hechos usando los esquemas clásicos. Será, entonces, imposible traducir las teorías modernas al lenguaje natural, hasta alcanzar incluso un sentido paradójico. Sin embargo, se ha de reconocer que, tal confrontación intelectual ha estimulado el pensamiento surgiendo nuevas ideas y planteamientos que trascienden el campo de la ciencia experimental.

Las ideas vertidas en estas páginas no pretenden ofrecer un relato sistemático de la evolución de la ciencia física. Tampoco se intenta describir una visión del mundo porque, dada la variedad de teorías cosmológicas existentes, no es posible trazar una única imagen válida de un universo que, además, está en constante evolución dinámica. El panorama se complica por la proliferación de originales visiones especulativas que admiten la existencia de múltiples "universos", aunque no aporten razones científicas que avalen su pretendida existencia. Por contraste la imagen del mundo que describe la física será el resultado de una construcción realizada a partir de datos experimentales expresados en forma simbólica.

Es preciso prevenir a los potenciales lectores, que estas páginas no pretenden desempeñar una función

---

³ C. F. Von Weizsäcker (1974): 43.

divulgativa, pues la finalidad que se persigue es mostrar cuál fue el método que emplearon algunos eminentes científicos para construir el imponente edificio de la física que hoy conocemos. Nuestra finalidad no consiste en presentar una narración histórica ni una exposición académica, sino mostrar el papel que juega el método científico en obtener una explicación precisa a partir de observaciones experimentales de hechos naturales.

Ante todo, debemos mencionar que la tesis sobre el lenguaje científico que aquí desarrollamos tiene su raíz en la posición filosófica sostenida a comienzos del siglo XX por el físico francés Pierre Duhem (1861 - 1916). Nuestra tarea se ha centrado en aportar un conjunto de datos entresacados de los trabajos históricos ya mencionados, que avalan el enfoque sustentado por el físico francés, historiador y filósofo de la ciencia.

Entre ciencia y filosofía

Los antecedentes de la ciencia empírica se encuentran en la filosofía, por lo que los primeros investigadores eran conocidos como "filósofos de la naturaleza". La ciencia experimental se hizo autónoma cuando encontró el modo de combinar la observación experimental con un lenguaje geométrico preciso capaz de describir los procesos naturales observados mediante relaciones cuantitativas.

Desde los comienzos, la ciencia física nunca ha perdido de vista progresar en el conocimiento del universo, como lo atestigua los modelos de la astronomía griega que trazaron las primeras imágenes. En nuestra época ha crecido el interés por descifrar las claves que encierra el cosmos y que han hecho posible los extraordinarios avances técnicos. Por un lado, los medios experimentales y, por otro, las construcciones teóricas son los dos factores que, en cada tiempo, marca la frontera de la física. Un horizonte siempre abierto a nuevas perspectivas, dependiendo de los medios técnicos disponibles, como describe el siguiente texto de Einstein.

> Desde diferentes enfoques epistemológicos se ha pretendido dar una imagen completa del origen del mundo y de su evolución. La física dispone de medios teóricos y experimentales para llevar a cabo esa tarea, pero siempre será una representación que depende del método y de los medios de que dispone. En consecuencia, la representación del mundo que proporciona la física no será completa, sino que estará supeditada a la evolución de las teorías y de las herramientas de observación que en cada época estén disponibles. Se trata, por tanto, de una tarea siempre inacabada en continua fase de perfeccionamiento. Una búsqueda que en algunos momentos históricos ha experimentado un mayor impulso superior a los antecedentes. Así en los casos aquí expuestos, se destaca una capacidad de elevarse sobre las pasadas concepciones heredadas de la ciencia precedente. En ellos se pone de manifiesto que el ingenio creativo es un rasgo inédito que les destaca del resto. En el ingenio de sus protagonistas residió la llave maestra que abrió nuevos horizontes y resolvió enigmas que permanecían ocultos a otras mentes científicas notables, que sin embargo no consiguieron descifrarlos[4].

La nueva física en buena parte delineada por las teorías relativista y cuántica ha suscitado algunos interrogantes que reclaman un enfoque filosófico y que debemos mencionar para ultimar nuestra visión de la física. Por lo cual, en el Epílogo ("Más allá de la ciencia"), hacemos unas breves reflexiones sobre los caminos no científicos que recorre la razón para mejorar nuestro conocimiento del mundo.

---

[4] Citado en J. Baggott (2013) [traducción propia].

Finalmente, este ensayo está motivado por el deseo de plasmar algunas reflexiones personales acerca del método utilizado por la física para explicar el mundo natural. Debe considerarse como una consecuencia surgida al final de una dilatada práctica docente y de investigación. Una y otra actividad intelectual suelen desarrollarse en el estricto plano científico, sin plantearse cómo se han construido las teorías. Cuál ha sido el proceso mental que, desde la observación de un hecho natural (como el movimiento de un péndulo o la atracción magnética de una pieza de hierro), conduce a su descripción precisa y a la formulación de la ley. A partir de grandes descubrimientos teóricos y experimentales, resulta sugestivo tratar de conocer el camino recorrido por sus autores para alcanzar la meta que se propusieron.

Es esta, por tanto, una tarea de indagación histórica encaminada a analizar el proceso de creación científica. Un trabajo de investigación sobre el método científico, en el que no se puede prescindir de la física si se quieren evitar inútiles elucubraciones.

PRIMERA PARTE

En la Primera Parte abordaremos el origen y fundamento del método iniciado por Galileo. Para ello, mostraremos primero algunas de sus aplicaciones a la mecánica y a la astronomía, cuyo máximo representante en el siglo XVII fue Newton. En segundo lugar, analizaremos las investigaciones que en el siglo XIX llevaron a cabo Faraday y Maxwell en relación con los fenómenos eléctricos y magnéticos. En líneas generales se puede resumir que el método científico consiste en la construcción de un lenguaje simbólico que describe con precisión los hechos observados. Para lo cual es necesario previamente elaborar un modelo idealizado que sea capaz de captar los rasgos característicos del hecho particular que se somete a control experimental.

1. UN GRAN LIBRO ABIERTO

1. 1. Introducción

En el año 1623, Galileo publicó *El Ensayador*. Dedicado al papa Urbano VIII, la finalidad del libro era replicar a un escrito polémico de Orazio Grassi sobre la naturaleza de los cometas.

> La filosofía está escrita en este libro grandísimo que continuamente tenemos abierto ante los ojos (quiero decir el universo), pero no se puede entender si antes no se aprende a entender la lengua y a conocer las letras en que está escrito. Está escrito en lengua matemática, y las letras son triángulos, círculos y otras figuras geométricas, y sin estos medios resulta imposible que los hombres entiendan nada: sin ellos, no habría más que un vano dar vueltas por un oscuro laberinto.

La idea de comparar la naturaleza con un libro abierto no fue original de Galileo. Pero fue el primero que profundizó en su significado y comprobó que el conocido texto literario abría la puerta al descubrimiento de los secretos de la naturaleza. La fórmula no era nada fácil de aplicar, pues había que comenzar por construir el lenguaje geométrico. La comprensión del "Libro de la Naturaleza" no será posible sin un lenguaje adecuado. Lo cual, implica construir signos y formular una sintaxis que los ordene para estar en condiciones de leer los fenómenos de la naturaleza. Una tarea que comienza con una actitud de observación inquisitiva y prosigue a lo largo del método. En el párrafo anterior de *Il Sagiatore*, Galileo no se limitó a citar sin más un texto célebre. Pues conocía bien su significado y además había comprobado que la geometría era un medio eficaz para descifrar antiguos secretos que permanecían ocultos.

¿Pero cómo consiguió Galileo construir el lenguaje geométrico que hacía legible el Libro de la Naturaleza? Esa metáfora encerraba un profundo significado. Era una imagen literaria en la que se funden dos mundos muy diferentes en un mismo plano. Por un lado, el de las palabras; o bien, los signos formales y por otro lado, los hechos observables del mundo natural. Ahora bien, en la práctica cuando un científico busca la solución a un problema determinado, no suele detenerse a considerar el método que debe elegir. Aunque Galileo no lo hizo de modo sistemático, las frecuentes reflexiones personales sobre sus observaciones experimentales son muy ilustrativas y clarificadoras.

En este primer Capítulo exponemos las nociones básicas que configuran la actividad científica. Entre ellas, dedicamos un apartado a precisar algunos términos que son clave en la ciencia empírica, como "modelo científico", "observación experimental", "operaciones de medida", "lenguaje simbólico". El objetivo primordial de este Capítulo será definir el marco de referencia que sirva para orientar el estudio de los prototipos que hemos seleccionado.

1.2. Modelo: percepción y razón

Los sucesos naturales como una puesta de Sol o las ondulaciones de la superficie de un lago, se presentan al observador como un complejo de imágenes y percepciones que provocan estados de ánimo subjetivos. Pero la observación experimental, allí donde nace la ciencia empírica, debe prescindir de rasgos estéticos, emociones, sentimientos y cualquier otra circunstancia ajena a la investigación de los procesos naturales. La visión científica busca relatar de modo racional el fenómeno de la puesta de Sol, o el de la formación de ondas superficiales en las aguas del lago. Su enfoque no es meramente contemplativo, sino inquisitivo, lejos de buscar impresiones sensibles superficiales, se pregunta por los mecanismos internos que dan lugar a los fenómenos para describirlos de forma lógica. Del conjunto de las percepciones recibidas, extrae aquellos datos precisos, mensurables, que, por revelar una cierta regularidad, podrán ser expresados mediante una ley general que ordena los datos. En particular, la física no concibe un mundo estático, sino que estudia las interacciones del universo. La descripción de la trayectoria del Sol es dinámica, no se detiene en una sola posición, por el contrario estudia el movimiento completo. Lo que distingue, la mera contemplación de un suceso natural de la observación experimental, es la actitud del sujeto, su pretensión de disfrutar del paisaje o bien la de comprender cuál es el mecanismo astronómico que explica el movimiento del Sol que diariamente aparece y desaparece tras el horizonte.

Tanto, en la contemplación estética, como en la observación científica, el sujeto capta las mismas impresiones sensoriales: formas, colores, contrastes luminosos, etc. Pero ese conjunto formado por estímulos visuales de distinto tipo no sería significativo si éstos no se percibiesen ordenados, si no compusiesen un cuadro o "esquema perceptivo"[5]. Por el contrario, si sólo

---

[5] Adoptamos la teoría de raíz aristotélica sobre la estructuración de los datos sensoriales, a partir de los estímulos que proceden de los sentidos externos. En consonancia con el método de la ciencia empírica, el esquema es el resultado de un proceso ascendente que se origina en los sentidos externos. El desarrollo perceptivo se realiza de abajo hacia arriba y es perfectivo. No se produce desde un caos de sensaciones, sino desde lo confuso a lo distinto, merced a los indicios que van poco a poco adquiriendo entidad gracias a experiencias ulteriores. Por el contrario, la teoría kantiana del esquematismo toma los contenidos sensibles como puros datos desordenados. Son como partículas amorfas que gracias a la virtud unificadora del *Yo pienso* trascendental adquieren una forma definida. Y, gracias a él, la categoría se plasma en los datos concretos mediante el esquema trascendental.

consistiesen en sensaciones dispersas, no dotadas de estructura alguna, no sería posible reconocer el paisaje como una puesta de Sol. Sin embargo, gracias a la aprehensión organizada, encuadrada en una doble referencia de espacio y tiempo, podemos localizar e identificar las diferentes partes que componen el campo visual que tenemos presente. Reconocemos como tal la figura del gran disco solar coloreado hundiéndose sobre la línea del horizonte. Una nueva observación de este fenómeno natural realizada cualquier otro día confirmará que estamos ante el mismo hecho ya conocido. Esto es así, aunque las circunstancias atmosféricas sean diferentes, o bien tenga lugar en otra estación del año, a una hora distinta o en otro punto geográfico. Se trata de la misma experiencia perceptiva (así se aprecia), es el resultado de una serie de observaciones originadas en un único fenómeno astronómico. La construcción de ese *esquema perceptivo* ha sido posible gracias a que en cada aprehensión sensorial particular permanece una cierta estructura compuesta de los elementos más significativos. En todas las observaciones captamos la misma forma geométrica, con el mismo color, en la misma posición relativa respecto al horizonte y siempre al final del día. Por tanto, podemos identificar ese objeto ya que se presenta a la vista dotado de cierta consistencia propia con una determinada figura definida que permite distinguirlo de otros objetos conocidos.

El ocaso solar observado por millones de personas en la historia tiene una configuración propia que no cambia y se presenta siempre con la misma disposición espacio-temporal. En cada observación no percibimos exactamente lo mismo, vemos algo parecido, pero no idénticamente igual a la puesta de Sol anterior. Sin embargo, ese conjunto de sensaciones visuales experimentadas en múltiples observaciones del mismo suceso, una vez reconstruidas internamente, forman un complejo organizado o "esquema perceptivo". Aristóteles describe en los *Analíticos Segundos*[6], este complejo proceso que se opera en la mente del sujeto donde se combinan sensaciones presentes con otras recordadas.

En la elaboración del "esquema perceptivo" también intervienen otros factores que calificamos de "valorativos". En efecto, volviendo al ejemplo de la puesta de Sol, además de percibir formas geométricas y otras sensaciones, en el globo solar también captamos variaciones de tamaño, pues se agranda conforme se acerca al horizonte, siendo, durante su recorrido diurno, de mayor diámetro que en posiciones anteriores. Es patente que el Sol ha tomado una coloración anaranjada de intensidad desigualmente repartida sobre su superficie; diferente al color amarillo uniforme propio de las horas centrales del día. Sin embargo, a pesar de las variaciones de tamaño y color, y de las sucesivas posiciones que ocupa a través de su trayectoria, esa figura circular que se recorta sobre el fondo celeste se identifica como el mismo objeto.

Esta teoría en torno al esquema perceptivo tiene puntos en común con la teoría de las *Formas* (*Gestalttheorie*). Según Fabro, la formación progresiva de tal esquema se realiza mediante la integración de sensaciones subsecuentes. El conjunto de percepciones visuales se organiza hasta formar un *esquema perceptivo*

---

[6] Aristóteles (1988): 437- 438; 102a – 109a [Cursiva añadida]. En un contexto filosófico, la teoría aristotélica del conocimiento explica el mecanismo de formación del *concepto universal* como resultado de repetidas impresiones sensoriales provocadas por el mismo objeto. Así, la *experiencia* se origina tras una serie de percepciones registradas (no simplemente almacenadas) en la memoria, bajo la acción de la inteligencia y el discernimiento. Entonces, la *experiencia*, siendo *una*, sin embargo, agrupa en sí muchas cosas y, de este modo, hace posible el principio del arte, en el orden práctico, y el principio de la ciencia, en el orden especulativo.

complejo, integrado por partes diferentes, acompañadas de valoraciones[7] y estimaciones comparativas, relativas al tamaño o a la función que desempeña cada componente en el conjunto. A partir de recuerdos de origen sensible y de imágenes percibidas en acto, se va completando paulatinamente "el esquema perceptivo", en virtud de una serie de operaciones de sedimentación ordenada[8].

Este análisis está fuera del objetivo que aquí nos proponemos, aunque creemos que vale la pena señalarlo en este breve párrafo. Contribuye a explicar cómo se lleva a cabo la construcción del modelo científico teniendo en cuenta el aspecto psicológico de la observación experimental. Al analizar un fenómeno concreto, como el movimiento de oscilación de un péndulo, captamos una serie de imágenes en movimiento que se yuxtaponen con

---

[7] Tales estimaciones pueden tomarse como "percepción de relaciones", que para Stumpf significan un grado posterior en la elaboración del "complejo sensorial". Es decir, con palabras de Fabro: "Es igualmente un hecho que el "complejo sensorial" puede pasar del estado de material bruto al de material elaborado, y es este proceso el que conduce a la maduración del acto de percepción. Pues bien, el motor de este proceso se encuentra en la circunstancia de que el sujeto, por diversas causas, -la más inmediata es la dirección de la atención- llega a advertir *relaciones intrínsecas* en el material de sensación. Es la aprehensión de una relación entre las partes de un todo o de múltiples relaciones en un complejo, lo que constituye propiamente la percepción en su estadio de conocimiento distinto, es decir útil para *los fines de la vida y de la ciencia*. Este complejo de relaciones del material es lo que constituye la Gestalt: tales son las figuras, las melodías y en general las "Gestaltqualitäten" de von Ehrenfels" (C. Fabro (1978): 130) [Cursiva añadida].

[8] Así, en relación a los estímulos acústicos nos podemos preguntar "si de verdad, cuando se da una parte de un continuo sucesivo, por ejemplo algunas notas de una melodía, esta parte, respecto al complejo actualmente sentido y al inminente, puede decirse pasada sin más. Podrá serlo desde el punto de vista físico de la sucesión de estímulo, pero no lo es ciertamente desde el punto de vista psicológico. El cambio del estímulo físico y el sucederse de una nueva situación psíquica no implica a priori la desaparición completa de la situación interior creada precedentemente, la cual puede permanecer en la conciencia y aportar su contribución a la percepción de una forma en devenir, o sea que *se está estructurando en el fluir temporal de los estímulos y de las respuestas psíquicas*" (C. Fabro (1978): 139) [Cursiva añadida].

otras recordadas acompañadas de valoraciones cualitativas, como, por ejemplo, el tiempo de oscilación y su amplitud. Con esto, se pone de manifiesto que la percepción no queda restringida a la actividad de los órganos sensoriales (de la vista, en este caso), como simple acopio de datos externos, sino que existe una conjunción ordenada entre los sentidos y la razón. El esquema no es sólo una representación interna de origen sensible, una imagen, sino una "visión intelectiva"; o sea la comprensión del fenómeno que se investiga.

Sin duda, la formación del modelo no se realiza en una única observación, ni siquiera en el caso más sencillo, sino que implica un largo proceso mental para incorporar nuevos elementos a partir de un bosquejo fragmentario, hasta obtener una representación idealizada del hecho real. Es una construcción mental que salva el hiato entre la compleja realidad empírica exterior y el pensamiento[9]. Cuando en física se habla de cuerpos perfectamente elásticos, "sólidos rígidos", "superficies sin rozamiento", "péndulos ideales", "puntos-masa", y tantos otros ejemplos que se podrían poner, se hace referencia a un tipo de objeto de estudio que no halla en la experiencia, si bien tiene su origen en ella, y que no es sino un esquema o modelo simplificado en el que, por una parte se desposee al objeto empírico de ciertos rasgos o características con el fin de aislar o segregar otras, y se intensifican o perfeccionan aquellas que son retenidas. Por ejemplo, en la teoría cinética de gases, se prescinde de cualquier característica de las moléculas que no sean

---

[9] En la bibliografía especializada sobre los modelos científicos se distinguen varios tipos, según los autores que comparten este enfoque epistemológico. Aquí denominamos *modelo idealizado* al que Rom Harré llama *modelo conceptual idealizado* y C. Dilworth *modelo teórico-abstractivo*. Además de los anteriores, esta misma noción de idealización es compartida por autores como L. Nowak, W. Barr, R. Laymon y E. Mac Mullin.

relevantes para la descripción que se pretende hacer del comportamiento de un gas. A continuación, a dichas moléculas se les supone una forma de *esferas perfectas* (idealización geométrica); por último, se les concede la capacidad de producir choques *perfectamente elásticos* entre sí y con las paredes del recipiente; es decir se idealiza la propiedad elástica. A este esquema así idealizado se aplican los principios de la mecánica newtoniana, cinética de gases y termodinámica.

La idealización implica la abstracción y los fenómenos reales que se investigan se sustituyen por objetos idealizados, que podemos llamar "objetos científicos" y sobre los cuales recae primariamente la investigación. El hecho real, concreto, singular, debe ser generalizado para que las propiedades que se derivan de él tengan un valor universal y pueda ser aplicado a una multiplicidad de individuos de la misma clase. El péndulo del ejemplo anterior ha de ser idealizado, y se han de extraer las características comunes, descartando los rasgos singulares que no recoge la ley general.

Por otra parte, la abstracción científica es diferente de la abstracción matemática[10]. Esta última tiene como fin las

---

[10] Abstracción e idealización parten de un contenido de sensaciones que utilizan como materia prima informe, que se debe elaborar. Cada tipo de ciencia modela la materia amorfa según su finalidad. De este "material bruto" siguiendo ulteriores procesos de abstracción, idealización y construcción "surgen las intuiciones elaboradas" (*die bearbeitete Anschauungen*), propias de la ciencia y de las artes. Tal es, por ejemplo, el espacio vacío y uniforme de la geometría euclídea y de la física clásica, que es una capacidad tridimensional en la que la materia puede expandirse hasta el infinito, intuición que no coincide con ninguna percepción de la vida real. Las líneas rectas, los ángulos rectos, el círculo… tal como son definidos por Euclides, son abstracciones del pensamiento (…). Lo mismo puede decirse de las cualidades formales del campo acústico: sonidos, timbres, alturas, son "datos" y nosotros los percibimos en simultaneidad o continuidad, y *sólo por la intervención del pensamiento pueden considerarse aparte*" (C. Fabro (1978): 129) [Cursiva añadida].

En Nota, "El error de Kant ha sido confundir espacio perceptivo real y espacio abstracto geométrico, o más bien considerar a éste como real en vez de a relaciones geométricas o algebraicas, que prescinden de rasgos sensibles. Por el contrario, la ciencia empírica no puede prescindir de tales representaciones. Esas imágenes no se toman conforme a su modo de ser real, o sea, como se nos muestran en las cosas materiales, sino desprovistas de sus determinaciones particulares. Sólo son válidas como objeto de conocimiento científico si desempeñan una función representativa y de significación, esto es, cuando se asocian mentalmente a una multiplicidad de entes reales.

1.3. Simbolización

El *esquema idealizado* es una imagen mental y es también un símbolo figurativo que representa un hecho real. Por ejemplo, si captamos con una cámara de video las posiciones sucesivas del movimiento de un proyectil que cruza el espacio. Es evidente que tales formas, por sí solas, no son suficientes para proporcionar una explicación científica del movimiento del proyectil. Pues no recogen aquellas propiedades que el estudio científico requiere y que sin embargo los sentidos no perciben. La descripción dinámica del movimiento reclama el uso de diagramas que complementen la simple sucesión de imágenes. Es preciso recurrir a otros gráficos donde figuren magnitudes, como la altura variable del proyectil en función del tiempo. Aunque quizá este segundo esquema no se diferencie mucho de un dibujo artístico, su significación es muy distinta debido a los recursos geométricos, que permitirán obtener una información más precisa. El sentido físico de la representación difiere del estético, pues el esquema idealizado contiene un

---

aquel. Según Aristóteles y Stumpf las cosas suceden al revés (…). El espacio visual es coloreado y no uniforme, es finito y no infinito, ni isótropo como el de la física clásica" (C. Stumpf (1939-1940): II, 3 *Abschn.* § 26, pag. 610).

significado más profundo que debe ser interpretado con la ayuda de la geometría y de los principios de la mecánica. El diagrama científico no es un resultado de una simple observación, sino una construcción más elaborada que la de un bosquejo artístico. Con el diagrama del movimiento que estamos suponiendo se pretende encontrar una correlación cuantitativa entre dos magnitudes que varían a lo largo del movimiento: la altura del proyectil y el desplazamiento horizontal tomado desde su punto de lanzamiento. Tiene un carácter *operativo* con una finalidad instrumental, como herramienta gráfica útil para analizar las propiedades del movimiento de un objeto lanzado con determinado ángulo y sometido al campo gravitatorio terrestre.

En cierto modo, el esquema científico de forma análoga simboliza un dibujo. Así, el dibujo de un paisaje representa sus rasgos concretos, pero no pretende dar ninguna pauta gráfica que sea de aplicación en otros paisajes diferentes. Al contrario, un *modelo científico* de interés en hidrodinámica, no pretenderá describir la forma, ni el color del líquido en movimiento. Su función consiste en dar a conocer la distribución de las velocidades de las partículas del fluido en su recorrido, utilizando símbolos convencionales previamente definidos en la teoría (por ejemplo, las "líneas de corriente"). Este modelo, como *símbolo*, será válido, no sólo en particular, sino cualesquiera que sean las propiedades específicas del líquido o el cauce por el que discurre.

El dibujo reflejará la técnica y estilo propios del autor, lo que no ocurrirá con el esquema científico, que está totalmente desprovisto de cualquier rasgo subjetivo y de factores psicológicos, tal y como exige el carácter objetivo del método científico. El modelo pretende así transcribir mediante símbolos las interacciones de los entes materiales, esto es, su modo natural de operar. Por lo cual, los símbolos han de cumplir con la función de representar con objetividad a todos los casos particulares que puedan agruparse bajo el mismo modelo. Estas dos propiedades *objetividad* y *representatividad* muestran el carácter simbólico del modelo empírico.

Pero no siempre se puede acceder a una observación directa y completa de un suceso natural. El modelo astronómico que representa el movimiento de los planetas alrededor del Sol es el resultado de innumerables observaciones astronómicas de las posiciones de los cuerpos celestes registradas durante varios siglos. En el siglo II, Ptolomeo (90 - 168 d. C) formuló un modelo planetario geocéntrico y en el siglo XVI, Nicolás Copérnico (1473 – 1543) dio a conocer el modelo heliocéntrico. En el transcurso de esos siglos hubo un lento desarrollo de la astronomía hasta conseguir una representación más ajustada a la realidad[11], que fue seguido por Kepler y finalmente por Newton. Ese modelo planetario geocéntrico es una representación simbólica, que guarda una semejanza figurativa con la disposición real de los planetas. Tanto el diagrama referido al movimiento de un proyectil, como el mucho más complejo, modelo planetario son *idealizaciones*.

El modelo como símbolo figurativo puede adaptarse a nuevos campos de investigación, ampliando así su capacidad de significación. Pensemos en el sistema planetario de la mecánica celeste, que Bohr utilizó como analogía para describir la estructura atómica de la materia. Con él, las relaciones cinemáticas y dinámicas que existen entre los planetas y el Sol se trasfieren por analogía a las interacciones entre los *electrones* y el *núcleo*

---

[11] A. Rioja y J. Ordoñez (1999): vol. 1, p. 93.

atómico de los elementos químicos. Mediante una similitud, el lenguaje simbólico que describe un fenómeno mecánico se trasfiere a otro fenómeno de muy diferente naturaleza.

A partir de esta propiedad significante, el *modelo* ofrece un terreno propicio para analizar la formación del lenguaje científico y su papel en la construcción de la teoría. Es además un puente de unión entre el pensamiento y los hechos empíricos. Y es un fuerte nexo natural entre pensamiento y lenguaje, al cual Ernst Cassirer ha llamado *forma simbólica*. Leibniz (1646 – 1716), al analizar el sentido filosófico de la notación simbólica, destacó su función clave en el conocimiento científico, como recoge Cassirer en los siguientes términos:

> De acuerdo con su convicción fundamental [la de Leibniz], la lógica de las cosas, esto es, de los conceptos y relaciones fundamentales materiales sobre los que descansa la estructura de la ciencia, no puede ser desvinculada de la lógica de los signos. Pues el signo no es una mera envoltura eventual del pensamiento, sino su órgano esencial y necesario[12].

La lógica que rige la formación de este lenguaje es inseparable de la "lógica" interna que se manifiesta en los fenómenos naturales. El signo es algo más que la mera envoltura formal del pensamiento, ya que su formación se origina a partir de las representaciones idealizadas, donde confluyen la mente y los datos sensibles. En el esquema

---

[12] E. Cassirer (1998): vol.1, p. 27.

Ambos conceptos, símbolo y signo, se utilizan aquí como equivalentes; pues, uno y otro, tienen como finalidad representar entidades definidas. Un símbolo subraya la idea de semejanza con la entidad que representa, mientras que un signo tiene un carácter formal. Por ejemplo, las palabras de un idioma, escrito o hablado, son signos gráficos o sonoros, sin parecido externo con los objetos que representan.

perceptivo se encuentran la razón y los sentidos, de cuya mutua colaboración surgen los símbolos.

Por su parte, los símbolos del lenguaje matemático se diferencian de los símbolos científicos en que, los primeros no hacen referencia a los datos sensibles, mientras que los segundos no pueden concebirse (al menos, los más próximos a la observación) desprovistos de una referencia al mundo natural. Unos y otros comparten la propiedad de simbolizar. Los signos matemáticos tienen un dominio de significación que no trasciende al mundo empírico. Al contrario, los símbolos científicos están vinculados a los hechos naturales. Lo cual no es obstáculo para que puedan ser considerados como entes matemáticos y por tanto sometidos a los mismos principios y operaciones. Por ejemplo, en mecánica, el "punto material", el "sólido rígido", la "superficie sin rozamiento" o el "fluido incompresible" son idealizaciones de entes materiales que admiten ser representadas como objetos que comparten las propiedades de los entes geométricos. Podrán, entonces, ser sometidos a los mismos cálculos y operaciones que las líneas, planos, superficies, triángulos, esferas, etc. Por lo cual, se benefician de los razonamientos deductivos geométricos, aritméticos, etc., y además mantienen su vinculación con los objetos sensibles y por tanto son susceptibles de verificación experimental. La ciencia empírica y la matemática constituyen una vigorosa asociación para el eficaz desarrollo de la ciencia y con ello un mayor conocimiento racional del mundo natural. En la raíz de esa eficaz alianza está la "idealización", que superando las limitaciones de los entes materiales, los eleva a la esfera del pensamiento.

1.4. Construcción de leyes

El modelo científico es una representación simplificada de la realidad natural, que permite salvar la distancia que media entre la observación del mundo y las ideas, lo que exige a cambio prescindir de propiedades y elementos circunstanciales. La operación de reducir la complejidad de los hechos reales e idealizarlos es análoga a la de esculpir una estatua, eliminando lo que sobra al mismo tiempo que se modela. Entendemos que la idealización da forma geométrica (en general, forma matemática) a los hechos naturales que son objeto de investigación. Así, una esfera de plomo que rueda por una superficie de madera, considerada en toda la complejidad de sus detalles materiales, no es apta para estudiar el movimiento, si no se idealiza y se toma como una esfera geométrica, en sentido estricto. Es decir, mediante esa operación mental, la esfera real, desde el mundo material pasa al ámbito geométrico convertida en un objeto inmaterial que, por tanto, se ajusta a la definición teórica con todas sus consecuencias.

Las teorías científicas se refieren al mundo natural, pero lo hacen a través del lenguaje simbólico, por tanto refiriéndose -en primera instancia- a entes idealizados e indirectamente a los objetos naturales. Un fenómeno natural, como la vibración de una cuerda o el movimiento de los planetas forman parte de la teoría como entes idealizados y no según son directamente observados. La desventaja que se deriva de esta afirmación es que las teorías no describen los fenómenos según su existencia real, con todas sus determinaciones. A cambio, se obtiene la ventaja de compartir la precisión y capacidad deductiva de las matemáticas. En virtud de los principios matemáticos se ordenan los datos experimentales y con ello se modelan las leyes que rigen los fenómenos.

Por ejemplo, en mecánica, a partir de la observación la vibración de una cuerda se obtiene la ecuación matemática que relaciona "frecuencia de vibración" y "longitud". Lo cual exige una previa idealización que convierte a la cuerda material en una línea geométrica. Veamos, como Einstein alude a ese proceso mental en el siguiente texto.

> La totalidad de nuestras experiencias sensoriales (uso de conceptos, creación y empleo de relaciones funcionales definidas entre ellos y la coordinación de las experiencias sensoriales con esos conceptos) pueden ser *puestas en orden mediante un proceso mental*: este hecho en sí tiene una naturaleza que nos llena de reverente temor, porque jamás seremos capaces de comprenderlo por completo. Bien se podría decir que "el eterno misterio del mundo es su comprensibilidad" (...)

La "comprensibilidad" implica la *creación de cierto orden en las impresiones* sensoriales. Un orden que no existe en la mera observación y que exige formar conceptos y establecer sus nexos con los datos empíricos, los cuales se expresan mediante leyes. La ciencia a través de ellas capta -en parte- la estructura de los hechos naturales. Lo cual no implica que dichos enunciados reflejen de modo literal la disposición interna de los entes. Aunque, sea razonable inferir que debe existir una estructura ordenada, subyacente al mundo natural observable. Por tanto, las leyes de la ciencia empírica no son el resultado de aplicar teorías matemáticas a los fenómenos naturales con el fin de encerrarlos en cauces prefabricados. Por el contrario, se interpretan los resultados a partir de datos experimentales ordenados y aplicando operaciones cuantitativas. Pero, ilustremos con un sencillo ejemplo lo que tratamos de señalar.

Supongamos que una cuerda de cierto instrumento musical vibra emitiendo un sonido con determinada frecuencia. Una segunda cuerda, de mayor longitud que la primera y de sus mismas características, emitirá una vibración en un tono más grave; es decir, con una frecuencia menor que la anterior. Si repetimos el sencillo experimento con una tercera cuerda de longitud superior a las anteriores y en las mismas condiciones que aquellas, el sonido será aún más grave.

De este resultado experimental cabe concluir que existe una cierta relación entre el tipo de vibración percibida y la longitud de la cuerda que emite el sonido. Por tanto, con independencia de la observación y anterior a todo proceso de idealización, existe una propiedad del sonido que es apreciable por el oído (o por dispositivos técnicos) y que dicha propiedad debe ser atribuida a la cuerda sometida a vibración. El hecho observado, pues, no tiene ningún fundamento en las propiedades de los números o en las combinaciones posibles, sino que es un suceso que pertenece al mundo real.

Insistimos de la importancia de este esquema, pues como modelo científico la cuerda vibrante mencionada se representa por un segmento o porción de recta a la que mentalmente se asocia imágenes de vibraciones anteriores, que han quedado registradas en la memoria. De este modo, a partir de esos casos concretos, formamos un esquema mental que reúne las propiedades comunes que serán atribuibles a otras vibraciones supuestas. Es decir, imaginamos una *cuerda idealizada* que representa a cualquiera de las cuerdas materiales individuales sometidas a vibración. En ese modelo existirán elementos geométricos a los que asociamos mentalmente sensaciones auditivas y visuales, cuya descripción gráfica no será posible porque -al contrario que la cuerda real- aquélla no tiene consistencia material. Es evidente que esta representación idealizada de la vibración longitudinal desempeña el papel de un esquema mental en el que se congregan de modo ordenado imágenes y nociones que proporcionan un terreno adecuado para establecer relaciones entre diversos elementos y en el que podrán intuirse nuevas vías experimentales.

A partir de una sencilla observación es posible formar ciertas combinaciones numéricas, siguiendo la secuencia concreta que sugiere las vibraciones que percibimos. A la inversa, se puede aplicar una propiedad matemática al modelo de la cuerda en vibración. Así, por ejemplo, una progresión aritmética de razón 2 servirá para describir una determinada propiedad mecánica cuya pauta de variación encaje con la progresión numérica. En ese caso está plenamente justificado hablar de una "ley física", enunciada en lenguaje matemático.

Supongamos otro ejemplo ilustrativo que consiste en el movimiento de un cuerpo material, cuyo desplazamiento se realice conforme a la progresión aritmética citada anteriormente. En ese caso, la ley del movimiento expresará mediante signos matemáticos la vinculación que existe entre el espacio recorrido y el tiempo transcurrido. En efecto, si medimos el desplazamiento del móvil en metros y recorre 1 metro durante el primer segundo; 3 metros durante el siguiente segundo (es decir, desde la salida, habrá recorrido 3+1 = 4); 5 metros, durante el tercer segundo y así sucesivamente. Entonces el número total de metros recorridos por el cuerpo será igual al número de segundos transcurridos desde el principio, elevado al cuadrado. O bien, en forma simbólica: $s = k\,t^2$ (por sencillez, sea $k=1$)[13]. En conclusión, si desde el principio

---

[13] Se incluye la constante k, para que la ecuación sea dimensionalmente homogénea.

del movimiento, el tiempo transcurrido es de 4 segundos, el móvil habrá recorrido $4^2 = 16$ metros; al cabo de 5 segundos, el recorrido total será de $5^2 = 25$ metros, etc.

Con una interpretación puramente algebraica, la ecuación anterior expresa simplemente la igualdad de pares de números[14]. Sin embargo, su significado cinemático es más profundo, ya que esa ecuación tiene un sentido físico referido al movimiento, es decir una propiedad que describe una observación perceptible, no sólo una relación estrictamente algebraica. La ley enuncia por tanto un modo particular, en el que el cambio de posición en función del tiempo se manifiesta. Es evidente que la formulación matemática no causa ese tipo de movimiento, sino que la sucesión aritmética opera como un lenguaje simbólico que sirve para describir esa clase de desplazamiento. Una vez definidos los conceptos físicos de "espacio" y de "tiempo", utilizando propiedades algebraicas se han descrito las características de un hecho natural. Para lo cual, primero, se han agrupado libremente los intervalos de espacio y tiempo, sin que existiese una pauta predeterminada en la naturaleza y, después, se han considerado como entes matemáticos (en este caso, como números enteros).

Ante estos resultados, está justificado admitir que la naturaleza tiene su propia estructura, que se oculta a nuestra observación directa, pero la investigación experimental y el lenguaje matemático es capaz de hacer visible. La naturaleza tiene su propio dinamismo que se manifiesta con una gran diversidad de efectos mecánicos,

---

[14] Es decir, la suma total de metros recorridos desde el principio, sustituidos en el primer miembro de la ecuación, es igual al cuadrado del número de segundos transcurridos, sustituidos en el segundo miembro. El primer miembro de esta ecuación resume mediante signos la progresión numérica, ya que el espacio recorrido en cada segundo es igual al anterior más dos unidades.

acústicos, eléctricos, atómicos, etc. Siguiendo el método científico, la investigación experimental ordena y construye leyes y teorías que hacen comprensible el mundo natural. Así pues, mediante las formulaciones físico-matemáticas, captamos parte de la *lógica* que subyace en los fenómenos naturales.

Por lo expuesto sobre las leyes como construcciones mentales, fruto de la experimentación y de la idealización, concluimos que no es adecuado referirse a ellas como "leyes impresas en la naturaleza", según la expresión clásica. Puesto que tales sistematizaciones y formulaciones no se hallan inequívocamente vinculadas a los fenómenos, ni se obtienen por deducción lógica a partir de la observación empírica. Las leyes científicas no están "inscritas" en los procesos naturales ni siquiera de forma codificada o implícita. En consecuencia, *las leyes físicas no son fruto de un descubrimiento, sino el resultado de una construcción intelectual* que se hace a partir de la indagación de los fenómenos naturales siguiendo el método científico.

No obstante, es razonable referirse a la naturaleza como dotada de una estructura dinámica ordenada e inteligible cuyas manifestaciones o fenómenos observables son objeto de investigación. Por su complejidad esa estructura natural que reside en toda clase de materia y en el cosmos en su conjunto, requiere una investigación en muy diversos dominios de la ciencia empírica. Además, las leyes físicas válidas en el terreno de la materia inerte, lo son también en el ámbito de la materia organizada, incluidos los seres vivos. Son igualmente válidas cuando se aplican a una roca o a un árbol, a pesar de su mayor complejidad.

1.5. Medidas y números

En los ensayos de laboratorio se utilizan instrumentos de precisión que potencian la capacidad natural de los sentidos y se obtiene un análisis más minucioso, a la vez que se descubren nuevas vías experimentales. Debido a la complejidad de los hechos no es posible prolongar su examen sin recurrir a medios artificiales. Así, para estudiar el movimiento de una esfera que rueda por un plano inclinado no basta una sola observación. Hay que repetir las observaciones e idear ensayos de laboratorio que conduzcan a diferentes puntos de vista. En el ejemplo anterior, habrá que analizar qué ocurre cuando se modifica la inclinación del plano, o cómo afecta al desplazamiento del cuerpo el estado más o menos liso de la superficie; o bien cómo influye el peso de la esfera comparado con otros cuerpos esféricos distintos, etc. Todo lo cual conduce a seguir ciertas operaciones de control y de interpretación de los resultados. Se deben realizar *medidas* de las *magnitudes* que intervienen en el experimento, con el fin de comprobar cómo afectan los valores de ciertos parámetros al resultado; o sea, en este caso, se pretende saber cómo depende la duración del recorrido de la esfera con el ángulo de inclinación.

La realización de experimentos controlados es inseparable de la medida y es sustancial en el método científico. La operación de medir implica realizar una serie de manipulaciones con los objetos materiales, empleando determinados aparatos dotados de una escala graduada donde se lee el resultado numérico de dicha operación. Toda medida de una magnitud implica la previa definición de lo que se quiere medir. A partir de la definición de *velocidad*, como el espacio recorrido por unidad de tiempo y realizadas las medidas correspondientes se obtendrá el valor de la *velocidad*, dividiendo el desplazamiento y el tiempo invertidos por el móvil.

Así pues, toda medición de una magnitud lleva consigo una comparación entre una parte de ella ("unidad" de medida) y la magnitud en cuestión, cuyo resultado es siempre un *número*. El valor de la altura de un edificio, por ejemplo, es una cantidad numérica que se suele expresar en metros. Cuando las medidas exigen llevar a cabo operaciones más complejas, el resultado es también un número obtenido también por comparación con magnitudes del mismo tipo, previamente definidas. Para medir la temperatura de un líquido, lo adecuado es utilizar un termómetro (instrumento más complejo que el empleado para medir longitudes), pero el resultado sigue siendo un número acompañado de las unidades correspondientes (por ejemplo, 16 ºC).

Para construir un termómetro se precisa recurrir a la teoría termodinámica. El fundamento de un termómetro reside en dos hechos naturales conocidos que se producen siempre a la misma temperatura y con total independencia del observador. Estos son el "punto de fusión "del agua y su "punto de ebullición". Lo cual significa que bajo las mismas circunstancias, o sea a la misma temperatura, el agua pasa del estado líquido al sólido, e igualmente ocurre al cambiar de líquido a vapor, es decir, se produce también a una temperatura definida (superior a la anterior). Por consiguiente, las condiciones físicas vienen impuestas por los hechos naturales. Y mediante teorías bien articuladas con la experimentación, se asignan valores numéricos a las temperaturas de fusión y de ebullición del agua, que se toman como posiciones extremas de la escala termométrica graduada.

1.6. La física no opera con sensaciones

Como hemos visto, la operación de medir una magnitud equivale a asignar cantidades numéricas a conceptos definidos: *longitudes, velocidades, temperaturas,* etc. A través de las *medidas* experimentales se asignan entes matemáticos a las cualidades físicas de objetos materiales; es decir, se establece un nexo entre física y matemática[15]. No sería posible realizar ese tipo de operaciones sin una idealización previa de los objetos reales. Por ejemplo, al idealizar una barra de acero y convertirla mentalmente en una línea geométrica, se le asigna el valor numérico que corresponde a su medida. De esta forma, la correspondencia entre un número (ente ideal) y la longitud de una línea se hace en el mismo plano ontológico.

Ahora bien, las propiedades de un objeto material no son idénticamente iguales a las magnitudes físicas. Un objeto real tiene rasgos sensibles de los que carecen magnitudes físicas, como el "peso" o el "volumen", ya que han sido eliminados en virtud de la idealización. Entonces, puede afirmarse que las "magnitudes físicas" no residen en los objetos materiales, sino que se definen a partir de observaciones empíricas.

Es oportuno preguntarnos ahora si la definición de una magnitud está unívocamente determinada por las impresiones sensoriales, o bien, si de algún modo están prefiguradas en ellas. Por los ejemplos que recoge la historia de la ciencia experimental comprobamos que las

---

[15] Con respecto a la formación de conceptos físicos, Einstein rechaza la idea de que "los hechos por sí solos, sin libre construcción conceptual, pueden y deben proporcionar conocimiento científico. Semejante ilusión solamente se explica porque no es fácil percatarse de que aquellos conceptos que, por estar contrastados y llevar largo tiempo en uso, parecen directamente conectados con el material empírico, están en realidad libremente elegidos" (A. Einstein (1979): 49).

sensaciones (visuales, sonoras, etc.) se anticipan a la formación de conceptos físicos, como *espacio, tiempo, masa, carga eléctrica*, etc., sin embargo, no son incorporadas como tales a las nociones teóricas.

Ernst Mach (1838-1916) no compartía esa posición metodológica. Para el físico y filósofo austriaco, las *sensaciones* constituyen el objeto de conocimiento de la física. En su conocida obra *Análisis de las sensaciones* se pregunta "cómo un proceso químico una corriente eléctrica, etc., puede engendrar este efecto singular, a saber: el color verde. (...) El análisis psicológico nos enseña en este punto que tal asombro no está justificado, puesto que *el físico siempre opera con sensaciones*"[16].

De acuerdo con esa tesis, las sensaciones, sin cambio alguno, se convierten en datos científicos y constituyen el componente primordial de la ciencia empírica. En la práctica no existiría diferencia alguna entre las impresiones sensoriales percibidas por el sujeto y las concebidas como magnitudes físicas.

> Un color es un objeto físico en cuanto le pensamos como dependiente de la fuente luminosa (otros colores, calores, espacios, etc.). Si le consideramos como dependiente de la retina (...) es un objeto psicológico, una sensación. Lo diferente en ambos casos no es la materia sino la dirección de nuestras investigaciones[17].

Bajo esta perspectiva, los órganos sensoriales se limitan a registrar las impresiones sensibles del mundo exterior y sin añadir ni quitar nada, ni posterior modificación, son incorporadas al pensamiento como datos científicos. Según sea el fenómeno químico, o biológico, así será el método que se debe aplicar. Si se

---

[16] E. Mach (1987): 39 [Cursiva añadida].
[17] E. Mach (1987): 16.

pretende hacer un estudio psicológico, entonces, esas mismas inmutaciones orgánicas externas tendrán el carácter de sensaciones.

En contra del la opinión del físico austriaco hay que señalar que los órganos de los sentidos nunca se comportan como meros receptores y transmisores de sensaciones. Sus respuestas no son directamente proporcionales a los estímulos que reciben; como prescribe la conocida ley de Fechner. Además los datos de los sentidos no reúnen los requisitos necesarios para mantener la objetividad que demanda el método científico, puesto que dependerán de las circunstancias personales y ambientales del sujeto investigador.

Mucho antes de Mach, Galileo se planteó por primera vez la importancia de la objetividad de los conceptos en la ciencia experimental. En 1623 a propósito de la composición material de tres cometas entonces visibles en el cielo de Italia, escribió *Il Saggiatore*, en forma de carta dirigida al académico linceo Virginio Cesarini. En esta publicación clasifica las sensaciones en *cualidades primarias* y *cualidades secundarias*. Las primeras cumplen con los requisitos para ser admitidas como datos científicos, ya que excluyen todas aquellas impresiones internas que estuvieran asociadas a sensaciones de origen externo. Pueden ser admitidos como datos científicos las percepciones externas que se mantienen independientes de la sensación orgánica personal.

Galileo aporta una solución en línea con la antigua teoría atomista, que atribuye al *movimiento* la causa que subyace a toda impresión sensible. A propósito de la sensación de *calor*, escribe:

> De acuerdo con la promesa que antes hice a V. S. Ilma., me queda ahora manifestar mi pensamiento sobre

> la proposición "El movimiento es causa del calor", mostrando de qué manera me parece que pueda ser cierta. Antes será necesario que haga alguna consideración sobre esto que llamamos calor, pues me temo que en general existe una idea bastante alejada de la verdad, si se cree que se trata de un verdadero accidente, afección y cualidad que reside realmente en la materia que sentimos que se calienta[18].

De igual forma, niega que cualquier sensación táctil -no sólo la producida por el calor- pueda tener una consistencia objetiva. Puesto que los efectos sensibles que se producen en un cuerpo animado dependen de la zona donde se recibe el estímulo externo. Por razones análogas, a las impresiones sensoriales, como sabores, olores, colores, etc., no se les debe atribuir una entidad propia exterior al sujeto, es decir, las sensaciones como tales sólo residen en el propio sujeto. Galileo concluye que "no son más que meros nombres"[19] y las cualidades secundarias no tienen un origen fuera del sujeto, aunque se manifiestan cuando las *cualidades primarias* (el movimiento, la figura, o el número) operan sobre determinados órganos. En resumen, las *cualidades secundarias* son producidas por las *primarias* y no poseen entidad propia.

En el siglo XVIII, John Locke (1632 – 1704) estudió de forma más sistemática la objetividad de las sensaciones. El filósofo empirista las divide en tres grupos: *cualidades primarias, cualidades sensibles y capacidades*. En resumen admite que, entre todos los tipos de impresiones que nos llegan desde el exterior, sólo las *cualidades primarias* son independientes del sujeto. Puesto que son las únicas que una vez originadas mantienen su estructura y reúnen las

---

[18] Galileo (1968): Vol. 6, p. 347.
[19] Galileo (1968): Vol. 6, p. 348.

condiciones necesarias para ser objeto de estudio científico. Las *cualidades secundarias* tienen su causa en las primeras y las *capacidades* se caracterizan porque pueden modificar las propiedades de otros cuerpos sobre los que actúan.

Únicamente, las *cualidades primarias* son aceptables por ofrecer un fundamento objetivo a la definición de datos científicos. Pertenecen a este grupo, por ejemplo, todas aquellas percepciones que se conocen como, *volumen, forma, número, movimiento,* etc.

No nos compete analizar aquí la naturaleza de la sensación. Las anteriores referencias tienen la finalidad de subrayar que, cualquiera que sea su realidad o idealidad, esas impresiones recibidas por el sujeto, en cuanto alteraciones corporales o psicológicas, no pueden tomarse como datos científicos porque no ofrecen la garantía de objetividad que la ciencia experimental requiere. Sin embargo, se debe aclarar que, tanto las *cualidades* denominadas *primarias*, como las *secundarias* son inseparables del sujeto que las recibe. Las primeras contribuyen a dar más consistencia a los hechos observados. La *figura* exterior de un cuerpo limita a la materia que lo forma dentro de una determinada región del espacio. Lo que, a su vez, contribuye a definir la superficie y el volumen del cuerpo, tomados como conceptos geométricos y, por tanto, como construcciones idealizadas obtenidas a partir de la figura en cuanto que *cualidad primaria*. Las cualidades primarias -menos vinculadas al observador- son más fáciles de ser idealizadas pero, tanto éstas, como las secundarias no pueden ser admitidas como datos científicos sin una previa *idealización*.

Además, considerando el origen externo de las percepciones, hay que tener en cuenta que siempre proceden de un único cuerpo material o de un conjunto finito. La magnitud física, como noción teórica tiene un significado general, pues debe representar a una multiplicidad global. Una única *sensación visual* originada al observar una superficie metálica de color rojo no tiene valor científico, puesto que, no podría elaborarse una teoría física del color, ya que se omitirían el resto de los colores. Por lo que es lógico definir el color como una propiedad que posee cualquier cuerpo material y no sólo un individuo.

La física del color se inscribe dentro de la teoría de la luz y ésta, a su vez, es la ciencia que estudia la emisión y propagación de ondas electromagnéticas visibles; lo cual justifica que el fenómeno del color admita una explicación basada en el movimiento. Con este enfoque se comprende la conclusión de Galileo, antes mencionada, sobre la naturaleza de las cualidades primarias. Aunque aquí no se trata del desplazamiento local de los cuerpos materiales, más bien debe concebirse como una idealización del movimiento, sin participación de la materia. Los objetos a los que se atribuye el movimiento son entes idealizados, como *ondas*, *corpúsculos* o *campos eléctricos y magnéticos* capaces de recibir una expresión matemática.

En resumen, la ciencia experimental trabaja con datos empíricos que proceden del mundo exterior, pero esos datos no pueden identificarse con las mismas sensaciones, tal y como son captadas por los sentidos. Por el contrario, éstas deben ser idealizadas para transformarlas en *conceptos científicos* cuya definición no dependa de las condiciones particulares de la observación, ni tampoco del observador.

En mecánica clásica, por ejemplo, la *masa inercial* es un dato científico que representa la resistencia que un cuerpo opone a cambiar su estado de reposo o movimiento cuando actúa una fuerza sobre él. Este concepto cumple la función de asignar a cada cuerpo una magnitud susceptible de ser medida y representa su forma de reaccionar cuando opera sobre él una fuerza dada; es decir, nos permite comprobar que la reacción del cuerpo será diferente, cuando lo sea la fuerza. Se comprueba experimentalmente que la masa inercial depende de la cantidad de materia, pero también depende del tipo de materia y no sólo de su tamaño.

Pues bien, es evidente que ninguno de los sentidos es capaz de percibir esa magnitud que la física denomina *masa inercial*. Se ve el color, la forma, o el estado de su superficie, incluso será posible estimar el peso de un cuerpo por comparación con otros sólidos. Pero no se puede percibir la magnitud *masa inercial*, puesto que no es el resultado directo de una impresión sensible, como lo es, por ejemplo, el color verde o el brillo de una superficie.

Pese a todo lo dicho se ha de admitir la existencia de algún fundamento natural, que invita, por ejemplo, a definir la "masa inercial" del modo particular en que se hace. Es decir, el ente idealizado definido como "masa inercial" guarda cierta vinculación con la materia de los objetos, pero no se identifica ni es una consecuencia lógica de ella. Es una base sensible en el que el pensamiento, a través de las facultades sensoriales, encuentra el soporte necesario para construir la noción física. En *Fenomenología de la percepción*, M. Merleau-Ponty analiza esta misma cuestión al referirse a la sensación visual.

> Los contenidos visuales son reanudados, utilizados, sublimados a nivel del pensamiento, por una potencia simbólica que los supera, pero es *sobre la base de la visión cómo esta potencia puede constituirse*[20].

---

[20] M. Merleau-Ponty (1975): 143 [cursiva añadida].

Es decir los datos de los sentidos que surgen de la observación experimental constituye el medio adecuado para formular definiciones conceptuales de las magnitudes científicas. Para Merleau-Ponty "la función simbólica se apoya en la visión como en un suelo"[21].

1.7. Ciencia: un lenguaje bien hecho

En el *Ensayo sobre el entendimiento humano*[22], John Locke escribe: "las palabras son signos sensibles, necesarios para la comunicación de ideas". Mediante el lenguaje, oral o escrito, se comunican ideas y emociones. En la escritura, los signos impresos se combinan siguiendo las reglas sintácticas establecidas. La expresión verbal de cada idioma está formada por combinaciones de signos acústicos.

La ciencia tiene también su propio lenguaje simbólico cuyos términos pueden coincidir en parte con el lenguaje común y ambos comparten las mismas reglas formales de expresión. Los enunciados científicos deben ser precisos, concisos y formulados con el mínimo número de símbolos. De tal forma que sirva como medio descriptivo, exento de alusiones subjetivas; emotivas, intencionales, desiderativas, etc.

El lenguaje de la ciencia caracteriza a la propia actividad específica. Para el filólogo Wilbur M. Urban, "la ciencia, en último término, es un lenguaje bien hecho"[23]. No es sólo un medio de expresión adecuado para la función que desempeña, pues con Humbolt puede decirse que es también una forma de entender el mundo natural, como ocurre con el lenguaje común. En efecto, más allá de una simple combinación de signos, la ciencia proporciona

---

[21] M. Merleau-Ponty (1975): 143-144.
[22] J. Locke (2005): 315.
[23] W. M. Urban (1979): 420.

una "visión del mundo"; una peculiar orientación del pensamiento y de la representación[24]

De tal forma que el lenguaje utilizado por cada rama de la ciencia describe una región parcial del mundo natural. Pensamiento y lenguaje son inseparables y el segundo circunscribe el mundo interior ampliando o restringiendo el campo de sus objetivos intelectuales. En palabras del filósofo Wittgenstein: *"Los límites de mi lenguaje significan los límites de mi mundo"*[25]. A través del lenguaje científico captamos la estructura oculta de los fenómenos naturales y la investigación amplía los dominios de la realidad material.

Masa y materia

Los términos que usa la ciencia no sólo designan entidades materiales, sino también se refieren a las acciones naturales que se producen entre ellas. En el lenguaje escrito, los signos impresos de un determinado idioma sustituyen formalmente a las cosas reales que mencionamos y que se emplean para aludir a un individuo o a un conjunto de individuos que se agrupan y comparten las mismas propiedades. La palabra "haya", por ejemplo, sirve para connotar a un conjunto de árboles que la botánica clasifica dentro de una familia formada según ciertas propiedades observables, compartidas por los individuos de ese grupo. Pero el mismo término sirve para referirse a un sujeto concreto perteneciente a esa familia.

En el mundo real percibimos a través de los sentidos externos cosas concretas, no ideas abstractas. Éstas surgen al observar varios sujetos que guardan cierta semejanza

---

[24] Citado en E. Cassirer (2005): 89.

[25] *"Die Grenzen meiner Sprache* bedeuten die Grenzen meiner Welt". (L. Wittgenstein (1999): 143, n. 5.6).

entre ellos y que se agrupan bajo el mismo nombre para designar al conjunto. Es decir, la formación del lenguaje natural se hace pasando de lo concreto a lo abstracto; de lo particular a lo general.

Es razonable preguntarse si la construcción del lenguaje físico ha seguido este mismo camino. Cabe cuestionarse, por ejemplo, si en mecánica la noción de *masa*, en electricidad la *intensidad de corriente*, o en física atómica, el concepto de *neutrón* son ideas que han surgido observando individuos reales concretos, a partir de impresiones sensibles; como por ejemplo se capta la forma geométrica o el color de las hojas de un árbol. La historia de la ciencia enseña que en sus orígenes ciertas propiedades observables, como la *masa*, se incorporaron al vocabulario científico con la finalidad de estudiar operaciones mecánicas, ya que sus características sensibles están siempre vinculadas a un cuerpo material. Pero eso no quiere decir que los conceptos se identifiquen con las impresiones sensoriales que recibimos. Así, la *masa inercial* es una magnitud física asociada a la cantidad de materia de un cuerpo, pero no es "idénticamente igual a ella". Es preciso, pues, distinguir, por un lado, el significado físico objetivo contenido en la definición y, por otro, la sensación o conjunto de impresiones sensoriales recibidas en una observación directa.

Mario Bunge afirma que "el sentido común parte de los hechos y se atiene a ellos: a menudo se limita al hecho aislado, sin ir más lejos en el trabajo de correlacionarlos con otros o de explicarlo. En cambio, la investigación científica no se limita a los hechos observados: los científicos exprimen la realidad a fin de ir más allá de las apariencias"[26]. Ellos se ven obligados a idear nuevos entes abstractos y estructuras matemáticas que están fuera del

---

[26] M. Bunge (2013): 24.

alcance de los sentidos y que tienen su raíz en las propiedades de la materia. El físico Henry Margenau, aludiendo a la noción física de *masa*, subraya la diferencia entre la cosa percibida por los sentidos y la definición.

> Mencionemos como ejemplo la asignación de una *masa* a los cuerpos, que es el acto que pone en marcha la ciencia de la mecánica. La apócrifa experiencia de Newton en el huerto de Woolsthorpe le condujo fácilmente al objeto manzana; sin embargo, asignar una *masa* a la manzana constituyó otro paso; y al darlo Newton pudo formular las leyes del movimiento, la ley de la gravitación universal, etcétera[27].

El proceso de construcción del lenguaje no se limita a la mera observación, sino que implica una tarea de ingenio e innovación tomando como punto de partida las características sensibles de los fenómenos que se estudian. En ese aspecto es comparable a la creación artística que descubre nuevas armonías musicales o composiciones literarias originales[28]. Los términos precisos de la ciencia no responden sólo a una captación sensible directa de un hecho concreto que sucede aquí y ahora. El lenguaje que describen los hechos científicos está formado por construcciones (*constructos*, llamados por algunos autores), cuya formación se realiza en consonancia con las observaciones experimentales.

---

[27] H. Margenau (1970): 62.

[28] A. López Quintas refiriéndose a la creación artística, califica la obra de arte como: "*fruto* de una confluencia múltiple. La del artista con la realidad en algunas de sus vertientes. El artista configura la obra, pero nadie mejor que él sabe que en buena medida se ha sentido "llevado","inspirado". La inspiración es la luz que brota en el encuentro". La creación científica en la fase de descubrimiento también surge como fruto del encuentro de las observaciones experimentales y de las hipótesis que tratan de explicar los sucesos reales. En este caso, más que de una inspiración, habría que hablar de intuición (A. López Quintas (1993): 57).

Como ejemplo ilustrativo de lo que decimos, pensemos en el concepto de *intensidad de corriente eléctrica*. Es evidente que no puede afirmarse que sea una propiedad captada por los sentidos, al contrario que ocurre con las percepciones del tamaño o el color. La producción de una corriente eléctrica en un hilo conductor requiere ciertas causas externas al conductor, pues es preciso que esté conectado a una batería eléctrica. Por consiguiente, la *intensidad* no es una propiedad que posea un conductor metálico por su constitución natural, sino que es una alteración de su estructura natural provocada artificialmente. Si bien los efectos de la electricidad pueden apreciarse por los sentidos, la noción de *intensidad* como magnitud física definida, requiere determinadas condiciones operacionales, junto con la adopción previa de ciertos principios teóricos sobre electricidad.

Se comprende que el lenguaje utilizado dependa del tipo de descripción que se pretenda realizar. En una descripción común, no científica, de un suceso natural observable, como la caída de una piedra, no se usa de ordinario un lenguaje técnico, sino el que es comúnmente asequible a cualquier persona. El mismo suceso descrito con precisión científica partirá de una teoría mecánica y contará con términos adecuados dotados de un significado preciso. En la versión científica que relata el hecho mencionado figurarán, por ejemplo, las magnitudes definidas como "espacio" y "tiempo", así como el objeto que se desplaza desde una posición situada a una determinada altura del suelo hasta el final de su recorrido. Una descripción mediante el idioma común hace referencia a una situación concreta. En ella el cuerpo que cae tendrá unas características físicas definidas, con un volumen y una forma particulares. Además, es probable que en ese relato se incluyan otras muchas consideraciones que puedan ser de interés para los lectores; quizá se haga una alusión al tipo de objeto, a su valor y sobre todo a las consecuencias que éste haya sufrido al llegar al suelo. Por el contrario, la descripción científica tiene un carácter universal, pues, ha de ser igualmente válida, sea cual sea el tipo de objeto que cae y, desde luego, no hará ninguna referencia al posible desperfecto que el objeto haya sufrido como resultado de su impacto con el suelo, ya que la descripción sólo se circunscribe al movimiento en sí y no a las circunstancias anteriores o posteriores del objeto. No interesa su forma o su constitución material y, desde el punto de vista dinámico, a todos los efectos, es un objeto idealizado que se define como "punto material", es decir, un punto geométrico al que se le asigna intencionalmente una masa como magnitud física.

Esta misma forma de designarlo como "punto material" manifiesta su naturaleza ficticia, puesto que tal significado alude a la *idealización* de un objeto real. Es decir, un ente imaginado cuya pretensión es retener de lo real aquellas propiedades necesarias que permitan salvar la distancia entre el mundo de la materia y el de los objetos matemáticos. Por lo cual es necesario adoptar una terminología apropiada que, sin perder la referencia a la percepción sensible, sea capaz de aproximarse al pensamiento matemático. Así, la descripción científica tiene un campo de significación más amplio, que en el ejemplo anterior se refiere a los movimientos de caída por acción de la gravedad, siendo válida en cualquier circunstancia.

Vocablos científicos

Cuando la ciencia empírica emplea términos comunes, tales como "aire", "agua", "movimiento" o "temperatura", en realidad no lo hace del mismo modo que lo hace el lenguaje ordinario. Los mismos términos encierran sentidos diversos, ya que los emplea en un contexto teórico distinto. Sin embargo, muchas de esas palabras, como las citadas, guardan un correlato directo con las de uso ordinario. De hecho se refieren a las mismas cosas, pero bajo enfoques diferentes. Por ejemplo, el agua o el aire son sustancias naturales que admiten en el lenguaje común una referencia en razón de su utilidad o por su aspecto estético, de salud, etc. Por el contrario, para el lenguaje científico el aire es una mezcla de gases, cuyos componentes se encuentran en determinadas proporciones. Así mismo, el agua es una combinación de elementos químicos, cuyo conjunto posee propiedades físico-químicas que son diferentes de las que exhiben sus componentes por separado.

No siempre es posible encontrar una correlación directa entre términos científicos y palabras del lenguaje común. Cuando las teorías se ocupan de fenómenos más complejos o el desarrollo lógico deductivo lo requiere, se acuñan términos técnicos que responden a nociones que no poseen una referencia expresa entre las categorías ordinarias. Este es el caso de vocablos tales como *potencial eléctrico*, *energía* o *entropía*, para los cuales no existe equivalente en el lenguaje ordinario, aunque en algún caso se las haya incorporado dándolas un sentido metafórico.

Las nociones científicas que encierran esos términos han sido introducidas en el vocabulario de la ciencia para lograr mayor capacidad explicativa designando con la misma palabra una propiedad que comparten muy diversos individuos. Por ejemplo, la ciencia al hablar de la *energía cinética* alude a la propiedad que tiene cualquier cuerpo dotado de masa cuando está en movimiento. No es un aspecto necesariamente unido a su naturaleza, sino algo que se le adscribe intencionalmente por definición y que sólo tiene sentido físico cuando el cuerpo está en movimiento. No es una propiedad intrínseca del cuerpo que pueda ganar o perder, según se halle en movimiento o en reposo.

Se entiende así que, en su evolución, el lenguaje científico se vaya estructurando conforme a cierto carácter nominal, puesto que prescinde de características particulares de los objetos materiales. Aunque, no se refiera explícitamente al sustrato entitativo de los objetos, eso no significa que lo niegue, más bien se presupone, evitando así especulaciones metafísicas ajenas al método científico. Por ejemplo, para realizar un análisis dinámico, los seres materiales se consideran dotados de movimiento haciendo abstracción de las características no mecánicas. Esta perspectiva selectiva implica trascender las particularidades de los objetos reales y, aunque no se niega su naturaleza material, el análisis científico prescinde de algunos rasgos observables. Esta selección abstractiva justifica que las teorías físicas ofrezcan una visión del mundo no coincidente, a veces, paradójica con la descrita por el lenguaje ordinario.

La mayor complejidad de los fenómenos naturales ha dado lugar a la creación de conceptos extraños al pensamiento no científico. En especial, a partir de algunas teorías físicas originadas en el siglo pasado, la disparidad se ha hecho mayor, debido al notable desarrollo de la ciencia del átomo y de las teorías relativistas. Como reconoce Heisenberg (1901 – 1976), debido a la complejidad de los nuevos conceptos definidos y al lenguaje matemático no se ha conseguido traducir al lenguaje ordinario las explicaciones teóricas[29]. Las

---

[29] "Al adentrarse en terrenos de la naturaleza que no son asequibles a nuestros sentidos, empieza a fallarnos también el lenguaje [común], cuyos conceptos quedan convertidos en herramientas embotadas, que no podemos

consecuencias derivadas de este hecho marcarán una discrepancia creciente de significados, entre el lenguaje científico y el lenguaje ordinario. La dificultad de obtener una versión asequible al sentido común ha provocado la divergencia entre la imagen científica del universo descrita por la física teórica y la visión proporcionada por la física clásica anterior al siglo XX. Por esto podría decirse que el conocimiento científico, a medida que se interna en el estudio de las manifestaciones más complejas de la naturaleza, se va independizando de la perspectiva del pensamiento común y se hace, en buena parte, incomprensible; en ocasiones paradójico. A nuestro modo de ver, la forma de hacer compatibles ambas posiciones es catalogar las complejas descripciones matemáticas de la física (por ejemplo, la "teoría de cuerdas", con sus múltiples versiones, o el "modelo estándar" de partículas) como metáforas, en el sentido que más adelante detallamos.

Al hablar de metáfora nos aproximamos al recurso habitual del lenguaje literario. En el lenguaje poético se emplean recursos lingüísticos intuitivos e imágenes sensibles, su modo de expresión se caracteriza por el uso frecuente de adjetivos o determinadas formas verbales. Por su parte, el lenguaje físico debe plegarse a la forma metafórica que requiere la "física teórica" basado en modelos y analogías procedentes de la "física clásica".

En las primeras etapas de la investigación, la ciencia recurre al lenguaje literario dándole un significado científico que Wilbur M. Urban califica de "dramático". Comentado la teoría biológica de la evolución de las especies, y la noción física de universo, escribe:

---

utilizar con soltura, que no pueden calar en los nuevos terrenos del conocimiento" (Heisenberg (1974): 110).

> La idea de la "evolución por la selección natural a través de la lucha por la existencia, conduciendo a la supervivencia de los aptos", es esencialmente una idea dramática, que implica un "propósito" de alguna clase y que en realidad *sólo puede expresarse en el lenguaje dramático*. También me aventuro a sugerir (...) que es imposible expresar proposiciones cosmológicas más generales en otra forma que no sea dramática. La noción de universo como "destruyéndose" o como "vigorizándose" son proposiciones de éste tipo. (...). Las fórmulas meramente matemáticas "no dicen nada"; sólo cuando se traducen al lenguaje dramático dicen algo significativo para nuestra visión del mundo[30].

El lenguaje literario empleado por la ciencia se caracteriza porque incluye ciertos términos como los señalados en el párrafo anterior y, asimismo, por la forma de relatar los hechos empíricos. Se trata de verter en los moldes propios de las narraciones literarias la interpretación de un fenómeno científico. En el primer ejemplo citado sobre la teoría de la evolución, se atribuye a los organismos una aptitud de "lucha" por sobrevivir a supuestas "agresiones" del medio en la que sólo los que vencen y se adaptan a las circunstancias externas contribuyen a la evolución de la especie. Análogamente, cuando se quieren explicar otros fenómenos complejos, como cataclismos terrestres o la misma evolución del Universo, se les atribuye un el dinamismo propio de organismos biológicos. Estas son explicaciones realizadas mediante metáforas que sirven para comunicar una idea de conjunto, con el fin de interpretar meros datos cuantitativos. Tales formas narrativas varían conforme progresa la ciencia, por ejemplo, en el siglo XVII cuando dominaron las teorías mecánicas, imperó la imagen del

---

[30] W. M. Urban (1979): 423 [Cursiva original].

universo como gran mecanismo, a modo de un sistema de piezas integradas en un conjunto ordenado.

1.8. Idealización, simbolización y creatividad

Aparte de la inexcusable experimentación, en todas las investigaciones empíricas de los ejemplos que hemos seleccionado hay tres notas esenciales que pueden elevarse a nivel general admitiendo que forman parte del núcleo del método científico. No afirmamos que esos elementos sean exclusivos del proceso metodológico de la ciencia, pero sí entendemos que son rasgos integrantes imprescindibles. Enunciados en este Primer Capítulo servirán de referencia más adelante al abordar el estudio de los ejemplos históricos, donde se verán en cada caso las tres notas características siguientes: 1) *idealización*, 2) *simbolización* y 3) *creatividad*.

Idealización

Para salvar su propia complejidad los hechos naturales se simplifican y a la vez se transforman idealmente con el fin de acomodarlo a los requisitos que exige la matemática. Así en el movimiento de caída de un cuerpo sometido a la atracción gravitatoria, se prescinde del rozamiento con el aire, y de otros factores que intervienen de hecho, como el tamaño del cuerpo, materia que lo constituye, forma, etc. En conclusión, el objeto real queda sustituido por el "objeto idealizado", sobre el que se centra la investigación. Toda idealización "constituye una interpretación teórica hasta cierto punto arbitraria de lo observado". A propósito de la enunciación del *principio de inercia*, Einstein afirma:

> A esta conclusión se ha llegado imaginando un experimento ideal que jamás podrá verificarse, ya que es imposible eliminar toda influencia externa. La

experiencia idealizada dio la clave que constituyó el verdadero fundamento de la mecánica del movimiento[31].

Simbolización

La operación de *idealización* simplifica el objeto material y se sustituye en el pensamiento por un "modelo ideal" o representación simbólica. Refiriéndose al papel que desempeña la física teórica, Pierre Duhem escribe:

> La física teórica no capta la realidad de las cosas, sino que se limita a representar las *apariencias sensibles por medio de signos, de símbolos*[32].

El físico y filósofo francés, por "realidad de las cosas" se refiere a la "realidad metafísica" que no es objeto de conocimiento científico, sino filosófico. Mediante la observación, la ciencia empírica capta datos sensibles, que representa a través de los símbolos.

Creatividad

La observación experimental no se entiende como mera contemplación, sino como captación intuitiva de indicios racionales que se obtienen tras un atento examen del fenómeno. El proceso que va desde el plano de los hechos naturales a la construcción simbólica no es algo automático. Por el contrario, requiere capacidad creativa ya que no existe un camino deductivo.

Para el filósofo americano Charles S. Peirce (1839 - 1914), en la actividad científica se combinan el ingenio creativo, como facultad intelectual proyectada al futuro, la memoria que mira al pasado y la percepción que capta el presente.

---

[31] A. Einstein y L. Infeld (1939): 15.
[32] P. Duhem (2003): 149 [Cursiva añadida].

¿Qué tipo de imaginación se requiere para formar un diagrama mental de un complicado estado de hechos? No la imaginación poética que "moldea las formas de las cosas desconocidas", sino una dócil imaginación, ágil para captar las sugerencias de la Madre Naturaleza. La imaginación poética se manifiesta en adornos y accesorios. Kepler se deshace de los vestidos y de la carne y ante él aparece erguido el desnudo esqueleto de la verdad.

Las tres operaciones *idealización, simbolización* y *creatividad* se ponen en juego durante el complejo proceso de investigación experimental. Cada una de ellas adquiere modos diferentes según el tipo de fenómenos naturales, conformando así la médula del método científico.

2. GALILEO: GEOMETRÍA Y MECÁNICA

2.1. Introducción

Durante más de tres siglos siguiendo el método iniciado por Galileo, la física ha tratado de descifrar el Gran Libro de la naturaleza. Para lo cual debió construir el lenguaje apropiado que le brindó la geometría. Esta ciencia utilizada como un medio auxiliar en el análisis de ciertos problemas mecánicos ("máquinas simples") fueron la prueba necesaria que certificó la eficacia del método galileano. Como tendremos ocasión de comprobar, el procedimiento seguido desde entonces por otros científicos ha confirmado, que el camino iniciado en mecánica era también aplicable en general a diversos capítulos de la ciencia.

En al año 1583, Galileo debió concebir el método científico. Propiciado por un inesperado encuentro personal entre Galileo y Ostilio Ricci, *Matemático* del Gran Duque de Toscana, quien le inició en la Geometría. En particular, le dio a conocer *Los Elementos* de Euclides (c. a. 325 - 265 a. C.) y la *Geometría* de Arquímedes (c. a. 287 – c. a. 212 a. C.).

En el siglo III a. C., Arquímedes había concebido la idea original de aplicar la ley de la palanca (es decir, una sencilla expresión algebraica que relacionaba pesos y distancias) para resolver problemas geométricos[33]. Galileo comprendió que ese ingenioso artificio mental podría servir también para resolver problemas mecánicos

---

[33] La palanca y la balanza son máquinas simples equivalentes, que tienen diferentes aplicaciones. Ambas constan de los mismos elementos: una barra rígida con un punto de apoyo o fulcro y una fuerza en cada uno de los extremos.

mediante operaciones geométricas. De esta forma, la geometría entró de lleno en un capítulo de la física y el ingenio creativo del científico italiano descubrió un fecundo itinerario que conducía al estudio del mundo natural mediante la razón físico-matemática. A partir de ese hallazgo el lenguaje geométrico se convirtió en un medio de expresión preciso y eficaz para describir los fenómenos físicos.

La exposición que sigue sobre el comienzo del método galileano, nos exige analizar trabajos de mecánica, junto con algunos comentarios sobre sus escritos. Así pues, siguiendo a Galileo trataremos de mostrar cómo se realiza la eficaz alianza entre geometría y física.

2.2. Geometría: razón de la mecánica

En el libro de los *Discorsi* ["Discursos"], Sagredo, uno de los protagonistas del diálogo, explica el pensamiento de Galileo sobre el fundamento de las máquinas simples en los siguientes términos:

> Pero, dado que todas las leyes de la mecánica tienen sus fundamentos en la geometría, en la que no veo que el tamaño grande o pequeño de los círculos, triángulos, cilindros, conos o cualquier otra figura sólida afecte a sus propiedades, si la máquina más grande se fabrica de forma que todas sus partes están en la misma proporción que las de la pequeña -siendo ésta fuerte y resistente para el trabajo a que se le destina- no veo por qué no ha de ser capaz de resistir los contratiempos adversos y destructivos que le puedan acaecer[96].

Como profesor de mecánica, Galileo no se limitó a describir el modo de operar de las máquinas, sino que además indagó el fundamento teórico que explicaba el funcionamiento de esos artilugios y comprendió que conducía a los principios de la geometría. Debido a la vinculación de ambas disciplinas, las leyes de la mecánica se supeditaban a las leyes de la geometría. Con más precisión, Galileo descubrió que el modo en que se articulaban las piezas de una "máquina simple" podía describirse utilizando esquemas y propiedades geométricas.

Es obligado insistir que para lograrlo, las máquinas tomadas como objetos materiales debían ser idealizadas; es decir, debían ser mentalmente consideradas como cuerpos geométricos. Una vez, situados en el terreno de la geometría, el funcionamiento de las piezas mecánicas vendrá expresado por relaciones geométricas que facilitarán el análisis de su estructura y se podrá mejorar su eficacia.

En los párrafos siguientes describiremos con más detalle el proceso seguido por Galileo. Ahora, comenzamos resumiendo los antecedentes históricos de la mecánica, con el fin de apreciar mejor el valor científico del descubrimiento. Nos centraremos en la publicación titulada *Le Mecaniche* en la que Galileo desarrolla su investigación y expone de modo sistemático su pensamiento.

El precedente más antiguo de un estudio sobre la ciencia de la mecánica que ha llegado hasta nosotros es el tratado conocido como *Questiones Mechanicae, Mechanica Problemata*, o bien *Mecánica*[34]. El autor anónimo aborda algunos problemas concretos de estática relacionados con los artificios ya indicados, llamados genéricamente "máquinas simples" (*palanca, balanza, remo, cuña,* etc.). En el prólogo se lee la definición más antigua de *máquina* o *mecanismo,* en los términos siguientes:

---

[34] Aristóteles (2000): 62.

Cuando es preciso llevar a cabo algo contra la naturaleza, por su dificultad nos deja sin medios y requiere una técnica. Por eso precisamente llamamos "máquina" a la parte de la técnica que nos ayuda en esa falta de medios[35].

Hasta las investigaciones de Galileo y a pesar de la antigüedad de tales máquinas, no se dio una explicación satisfactoria de su funcionamiento. El interés teórico decayó durante la Edad Media, de hecho el libro *Questiones Mechanicae* debió olvidarse y fue recuperado en el siglo XVI. Las investigaciones de Drake y Rose[36] ponen de relieve la notable influencia ejercida por la *Mecánica* durante ese siglo, ya que aparecieron traducciones al latín, italiano, alemán y español, y se dieron cursos en París y Padua. El propio Galileo en 1598 escribió un comentario que no se conserva, si bien en los *Discorsi* asegura que dicho texto le sirvió de inspiración y le sugirió el concepto de *momento mecánico*. A partir de entonces, esa magnitud se convirtió en pieza clave para la resolución de problemas mecánicos.

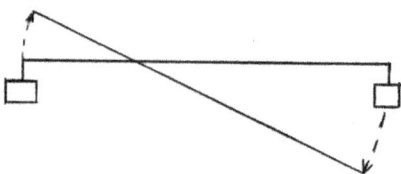

Figura 1. Palanca de brazos desiguales

---

[35] Aristóteles (2000): 72; 847a 15-20.
[36] Aristóteles (2000): 67, Nota 7.

La noción de *momento mecánico* fue una innovadora aportación de Galileo que usó ampliamente como un recurso teórico eficaz, en el estudio sobre el movimiento de fluidos, caída de graves y resistencia de materiales. El *momento* fue una aportación ingeniosa, ideada gracias al enfoque geométrico, que supuso un nuevo modo de concebir la mecánica.

Pierre Duhem[37] (1861 – 1916) ha señalado que el planteamiento original de la *Mecánica* peripatética es de tipo dinámico, es decir, que el equilibrio de dos fuerzas situadas en sendos extremos de la palanca explica el *movimiento de los pesos*.

> El punto de apoyo actúa como soporte, pues estos puntos permanecen quietos como centro. Puesto que por efecto del mismo peso se mueve más rápido la parte del radio más distante del centro y son tres cosas las que hay en relación con la palanca: el punto de apoyo, como soporte y centro, y los dos pesos, el motor y el movido, entonces está en proporción inversa el peso movido respecto al que mueve y la longitud respecto a la longitud. Y siempre cuanto mayor sea la distancia al punto de apoyo, más fácilmente se moverá[38].

A ambos lados del punto de apoyo, en los extremos de una palanca de brazos desiguales (Figura 1) actúan dos pesos de forma que, al moverse ligeramente el conjunto (girando alrededor del punto de apoyo), el peso que está a distancia mayor de dicho punto se mueve con más velocidad que el situado a distancia menor. Ya que, al girar, cada uno describe un arco en el mismo tiempo; dicho arco será mayor para el peso que está más alejado y por tanto, su velocidad debe ser también mayor. Lo que

---

[37] P. Duhem (1991a): 12.
[38] Aristóteles (2000): 83, 84; 850a, 37-850b 4.

puede expresarse asimismo mediante relaciones algebraicas, teniendo en cuenta que el cociente de las velocidades de los pesos situados en los extremos es directamente proporcional al cociente de las longitudes respectivas[39].

"Le Mecaniche"

Le Mecaniche de Galileo no es propiamente una obra sobre mecánica, en el sentido que hoy día se entiende, sino un estudio sobre las *máquinas simples* que, en buena parte, recuerda la antigua *Mecánica* de la escuela aristotélica. Pierre Duhem[40] afirma que el texto nos ha llegado a través de tres publicaciones diferentes, una de las cuales es un manuscrito original del propio Galileo que perteneció al príncipe Hermann de Fürstenberg, en el que se resumen las clases que en 1549 impartió en la Universidad de Padua, con el título *Della Mecanice lette in Padova dal Sr. Galileo Galilei l'anno 1549* y fue editado por Antonio Favaro en 1899. La segunda publicación procede de Marin Mersenne (1588 - 1648) que, en al año 1634 pidió al editor parisino Henry Guenon la publicación de un pequeño volumen donde entre otras obras se recogiera una traducción de la versión de *Le Mecaniche* que Galileo había compuesto a partir de varios trabajos. Y la tercera proviene de Luca Danesi, que en 1649 hizo imprimir en Ravena la obra titulada: *Della Scienza Meccanica e della utilitá che si traggano dagl' instrumenti di quella*.

---

[39] El efecto de los pesos en el equilibrio no sólo depende de su valor, sino también de la distancia (o brazo) al punto de apoyo. Si el producto de uno de los pesos multiplicado por su brazo es mayor que el producto del otro peso por el suyo, la palanca se inclinará, descendiendo el primero, y ascendiendo el segundo. Si el producto de ambas magnitudes (peso y distancia al punto de apoyo) de cada uno de ellos es igual, querrá decir que están en equilibrio.

[40] P. Duhem (1991a): 168.

La diferencia entre el método de la *Mecánica* peripatética y el método de Arquímedes consiste en que este último contempla el equilibrio estático, mientras que el primero lo hace desde una perspectiva cinemática, ya que compara las velocidades que tendrán los pesos, por el giro de la palanca respecto al punto de apoyo; es decir, supone un equilibrio cinemático[41].

Ante todo, se ha de considerar que la raíz del pensamiento físico de Galileo se nutre de la geometría, por lo cual no puede extrañar que siga el método expositivo de esa ciencia. Los tratados clásicos sobre geometría fijan los elementos básicos que han de intervenir en la deducción posterior. Así también, *Le Mecaniche* galileana comienza señalando las bases que ante todo deben establecerse para llevar a cabo el análisis de las máquinas simples:

> En primer lugar, se refiere al peso que debe trasladarse de un lugar a otro; seguidamente, la fuerza o potencia que debe moverlo; en tercer término, la distancia recorrida entre el principio y el fin del movimiento; y por último, el tiempo empleado en el movimiento[42].

El repertorio de máquinas estudiadas en el tratado galileano comprende fundamentalmente: la *palanca*, la *balanza*, diferentes *poleas* y *polipastos* y el llamado *tornillo de Arquímedes* o *cloquea*. En todas ellas intervienen los cuatro elementos siguientes: *potencia* o fuerza aplicada; *resistencia*; o peso que debe moverse; *distancia recorrida* por

---

[41] En este caso, como ya se ha señalado, el peso más alejado del punto de apoyo girará con mayor velocidad que el otro. La ley de la palanca se expresa, entonces, como una relación entre pesos P y P' y velocidades V' y V, en lugar de hacerlo entre distancias al punto de apoyo. Resultando, que el cociente entre los pesos es inversamente proporcional a las velocidades ($P/P' = V'/V$).

[42] Galileo (1968): vol. 2, p. 156.

la resistencia; y el *tiempo empleado* en este último desplazamiento.

¿Cuál fue el proceso lógico que siguió Galileo para seleccionar los cuatro elementos mencionados, a partir del conjunto de piezas materiales que componen cualquiera de esas máquinas? Es evidente que, en principio, no contaba con ninguna clase de razonamiento deductivo, sino que debió ser fruto de un examen detallado del funcionamiento de tales máquinas lo que le llevaría a captar o intuir -sin necesidad de discurso lógico- cuál es el papel que juegan cada uno de esos cuatro elementos básicos que intervienen en los diversos tipos de máquinas simples, aunque, lo hacen en cada caso bajo un aspecto externo diferente.

Ese modo de proceder en una investigación naciente permite vislumbrar la pauta que sigue el método aplicado a toda indagación experimental. Pues con esa primera etapa comienza el proceso de generalización y desarrollo hasta la formulación teórica. En el funcionamiento de las "máquinas simples" hay determinados factores esenciales que son comunes a todas ellas. Y al definir esas nociones primordiales, se trasladan –generalizados- los rasgos individuales a las nociones universales.

Los resultados de su investigación sobre los artefactos mecánicos mencionados, condujeron a la conclusión de que la utilidad de las máquinas simples consistía en "economizar esfuerzo". Consiguiendo un uso más racional y permitiendo combinar adecuadamente la fuerza suministrada y el tiempo invertido en las operaciones. Si, por ejemplo, mediante una palanca, se desea levantar un peso determinado aplicando una fuerza (potencia), puesto que, los pesos son inversamente proporcionales a las distancias al punto de apoyo, cuanto mayor sea la longitud del "brazo de potencia", menor será la fuerza que hay que aplicar para levantar el peso.

Estas sencillas ideas sobre el funcionamiento mecánico eran desconocidas por los estudiosos de su tiempo. Por lo cual, al obtener las leyes que rigen el funcionamiento de las máquinas simples, Galileo consiguió rechazar la errónea creencia, extendida en su época, según la cual se podía "engañar a la naturaleza mediante estos artefactos", aplicando poca fuerza para elevar un gran peso. El científico italiano demostró, gracias a la *ley de la palanca*, que las distintas clases de máquinas simples pueden considerarse como diferentes aplicaciones particulares de la palanca (la más elemental de todas ellas) y además probó que, empleando dichos artefactos, se consigue mayor comodidad y economía de esfuerzo muscular.

Siguiendo a Arquímedes, Galileo organizó *Le Mecaniche*, partiendo de tres *definiciones* y de otras tantas *suposiciones,* de las cuales "como de semillas fecundas, brotan y nacen, consecuentemente las causas y verdaderas demostraciones de las propiedades de todos los instrumentos mecánicos"[43]. Es decir, el desarrollo lógico del tema que se expone debe hacerse pasando de lo más sencillo a lo más complicado. Lo cual requiere previamente un trabajo de descomposición o análisis, en virtud del cual, cada máquina se reduce idealmente a su forma más simple, partiendo de una apariencia compleja.

A título de ilustración damos algunas de las *definiciones* que tienen carácter de principios básicos:

> 1) La *gravedad* de un cuerpo es la inclinación natural que tiende a moverse al centro de la tierra.

---

[43] M. Mersenne (1966): 26.

2) El *momento*[44] es la inclinación del cuerpo cuando no sólo se considera el cuerpo sino también conjuntamente la situación que tiene en el brazo de la palanca.

3) El *centro de gravedad* es el punto respecto del cual todas las partes de él están en equilibrio o equiponderadas; de modo que si se *imagina* que el cuerpo se suspende de ese punto (centro de gravedad) las partes del cuerpo a la derecha se equilibran con las de la izquierda; las de atrás con las de delante, y las de arriba con las de abajo. Es decir, el cuerpo estará completamente en equilibrio y no se inclinará ni a un lado ni a otro[45].

Se comprueba, pues, que en las proposiciones, Galileo alude a la *idealización* de una supuesta situación real. En la tercera definición, invita al lector a "representarse mentalmente" el equilibrio de un cuerpo suspendido de un punto. La invitación puede extenderse a imaginar cuerpos sólidos de distintas formas, cuyos *centros de gravedad* ocupan posiciones distintas. No obstante, a diferencia de los objetos geométricos, los objetos físicos no están desposeídos de propiedades sensibles, como el peso o la extensión. Por lo cual, el objeto material idealizado combina geometría y física. Una vinculación que hace posible la aplicación del método galileano y que permite el desarrollo deductivo de la mecánica, siguiendo el modelo de la geometría. Así, un cuerpo material cualquiera se sustituye por su "centro de gravedad", eliminando la forma y otras propiedades sensibles del cuerpo, el cual se sustituye por un *punto*, es decir, un objeto geométrico por el que pasa una recta vertical

---

[44] Un detallado estudio sobre la evolución del significado de *momento* puede consultarse en P. Galuzzi (1979).

[45] M. Mersenne (1966): 26, 27.

imaginaria. De nuevo, el cuerpo material, a pesar de su compleja estructura, queda reducido idealmente a un *punto pesado;* esto es, un punto donde se sitúa el peso del cuerpo.

2.3. El momento mecánico

La *Definición* 2) sobre el *momento mecánico* que hace referencia a la longitud y al peso encierra un significado con valor operativo dentro del propio lenguaje geométrico, con un sentido físico. Es evidente que la longitud y el peso poseen propiedades que pueden captarse por órganos sensoriales, sin embargo, el *momento mecánico,* como magnitud física, no es de naturaleza sensible, sino un símbolo geométrico definido por una combinación de dos elementos materiales: *longitud* y *peso*. Esta magnitud, por formar parte del lenguaje matemático, está regida por principios geométricos, lo cual permite realizar operaciones y deducciones lógicas[46].

Como ejemplo ilustrativo de lo que afirmamos, supongamos un peso que se desliza describiendo un arco de circunferencia. En el estudio de este problema mecánico, Galileo utiliza el concepto dinámico de *momento* y lo asocia al peso del cuerpo que se mueve[47], así el análisis del movimiento se centra en la variación del *momento*. Cuando el peso desciende por el arco de circunferencia, disminuye el *momento* asociado a él, ya que se va acortando su proyección sobre el diámetro horizontal. A partir de este desarrollo geométrico realizado sobre el modelo idealizado, se establece una igualdad entre dos cocientes. Por un lado, el cociente entre la componente del peso **F** en el sentido del plano

---

[46] Por ejemplo, demostrar que la *palanca de segundo género* se deduce de la palanca original o de *primer género*.

[47] Recuérdese que el *momento* es el resultado de la combinación de una distancia (*brazo de la palanca*) y del peso del cuerpo situado en el extremo.

inclinado y el peso **W**; y por otro la altura **h** del plano inclinado dividido por su longitud l. Es decir, expresado mediante signos algebraicos: **F / W = h / l**.

Gracias a la definición de *momento*, el movimiento del peso se trasfiere mentalmente desde el ámbito de lo sensible al de la geometría. El resultado es una descripción sencilla en términos de proporcionalidad entre magnitudes físicas (F, W) y geométricas (h, l). La aportación creativa, innovadora, ha consistido en la definición de *momento*, como combinación de peso y longitud en una misma magnitud. Galileo superó así los conceptos medievales de *ímpetu* o *gravitas*, que no estaban definidos con la precisión que exige la geometría. Eran más bien vagas aproximaciones y, por tanto, difíciles de aplicar en la práctica al carecer de una formulación matemática.

McMullin señala el paralelismo existente entre la construcción del *momento* y la formulación newtoniana de *masa inercial*. Sin entrar en detalles ajenos a este trabajo, es oportuno señalar que la noción de *masa inercial* (o inerte) tiene su origen en el concepto impreciso de *cantidad de materia*[48]. A partir de la ley de Newton (**F = m.a),** la masa **m** adquiere una definición rigurosa como resistencia al movimiento de un cuerpo sobre el que actúa una *fuerza* **F**. La masa **m** es el factor que multiplica a la *aceleración* **a**. Aquí, la definición del concepto *masa* está insinuada en la impresión sensorial de la "cantidad de materia" del cuerpo; pero de ningún modo se trata de una propiedad del cuerpo percibida "directamente". En consecuencia, tanto en este ejemplo como en el anterior, la definición del concepto físico (sea el *momento* o la *masa inerte*) no es fruto de una impresión sensible, sino el resultado de la

---

[48] "El concepto de materia ha sido ya superado por el de masa" (E. McMullin (1978): vii).

idealización imaginativa de un objeto material; sea una palanca, o la cantidad de materia de un cuerpo. De este modo, el objeto pierde sus propiedades sensibles y pasa a concebirse como magnitud científica representada por un símbolo.

2.4. Experimento mental

Es bien conocido que Galileo utilizó como recurso eficaz en la investigación el "experimento mental. Fue el físico austriaco Ernst Mach (1838 – 1916) quien le dio el nombre de *Gedankenexperiment*, aludiendo a los experimentos imaginados por el científico italiano sobre la caída de graves.

> Pero con un propósito científico nuestras representaciones de los hechos de experiencia sensible deben ser sometidas a formulación *conceptual*. Solamente así se pueden utilizar para descubrir mediante reglas matemáticas abstractas, propiedades desconocidas concebidas como dependientes de ciertas propiedades iniciales que tienen valores aritméticos, asignables y definidos. (...) Esta formulación se efectúa aislando y subrayando lo que se considera de importancia y desechando lo que es accesorio, mediante *abstracción* e *idealización*[49].

El *experimento mental* o *experimento imaginario*, sea factible o no, permite analizar las implicaciones contenidas en un modelo o esquema idealizado. Su eficacia como medio de impulsar el análisis está avalada por el uso frecuente en la historia de la investigación física, entre otros, en las teorías de la relatividad, donde también cumplen con el papel de ilustrarlas, facilitando su comprensión.

---

[49] E. Mach (1942): 161 [Cursiva original].

Algunos estudiosos del método científico como Gooding[50] se han preguntado a qué se debe el éxito de los experimentos mentales. Para dar una respuesta concreta, este autor analiza el itinerario de la investigación sobre *inducción electromagnética* que comenzó Oersted (1577 – 1851) en 1820. En ese proceso de observación destaca su no-linealidad [*nonlinearity*], o sea, la falta de un camino seguro y preciso entre los problemas planteados en la investigación y las soluciones. Por el contrario, se debe realizar un conjunto de actividades complejas que son fruto de razonamientos y ensayos de laboratorio. Se ha de poner en juego diversas operaciones mentales y experimentales hasta llegar a una explicación satisfactoria que pueda ser refrendada por los hechos. Gooding subraya la importancia de esta actividad coordinada entre razonamiento, lenguaje y acción.

> De acuerdo con la corriente mayoritaria en filosofía de la ciencia, los fenómenos naturales están ligados a la teoría. He argumentado que los fenómenos naturales están ligados a la actividad humana. Es necesario el razonamiento mediante representaciones apropiadas, pero no es suficiente (...). He defendido la importancia de comprometer al mundo material más allá del mundo de las representaciones porque en ciencia, como en la mayoría del conocimiento, el lenguaje y la acción trabajan juntos[51].

El éxito del experimento mental, como recurso de razonamiento, se debe a una fuerte interacción entre el pensamiento y la acción, donde la *idealización* desempeña el papel primordial.

---

[50] D. Gooding (1992): 45-47.
[51] D. Gooding (1992): 69.

> En la medida en que es alcanzable, la coherencia formal de teoría y observación es una *idealización* de la coherencia práctica de lo pensable y lo factible. Los experimentos mentales funcionan cuando idealizan las características fundamentales del experimento real, incluyendo técnicas de manipulación y habilidades para realizar procedimientos[52].

Desde otra perspectiva muy diferente, Tamar Szabó[53] llega a conclusiones parecidas al analizar el papel de los experimentos mentales. En oposición a los autores, para quienes dichos experimentos son prescindibles, por creer que se trata sólo de argumentos adornados con un ropaje atractivo, Szabó sostiene que el éxito del experimento mental consiste en invitar al lector a participar en forma constructiva.

> Representa los singulares en formas que ponen de manifiesto un conocimiento práctico y describe un escenario imaginario donde los aspectos relevantes pueden separarse de aquellos que no son esenciales a la cuestión de que se trata[54].

Mediante el experimento mental, el razonamiento consigue mayor capacidad deductiva, haciendo posible realizar demostraciones de estilo matemático, por reducción al absurdo. En el *Diálogo*[55] Galileo imagina a los tres personajes debatiendo en torno al movimiento de un cuerpo sometido a la gravedad terrestre. Sagredo, uno de los protagonistas, introduce una definición de velocidad, con el siguiente enunciado: "las velocidades son iguales cuando los espacios recorridos tienen la misma

---

[52] D. Gooding (1992): 72.
[53] T. Szabó (1998): 397- 424.
[54] T. Szabó (1998): 420.
[55] Galileo (1968): vol. 7, p. 47 y ss.

proporción que los tiempos en los cuales son recorridos"[56]. Es decir, supuestos dos caminos distintos que parten de la misma altura. Uno de ellos sigue una línea inclinada y el otro recorre la vertical, al final del recorrido adquieren la misma velocidad. Si bien, el "cuerpo que cae se mueve más velozmente por la línea perpendicular que por la inclinada". Otro de los personajes del *Diálogo*, Salviati ilustra la situación recurriendo a un esquema geométrico como el de la Figura 2, con el cual imagina un plano inclinado bien pulido y compara el descenso sin rozamiento de un cuerpo por el plano inclinado CA, con la caída a lo largo del lado vertical CB.

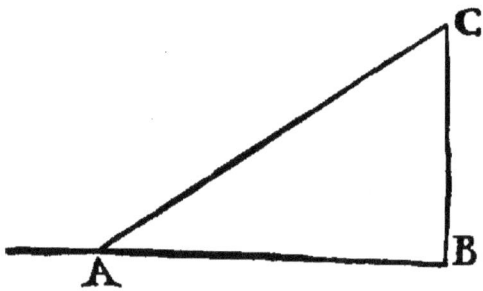

Figura 2. Comparación de movimientos idealizados

En resumen, interesa destacar aquí, que Galileo mediante este sencillo *experimento mental* muestra que los términos "más rápido" y "velocidad", que se utilizaban en su época, exigían una precisión mayor. Se satisface tal precisión cuando se introduce el concepto moderno de *velocidad instantánea*[57], ya que todo movimiento descrito

---

[56] Galileo (1968): vol. 7, p. 48.

[57] "El concepto de velocidad instantánea, para Galileo era una noción contradictoria en sí misma. La velocidad implicaba movimiento y el movimiento implicaba un lapso de tiempo, aunque fuese pequeño (…). Desde

con velocidad variable (como ocurre en este caso) tendrá en cada punto un valor diferente.

Como vemos, en la base del experimento imaginario está implícita la idealización de una situación real o bien la suposición de una hipotética construcción. Ernan MacMullin clasifica en seis tipos las idealizaciones galileanas. Una de ellas, titulada *Idealización Subjuntiva*[58], manifiesta el modo de razonar a través del experimento mental, tratando de buscar una respuesta a la pregunta: *¿qué sucedería si...?*

Si se parte de ciertas hipótesis, el experimento mental puede conducir a conclusiones paradójicas, o bien a conclusiones irrealizables. Aunque, en ambos casos el procedimiento contribuye a hacer más comprensible el fenómeno físico. Einstein, para ilustrar la teoría de la relatividad especial, imagina un conocido supuesto, en el que un tren alcanza una velocidad cercana a la de la luz.

Se comprende que el *experimento imaginario* se asienta sobre el concepto de modelo idealizado. En este sentido, N. Miscevic se refiere a los modelos mentales

> Es obvio que los modelos mentales son el medio ideal para los experimentos mentales. Las recomendaciones de Galileo o de Einstein realmente suenan como preceptos para construir algunos de tales modelos, y a la inversa, las teorías de los modelos mentales parecen ofrecer una descripción del mecanismo por medio del cual se realizan los experimentos mentales[59].

1604 a 1608 Galileo pensaba en términos de velocidades referidas a muy pequeños intervalos de tiempo, no en velocidades matemáticamente instantáneas" (S. Drake (1990): 103).

[58] E. Mc Mullin (1985): 268.

[59] N. Miscevic (1992): 221.

En definitiva, los experimentos imaginarios son especialmente útiles en las primeras etapas de la investigación, ya que facilitan el razonamiento abstracto recurriendo a imágenes y situaciones concretas. Se sirven de la flexibilidad que proporciona la imaginación sin las limitaciones materiales de las operaciones de laboratorio.

2.5. Analogía en Galileo

La analogía fue uno de los recursos intelectuales que utilizó Galileo en los primeros estadios de la investigación, como una eficaz aproximación al problema que quería resolver. Se sirvió de experiencias familiares y observaciones ordinarias que describió en los *Discorsi*. Compuso esta publicación durante su obligada reclusión en Arcetri, y en ella trató entre otros temas el relativo a la resistencia y cohesión de materiales. En uno de los diálogos, *Salviati* menciona un sencillo experimento mental, que consiste en imaginar un cilindro de madera suspendido por su parte superior y en cuya parte inferior cuelga un peso (véase la Figura 3). Si se aumenta el peso, al cabo de un tiempo, el cilindro acabará rompiéndose "como si fuese una cuerda", cualquiera que sea la resistencia y cohesión entre las partes del sólido.

> Y así como en una cuerda pensamos que su resistencia deriva de la multitud de hilos de las fibras que la componen, así en la madera se encuentran fibras y filamentos que se extienden a lo largo, haciéndola mucho más resistente a la rotura de lo que sería cualquier cuerda del mismo grosor; sólo que en un cilindro de piedra o de metal la cohesión (que parece todavía mayor) de sus partes, depende de una sustancia aglutinante y no de filamentos o de fibras[60].

---

[60] Galileo (1968): vol. 8, p. 55.

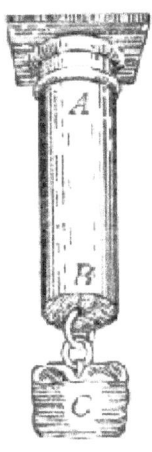

Figura 3. Resistencia de un cilindro

Para analizar el problema planteado sobre la resistencia de un sólido material, se establece un paralelismo entre la fuerza de cohesión de las partículas de un sólido y las fibras que forman una cuerda. Así como la resistencia de una cuerda reside en los filamentos que la componen, también la resistencia del sólido reside en la sustancia que aglutina y da cohesión a las partículas que integran la materia que lo compone.

> Ahora bien, ¿quién no ve, pues, que es tal la resistencia de los filamentos, los cuales con miles y miles de vueltas parecidas tejen la gran maroma? Más aún, la compresión de tales torsiones es tan intensa que, con un pequeño número de hebras, no muy largas, por otra parte, y entretejidas en unas cuantas espiras, se construyen cuerdas muy robustas[61].

La similitud que Galileo establece entre la cohesión interna de un sólido y la resistencia de una cuerda no es

---

[61] Galileo (1968): vol. 8, p. 58.

algo evidente, ni forma parte del conocimiento común, tampoco es estrictamente una explicación técnica que pueda deducirse de algún principio general, debe tomarse más bien como una intuición creativa fruto de la observación natural. En consecuencia, por medio de una semejanza, se describe lo desconocido por lo que se conoce. En este caso, se establece una similitud entre las fibras que dan consistencia a una cuerda y la materia que da cohesión a un cuerpo sólido.

En la Cuarta Jornada del *Diálogo sobre los dos máximos Sistemas*, encontramos otra analogía con fines científicos. Ahora, el coloquio entre los tres personajes del *Diálogo* versa sobre la explicación de las mareas. Un hecho natural bien conocido que se manifiesta en el flujo y reflujo del agua que aumenta y disminuye el nivel del mar. La observación de este fenómeno y sobre todo su explicación va más allá del terreno puramente científico. Pues de ella depende uno de los argumentos galileanos más elocuentes a favor del movimiento de la Tierra y por tanto una nueva prueba a favor del sistema heliocéntrico. Ya que, si la Tierra se mueve, lo hará con ella la masa líquida que contiene, es decir, mares y océanos. En eso consiste el planteamiento de Galileo, expuesto por medio de Salviati:

> Estamos aquí, en Venecia, donde las aguas están bajas, el mar en calma y el aire tranquilo. El agua empieza a subir y, en el término de 5 o 6 horas crece más de diez palmos. Tal elevación no es alcanzada por la primera agua, porque se haya rarificado, sino por el agua nueva que está llegando hasta nosotros, agua de la misma clase que la primera, de la misma salinidad, de la misma densidad, del mismo peso[62].

---

[62] Galileo (1968): vol. 7, p. 448.

Salviati concluye a continuación que los efectos de las mareas deben ser consecuencia de los movimientos naturales de la Tierra concebida como un gran recipiente.

> A un recipiente pueden conferírsele dos clases de movimiento mediante los cuales el agua que contuviese adquiriría la facultad de fluir en él hacia uno u otro extremo, y allí ora subir ora bajar[63].

Los movimientos se producen cuando el recipiente sube y baja, acercándose y alejándose del centro de la Tierra. Galileo no admite este tipo de movimiento como explicación real, puesto que no se observa en el globo terrestre.

> (...) las partes de esos recipientes, cualquiera que sea el movimiento que se atribuya al globo terrestre, no pueden aproximarse ni alejarse del centro de éste[64].

A juicio de Galileo, la otra clase de movimiento explica la formación de mareas y se debe al giro de la Tierra respecto a su propio eje y por su desplazamiento alrededor del Sol. Para Salviati, el efecto de ambas acciones es similar al que adquiere un recipiente que estuviese sometido a un balanceo o desplazamiento "no uniforme sino cambiando de velocidad, acelerándose unas veces y enlenteciéndose otras"[65]. Pues, a causa de su propia inercia, cuando el recipiente decelera, el agua contenida en él se mueve hacia delante y al contrario cuando acelera. El resultado observable, en el primer

---

[63] Galileo (1968): vol. 7, p. 450.
[64] Galileo (1968): vol. 7, p. 366.
[65] Galileo (1968): vol. 7, p. 366.

caso, sería un ascenso del nivel del agua en la parte anterior y un descenso en el segundo[66].

2.6. Visión galileana de la naturaleza

El método de Galileo partía de una visión de la naturaleza muy diferente a la de Aristóteles. A pesar de la formación escolástica que recibió en sus primeros estudios, Galileo emprendió un camino propio basado en la experimentación y en la geometría. Según la cosmología aristotélica existe una absoluta separación entre el *mundo sublunar* y el *mundo supralunar*. En el primero existen cuatro *elementos* denominados: *tierra, aire, agua y fuego,* a los que se asocian cuatro *cualidades,* organizadas en pares de opuestos (por un lado, *calor y frío;* por otro lado, *humedad y sequedad*). Cada elemento tiene asignado un lugar y una de las dos tendencias naturales: *gravedad* o *ligereza,* retornando a su lugar si por algún movimiento violento es alejado de él. Los elementos pesados -la tierra y el agua- tienen tendencia a descender a su lugar propio, en cambio, el aire y el fuego ascienden siguiendo su inclinación natural. En el mundo *supralunar,* situado más allá de la esfera lunar existe una sustancia que denomina *quinta sustancia,* en cuyo seno no se da ningún tipo de cambio, a excepción de los movimientos de los planetas que describen trayectorias circulares.

Galileo simplifica y reduce la situación de partida, de modo que para él no habrá diferencia entre los sucesos terrestres y los celestes, ni tampoco concederá un papel especial a los cuatro elementos primordiales en la descripción de los fenómenos naturales. La importancia de esta simplificación a la hora de enfocar la investigación

---

[66] La explicación de Galileo sobre la formación de mareas, le sirvió para aportar pruebas a favor del movimiento de la Tierra alrededor del Sol. No obstante, la investigación ulterior encontró que la causa de las mareas no es el movimiento de la Tierra, sino las acciones combinadas de la Luna y el Sol

es capital. Ya que al prescindir de los rígidos esquemas filosóficos heredados, se encuentra libre de prejuicios para interpretar las observaciones telescópicas de la Luna como accidentes orográficos terrestres (valles, montañas, etc.), incompatibles con el pensamiento cosmológico aristotélico.

De acuerdo con ese modo de abordar el estudio de los procesos naturales, existe una profunda concepción del método científico que rompe con la visión aristotélica. Galileo no busca una explicación del "porqué" sino del "cómo" se producen los sucesos observados. La revolución científica, ha señalado Stilman Drake[67], en buena parte "consistió en (...) la reconciliación de esa clase de conocimiento adquirido a partir de la experiencia práctica con aquel otro adquirido por medio de la razón".

El método galileano no es sólo un procedimiento útil para resolver problemas de mecánica, su validez alcanza a todos los fenómenos naturales. Es un modo de describir los hechos observables mediante la construcción de un lenguaje geométrico preciso. Cuando Galileo enfoca su telescopio hacia Júpiter y descubre cuatro satélites; cuando descubre las manchas solares o analiza la superficie rugosa de la Luna manifiesta una visión física del mundo que rompe con la tradicional ciencia aristotélica. La forma de estudiar problemas físicos diversos, como los mecánicos, térmicos, astronómicos, etc., se aparta del método utilizado por sus antecesores e incluso por el de sus contemporáneos. Su actitud intelectual se aleja claramente de las prescripciones aristotélicas y escolásticas y se caracteriza por la capacidad de intuir aquellos rasgos que pueden ser traducidos al lenguaje geométrico. Demuestra con hechos, que la estructura de la naturaleza puede ser descrita y en

---

[67] S. Drake (1983): 27.

parte comprendida mediante el lenguaje matemático. Y da con ello un paso crucial que sienta las bases para el posterior desarrollo de la mecánica newtoniana.

La perspectiva galileana de la ciencia quebró la imagen trazada por la física medieval. El pensamiento filosófico aristotélico establecía una tajante separación entre los seres naturales y las construcciones artificiales producidas por la acción humana. El objeto de la ciencia, conforme a la filosofía aristotélica, versaba únicamente sobre entes y movimientos naturales y pretendía explicarlos indagando exclusivamente en ese tipo de causas. Por contraste, Galileo no se atiene a la mera observación de fenómenos naturales, sino que los somete a experimentación. No se limita a contemplar la naturaleza, sino que la interpela utilizando experimentos de laboratorio. Según la física aristotélica, la caída de un cuerpo pesado es un suceso *natural*, mientras que su movimiento ascendente, debido al impulso ejercido por un cierto agente, es un suceso *violento* o *forzado*. En la física galileana, sin embargo, no hay distinción alguna entre seres naturales y seres artificiales, pues ambos se incluyen dentro de la misma categoría. Con esta nueva perspectiva, deja de considerarse la naturaleza como causa intrínseca que determina el comportamiento físico de los entes. Al describir el movimiento, no distingue entre entes naturales y artificiales, por lo cual aplica su método sin considerar el objeto que se mueve; bien se trate de un insecto o de una piedra.

La ciencia que inaugura Galileo reduce el campo de visión al movimiento local de los cuerpos pesados, lo cual parecía insuficiente a muchos filósofos naturales de corte aristotélico. Con ello, la actividad científica gana en intensidad lo que pierde en extensión y hace posible la verificación experimental. Consigue así mayor precisión al describir mediante el lenguaje matemático el movimiento de caída de graves renunciando a dar una explicación causal. Todo ello, lo hizo actuando con pleno conocimiento del camino que elegía en su investigación, como expresa el texto siguiente:

> No me parece éste el momento oportuno de proceder a investigar la causa de la aceleración del movimiento natural, a propósito de la cual distintos filósofos han expuesto opiniones diversas (...), fantasías que, junto a otras similares convendría ir examinando y resolviendo con bien poco provecho[68].

Uno de los aciertos del método fue la experimentación científica. El otro, fue la utilización de las matemáticas que, entonces, se reducían a la geometría. Aristóteles, por el contrario, descartó el uso de la geometría para la descripción del universo, ya que esa ciencia se ocupa de la *cantidad*, mientras que en los seres también existen propiedades *cualitativas*, que no admiten reducción a la anterior. La utilización de la geometría suponía una reducción ontológica que no entraba dentro del pensamiento filosófico de Aristóteles, puesto que, mediante la cantidad, que es algo estático e inmóvil, no se puede describir el cambio como rasgo característico de las cosas naturales.

> El variable mundo sensible ha de ser explicado pero no inmovilizado, matematizado; las diferencias cualitativas no pueden ser convertidas en meras diferencias geométricas. La movilidad pertenece al orden sensible, la inmutabilidad y la necesidad al orden racional. Y la movilidad no puede ser reducida a la

---

[68] Galileo (1968): vol. 8, p. 202.

inmovilidad en la medida en que lo sensible no se diluye en lo racional[69].

Una vez más, este enfoque aristotélico encuentra su réplica en el método emprendido por Galileo, en el cual las relaciones de proporcionalidad entre cantidades o las relaciones geométricas contenidas en los *Elementos* de Euclides conforman la estructura lógica del método, de forma que mediante esa trama matemática es posible atrapar, ordenar y dar sentido a las múltiples impresiones sensibles que producen los fenómenos observados.

La solución metodológica que aportó Galileo no consistió en reducir la física a la geometría, sino en utilizar de *modo instrumental* el lenguaje geométrico con un contenido semántico que hace referencia al mundo físico. Hay que tener en cuenta que los fenómenos físicos, tal como se presentan a nuestros sentidos, deben ser adaptados para darles forma matemática, lo cual precisa una previa idealización. La descripción mediante los términos del lenguaje matemático se hace con referencia al modelo ideal y no al suceso observado, tal como se percibe directamente por los sentidos.

En el lenguaje natural, los términos son expresión de conceptos que hacen referencia a entes reales o cosas del mundo. También en el lenguaje físico-matemático, las magnitudes como *masa, velocidad,* etc., expresan conceptos físicos previamente definidos a partir de la observación experimental. No son, pues, los conceptos físicos, el resultado de una creación arbitraria, sino una construcción sometida a ciertos requisitos; entre ellos, que sean útiles para la construcción de teorías verificables experimentalmente.

---

[69] A. Rioja (1984): 13.

El método de la "nueva ciencia" instaurada por Galileo amplía el horizonte de la descripción de los fenómenos naturales. El lenguaje geométrico, extensible a otras ramas de la matemática, proporciona mayor capacidad de expresión al introducir una simbolización más abstracta, mayor capacidad deductiva y operativa gracias a los signos matemáticos y a los principios que rigen sus operaciones.

Esa nueva perspectiva operada por el método galileano y por sus propios descubrimientos astronómicos contribuyó a dotar de un fundamento más sólido al sistema planetario concebido por Copérnico, mejorado por Kepler y completado con la ley de gravitación universal de Isaac Newton. Todos esos descubrimientos confirmaron la validez del método científico que se impuso como un procedimiento riguroso de investigación en física terrestre y celeste. Su amplio campo de aplicación confirma que no puede considerarse un medio cerrado y rígido. Tampoco, un camino estrecho que impide la innovación, ni una sucesión de pasos pre-establecidos, sino como un medio de entablar un constante diálogo con la naturaleza.

3. NEWTON: EL "SISTEMA DEL MUNDO"

3.1. Introducción

Isaac Newton completó la visión mecánica de la naturaleza que había iniciado Galileo y continuó el estudio físico del mundo. El mismo año en que finalizó la vida terrena del italiano, Newton comenzó la suya en Woolsthorpe, cerca de Cambridge, el 4 de enero de 1643 (según el nuevo cómputo del calendario gregoriano). Ambos filósofos de la naturaleza serán protagonistas de la mayor revolución científica que tuvo lugar antes del siglo XX. Como hombres de ciencia sus respectivas biografías guardan un evidente paralelismo, aunque sus diferencias de carácter personal fueron notorias. Los biógrafos señalan que Galileo se destacó por un talante natural polémico. Newton, sin embargo, se caracterizó por un notable desinterés para compartir sus pensamientos, incluso cuando se trataba de comunicar sus descubrimientos.

En el campo científico, Galileo y Newton siguieron caminos paralelos y sus aportaciones personales fueron decisivas para desarrollar la ciencia mecánica. Ambos encontraron en la geometría la puerta de entrada al método científico. El primero lo hizo cuando descubrió el libro de los *Elementos* de Euclides (*c.a.* 325 - 265 a. C.) y los tratados de Arquímedes sobre el equilibrio de los cuerpos. El segundo, desde los primeros años escolares recibió una formación matemática elemental y a los 18 años ingresó en la Universidad de Cambridge. Se graduó en el Trinity College y siempre procuró una formación autodidacta; estudió por su cuenta la geometría de Descartes, la aritmética de John Wallis y algunos tratados de Galileo y Huygens, entre otros autores. En 1663 recibió clases del matemático Isaac Barrow, primer titular de la cátedra *Lucasiana*, fundada por el miembro del Parlamento Henry Lucas.

Galileo y Newton iniciaron sus respectivas carreras científicas cautivados por las matemáticas. El científico inglés encontró en la universidad el ambiente propicio y los medios necesarios para profundizar en la geometría cartesiana y en el análisis matemático. Este último método, desarrollado por Wallis, le condujo a descubrir el cálculo infinitesimal al que dio el nombre de *fluxiones*. Fue uno de los hallazgos más decisivos para resolver problemas geométricos, como "cuadraturas" o integraciones de áreas y para estudiar la geometría de cónicas y cúbicas. Galileo y Newton encontraron en la técnica matemática algo más que un recurso para resolver problemas geométricos. Ante todo, ambos adquirieron la mentalidad adecuada para analizar los fenómenos empíricos. Pudieron convertir el lenguaje matemático en un instrumento preciso para describir los hechos del mundo natural.

Por una parte, la comprensión del espíritu propio de la geometría y del cálculo analítico dio a Galileo y a Newton un modo peculiar de captar los rasgos cuantificables que se advierten en la observación. Además, la utilización de las matemáticas como técnica operativa, les dotó del medio idóneo para sistematizar y ordenar de forma racional los datos obtenidos experimentalmente. A tales factores, hay que añadir el ingenio de sus autores como recurso intelectual para conseguir enlazar con eficacia la precisa técnica operativa y los datos sensibles extraídos del atento examen de los sucesos naturales.

Cumpliendo nuestro objetivo, en este capítulo nos centramos en algunos de los grandes descubrimientos científicos de Isaac Newton. Sus trabajos de investigación manifiestan de modo patente, que las características del método empleado se ciñe a los tres rasgos propios que ya hemos señalado: 1) *idealización* de las observaciones experimentales; 2) *simbolismo* o *construcción simbólica* (geométrica y analítica); 3) *creatividad*, como rasgo que distingue el descubrimiento de la mera aplicación de fórmulas establecidas.

Ante todo, es obligado considerar los antecedentes que se refieren a la formación matemática de su autor, para comprobar posteriormente los rasgos que hemos señalado sobre el método científico, siendo los *Principia* una muestra sobresaliente. Un aspecto no menor que hay que mencionar es su vocación como "filósofo de la naturaleza", en los que se desvelan una insaciable búsqueda por conocer las claves más profundas de la realidad material.

3.2. "Quaestiones quaedam philosophicae"

Newton cursó estudios elementales en la escuela de la localidad de Grantham y entre otras materias, estudió los fundamentos de la lengua latina, que llegaría a dominar. Al igual que Galileo, Newton escribió en latín varias de sus obras científicas, y en esa lengua pudo comunicarse con colegas europeos, como Leibniz o Huygens.

En sus anotaciones personales consta que el joven Newton llegó a Cambridge el 4 de junio de 1661 y al día siguiente se presentó en el Trinity College, donde fue admitido tras aprobar el examen preceptivo. Los programas de la universidad habían quedado anticuados, debido a la evolución cultural europea que tuvo lugar desde el siglo anterior. Newton sin embargo superó el estrecho margen de los programas oficiales y trazó su propio itinerario intelectual, sin impedimento académico.

Los datos biográficos sobre sus estudios y sus proyectos científicos se han conservado gracias a las anotaciones que hizo en un diario personal, que llamó *Waste Book*[70]. En él abrió una serie de apartados sobre las muy diversas cuestiones que reclamaron su interés. Cientos de notas que constituyen una valiosa fuente para el estudio crítico e histórico y permiten conocer mejor el desarrollo intelectual de su autor.

Las primeras lecturas se refieren a temas muy variados, como historia, religión, astrología, o sobre fonética, taquigrafía y lenguaje filosófico. Este último tema atrajo notablemente su atención y, bajo la inspiración del libro *Ars signorum* [Arte de los signos] de George Dalgarno (1661), concibió la idea de crear un lenguaje universal que fuese capaz de reflejar la naturaleza misma de las cosas. Se comprueba que en torno a 1662, la inquieta mente de Newton abarcaba un amplio rango de lecturas, desde la filosofía y teología a las matemáticas y física, compartiendo así con otros genios el cultivo de las ciencias humanas.

Como en el tiempo de Galileo, los campos más concurridos para la investigación eran la *mecánica* y la *astronomía*, sobre los cuales Newton fijó sus propios objetivos. Así quedó reflejado en las anotaciones del *Waste Book*, donde figuran hasta cuarenta y cinco apartados sobre: *espacio, tiempo, movimiento, gravedad, propiedades de la luz, colores, sensaciones, magnetismo*, etc. Sus comentarios traslucen un ambicioso afán de indagar y encontrar la solución de problemas que él mismo se plantea, aunque nunca aventura explicaciones superficiales o sin fundamento. En realidad, más que buscar soluciones, prefiere plantear cuestiones que abordará en el futuro y

---

[70] Literalmente, "Libro Usado". Newton utilizó las páginas en blanco de un antiguo libro que había pertenecido a su tío.

serán resueltas en el transcurso de sus ochenta y cinco años de vida. A título de ejemplo, puede mencionase sus reflexiones sobre la naturaleza de la luz. La cuestión ya había sido abordada por Descartes. La réplica de Newton denota su permanente búsqueda de soluciones bien fundadas. Un texto cartesiano que pretendía explicar la difusión de la luz por la *presión*, provocó la siguiente réplica de Newton.

> La luz no puede producirse por presión, ya que entonces veríamos por la noche tan bien o mejor que durante el día. (…) No podría haber refracción ya que la misma materia no puede ejercer presión en dos direcciones. Un pequeño cuerpo interpuesto no nos impediría ver. La presión no arrojaría sombras tan definidas. El Sol no podría ser eclipsado[71].

Teniendo en cuenta la reconocida autoridad de Descartes, el comentario de un estudiante de la universidad de Cambridge no debió pasar desapercibido a la comunidad científica. Los argumentos de Newton no sólo ponían en duda la solución cartesiana, sino que desmontaban la tesis del filósofo francés, utilizando una variante del método matemático de reducción al absurdo, que consistía en imaginar las consecuencias que se derivarían de admitir la tesis de Descartes.

Este ejemplo refuerza el modo de proceder del método experimental, en contraste con el que seguía en su mayor parte la llamada "filosofía natural" de entonces. También, viene a señalar la continuidad con el camino emprendido por Galileo, unas décadas antes, poniendo de manifiesto la transición entre dos épocas. Es decir, la perspectiva metafísica que había dominado el estudio de la naturaleza hasta el siglo XVI y la naciente ciencia

---

[71] Citado en R. S. Westfall (1996): 34.

experimental aliada del pensamiento geométrico. El título de "filosofía natural" reflejaba propiamente esa situación de dominio por parte de las ideas aristotélicas. El estudio de la naturaleza, que en el siglo IV a. C., había realizado Aristóteles no disponía de recursos intelectuales apropiados. Al concentrase en averiguar las causas de los fenómenos, no superaba la mera observación natural y estaba incapacitado para profundizar en las observaciones mediante experimentación. Son los experimentos los que suministran el fundamento cuantitativo y operativo necesario para describir los hechos, renunciando a indagar las causas metafísicas.

Cautivado por la matemática

La lectura de las notas personales de Newton muestra su formidable fascinación por la matemática, en la que destacó desde muy joven por encima de sus colegas ingleses y europeos. Así lo manifiesta él mismo en 1726 haciendo referencia a una conversación con Conduitt; marido de su sobrina. Un año después, también lo confirma un informe del matemático Abraham DeMoivre. Existe un testimonio personal del año 1699, donde se lee:

> 4 de julio de 1699. A resultas de consultar unas notas sobre mis gastos en Cambridge, de los años 1663 y 1664 [Newton escribía mientras repasaba algunas de sus primeras notas], encuentro que, en el año 1664, un poco antes de Navidad y siendo sénior sophister, compré las Miscellanies de Schooten y la Geometría de Descartes (habiendo leído esta geometría y las Clavis de Oughtred más de medio año antes), tomé prestados los trabajos de Wallis y, como consecuencia, escribí estas anotaciones a partir de Schooten y Wallis, en invierno, entre los años 1664 y 1665. En ese tiempo encontré el método de las series infinitas. Y, en el verano de 1665, viéndome obligado a abandonar Cambridge por la epidemia,

calculé el área de la hipérbola en Boothby, Lincolnshire, de cincuenta y dos cifras por el mismo método[72].

Reconoce que al principio le resultó difícil comprender una materia tan abstracta y hubo de abandonar la lectura durante un tiempo. Pero, volvió con mayor resolución y tenacidad hasta conseguir dominarla, sin necesidad de ayuda. Una vez asimilados los tratados sobre geometría, algebra y análisis matemático tenía en su poder los más eficaces recursos intelectuales para investigar y describir los fenómenos mecánicos y ópticos, que había reseñado en las *Quaestiones*. Su conocimiento en las tres ciencias mencionadas fue decisivo para progresar en la investigación física, a la vez que hizo notables aportaciones en matemáticas.

El 28 de abril de 1664, obtuvo un estatuto académico superior que le permitió dedicarse con más intensidad al análisis matemático. Contó además con la experiencia de autores consagrados, como Barrow quien en 1669 le promocionó a titular de la cátedra *lucasiana*[73]. En 1675, una excepcional dispensa real le eximió de las obligaciones académicas, dejándole libertad para dedicarse al estudio e investigación sin restricciones.

Sin embargo diez años antes, en 1665, las circunstancias no fueron tan favorables, pues, debido a la peste que se declaró en Cambridge, la universidad fue clausurada durante ocho meses y no se reanudó la actividad académica hasta la primavera de 1667. Desde marzo de 1666 y, durante el tiempo en que estuvo cerrada la universidad, Newton permaneció en Woolsthorey como consignan sus apuntes personales, esa reclusión impuesta en su lugar natal fue enormemente fructífera.

---

[72] Citado en R. S. Westfall (1996): 39.

[73]. Cátedra matemática que se creó en 1663, siendo Isaac Barrow su primer catedrático. (R. S. Westfall (1996): 40).

En la quietud de la campiña su espíritu encontró el ambiente óptimo para la reflexión y su imaginación pudo concebir los más notables descubrimientos.

> A comienzos de 1665, descubrí el método de las series aproximativas y la regla para reducir cualquier dignidad de todo binomio en dichas series. En el mes de mayo del mismo año, descubrí el método de las tangentes de Gregory & Slusius, y, en noviembre, obtenía el método de las fluxiones. En enero del año siguiente, desarrollé la teoría de los colores, y en mayo, había comenzado a trabajar en el método inverso de las fluxiones. Ese mismo año, comencé a pensar en la gravedad extendida a la órbita lunar y (habiendo descubierto cómo estimar la fuerza con la cual [un] globo, que gira dentro de una esfera, presiona la superficie de ésta) a partir de la regla de Kepler, según la cual los tiempos periódicos de los planetas guardan una proporción sesquiáltera de sus distancias con respecto al centro de sus órbitas, deduje que las fuerzas que mantienen a los planetas en sus órbitas deben [ser] recíprocas a los cuadrados de sus distancias de los centros alrededor de los cuales giran: por lo cual, comparé la fuerza necesaria para mantener la Luna en su órbita con la fuerza de gravedad en la superficie de la Tierra, y descubrí que éstas eran muy parecidas. Todo esto corresponde al periodo de 1665-1666, los años de la epidemia. Porque en aquel tiempo, me encontraba en la plenitud de mi ingenio, y las matemáticas y la filosofía me ocupaban más de lo que lo harían nunca después[74].

Ese inesperado aislamiento de Newton fue providencial para fortalecer su disciplina mental que exige la perspicaz observación junto con la imprescindible

---

[74] Citando en R. S. Westfall (1996): 49, 50.

abstracción y el rigor que requieren los ejercicios matemáticos.

Galileo se sirvió de la geometría en el estudio mecánico. Por su parte, Descartes (1596 – 1650) abrió una nueva senda combinando elementos geométricos y algebraicos. En 1664, Newton ensanchó el horizonte que ofrecía la geometría antigua, al descubrir el método de las *fluxiones* (*cálculo infinitesimal* o *diferencial*) con la ayuda de los textos de *Geometría* y de *Análisis infinitesimal* de John Wallis.

La genialidad del hallazgo de este recurso metodológico consistió en una combinación de técnica matemática y cinemática. En esencia, el método consistió en tomar porciones muy pequeñas (*infinitesimales*) del tiempo como variable. Asignando a cada porción *infinitesimal* el símbolo *o* (*una sencilla letra o*). La ventaja de los infinitesimales reside en que al multiplicarlos por sí mismos, sus valores se hacen aún más pequeños y pueden eliminarse (p.ej.: $o^2 = 0$)[75].

El concepto de *infinitésimo* que introdujo Newton está relacionado con la noción de *límite*, definida posteriormente, que denota la aproximación de los sumandos de una serie hacia un valor determinado. La expresión newtoniana de infinitésimo *ot* (donde t

---

[75] Tomando una porción infinitesimal se calcula la velocidad de un móvil en cada instante. Así, supuesta una distancia D recorrida entre un tiempo t y otro muy próximo t+o. Es decir, D (t + o) - D (t)), la velocidad en ese lapso de tiempo será [D(t + o) - D(t)] / o , puesto que es el cociente entre el espacio recorrido y el tiempo. Así, si D (t) = t^3 es la distancia que recorre un supuesto móvil como función cubica del tiempo (sea 1 la constante dimensional). Aplicando el método de *fluxión*, el valor de la velocidad instantánea se obtiene calculando D (t + o), es decir (t+ o)³ = $t^3 + 3t^2 o$, ya que los términos que contienen potencias de *o*, se anulan por ser infinitésimos de orden superior aún más pequeños que *o*. Por lo que resulta [D (t + o) – D (t)]/o = $3t^2$, Es decir, se obtiene la derivada de t^3, según la terminología actual. En resumen, si el móvil recorre una longitud que varía como lo hace la potencia cúbica del tiempo trascurrido, su velocidad instantánea varía como 3 t^2, es decir, 3 veces el cuadrado del tiempo (S. Weinberg (2015): pos. 3942).

simboliza el *tiempo*) representa un incremento infinitesimal de t (cuya notación moderna es Δt).

Con el nuevo lenguaje del cálculo infinitesimal fue posible describir con mayor precisión las variaciones de las magnitudes físicas. El lenguaje matemático más preciso para describir el movimiento acelerado es el "cálculo infinitesimal", ya que se adapta mejor a las pequeñas variaciones de orden infinitesimal, consiguiendo mayor detalle a lo largo del camino recorrido por el móvil.

Newton se percató en seguida de la gran capacidad que encerraba el cálculo de fluxiones y el análisis matemático como recurso formal asociado a la noción cinemática de movimiento. Al principio, lo aplicó a la construcción de aparatos mecánicos con los que dibujaba elipses mediante una varilla cuya longitud era igual a la mitad del eje mayor. Al deslizar uno de los extremos de la varilla según el eje menor de la elipse, un punto intermedio se mueve según el eje mayor, mientras el otro extremo describe la elipse.

La descripción geométrica de curvas planas asociadas al movimiento, potenció el trazado de tangentes y sirvió para calcular el valor de áreas (llamadas entonces "cuadratura"; hoy "integración"). También descubrió el procedimiento para construir una tangente en un punto, mediante la recta normal; es decir, la perpendicular a la tangente en el punto. Igualmente, resolvió nuevos problemas, como la determinación del centro de curvatura o su valor; o sea la medida de la mayor o menor flexión de la curva sobre sí misma y la localización de puntos de flexión máxima o mínima.

El dominio de las matemáticas situó a Newton en condiciones óptimas para abordar con éxito el estudio del movimiento de los planetas del sistema solar, que finalmente le condujo a formular la ley de la Gravitación Universal, que llamó "Sistema del Mundo".

3.3. El método newtoniano

En los primeros libros de los *Principia*, Newton resuelve un conjunto de problemas estrictamente geométricos sin ningún contenido físico. En el Libro Tercero, que tituló "Sistema del Mundo", una vez desarrollada la estructura matemática, comienza a aplicar los principios teóricos y sus conclusiones al movimiento de los planetas. A juicio de I. Bernard Cohen, al dar preferencia a las técnicas matemáticas sobre el sentido físico, se pone de manifiesto un particular modo de investigación, según el cual, Newton divide el trabajo en dos fases. Primero, construye un sólido formalismo al que incorpora después los datos físicos procedentes de mediciones y observaciones astronómicas. Es evidente que este método responde a la fuerte atracción que Newton siente hacia la geometría y el cálculo analítico. Con tal estructura matemática estará en condiciones de abordar el estudio preciso de los diversos movimientos que describen los planetas del sistema solar. Así, la complejidad de los hechos naturales se ordena ajustándola a la estructura de la geometría, lo cual exige a su vez la previa idealización de las observaciones.

Conceptos newtonianos

La mente matemática de Newton se expresa también en la redacción de los *Principia*. Sigue aquí el precedente de Galileo y de Euclides, que en sus respectivos tratados comienzan estipulando una serie de *reglas generales* para asegurar el desarrollo lógico; por ejemplo, las enumeradas a continuación.

1) La primera regla dispone no admitir otras causas que las estrictamente necesarias para explicar los fenómenos.
2) Con la segunda estipula que se ha de relacionar, tanto como sea posible, efectos que sean análogos con la misma causa.
3) Según la tercera regla, se aplicará a todos los cuerpos las propiedades de aquellos que pueden someterse a experimentación.
4) En la cuarta regla admite como válida cada proposición obtenida por inducción, a partir de los fenómenos observados, hasta que un nuevo fenómeno no la contradiga o limite.

Con las dos primeras reglas se pretende eliminar ambigüedades y multiplicidades innecesarias, que comprometerían el rigor de las deducciones. La tercera regla concede validez general a aquellos resultados obtenidos en casos particulares. Es un requisito necesario para justificar la ley de gravitación universal, ya que se trata de una generalización a un ámbito universal, realizada a partir del caso particular que proporciona el sistema solar. Se atribuye así a todos los cuerpos (tanto terrestres como celestes), las propiedades de los experimentos de laboratorio. Es una hipótesis arriesgada que, sin embargo, permitió a la ciencia expandir al espacio exterior, los resultados válidos en la Tierra. Por último, la cuarta regla admite que las proposiciones teóricas obtenidas por observación experimental dejarán de ser válidas cuando la aparición de un fenómeno nuevo las contradiga. Con esta última premisa, Newton manifiesta su respeto por los hechos naturales como fuente de conocimiento anteponiéndolos a las construcciones teóricas[76].

---

[76] En la historia reciente de la física, no siempre se ha tenido en cuenta tal previsión.

> En filosofía experimental debemos recoger proposiciones verdaderas o muy aproximadas inferidas por inducción general a partir de fenómenos, prescindiendo de cualesquiera hipótesis contrarias, hasta que se produzcan otros fenómenos capaces de hacer más precisas esas proposiciones o sujetas a excepciones[77].

Newton admite que su propia teoría de gravitación podría ser modificada si se aportasen nuevos datos. De hecho, Einstein, más de tres siglos después, diseñó un marco matemático capaz de explicar posteriores descubrimientos astronómicos. Con la afirmación: *debemos recoger proposiciones verdaderas o muy aproximadas*, Newton sugiere que se debe superar el complejo mundo real simplificándolo y admitiendo la posibilidad de mejorar los modelos establecidos. A este respecto, Evandro Agazzi se refiere a la idealización de Newton como paso previo a la construcción teórica[78].

Una vez establecidas las *reglas generales*, Newton define los conceptos físicos, siguiendo el mismo modo de proceder de Galileo. Recordamos que el científico italiano definió la magnitud *momento mecánico* como pieza clave para estudiar las máquinas simples. Así mismo, Newton definió la *masa inerte* como noción clave para enunciar las leyes de la dinámica como *cantidad de materia*; y también, como *cantidad de movimiento*.

> *Definición* I: "La cantidad de materia es la medida de la misma originada de su densidad y volumen conjuntamente".

---

[77] I. Newton (2010): 463.
[78] Citado en E. Agazzi (1986).

> *Definición* II, "La *cantidad de movimiento* es la medida del mismo obtenida de la velocidad y de la cantidad de materia conjuntamente".

La última definición equivale a la actual *cantidad de movimiento*, enunciada con mayor precisión como el resultado de multiplicar el valor de la *masa* por el de la *velocidad*.

Además de la *masa inercial*, otra magnitud importante en la física newtoniana es la *fuerza*, que juega un papel imprescindible en la mecánica. Siguiendo el curso de las investigaciones, Newton clasifica la fuerza en tres tipos diferentes. Un primer tipo es la *fuerza ínsita* según la Definición III: "La fuerza ínsita de la materia es una capacidad de resistir por la que cualquier cuerpo, por cuanto de él depende, persevera en su estado de reposo o movimiento uniforme y rectilíneo". En realidad, la *fuerza ínsita* no se distingue de la *inercia*, que hoy día se conoce como *masa inercial*. En virtud de la cual, un cuerpo se mantiene en reposo (se resiste a cambiar de posición), o bien permanece con movimiento uniforme, si no actúa sobre él una fuerza externa que le obligue a alterarlo. El segundo tipo es la *fuerza impresa*, enunciada en la Definición IV: "La *fuerza impresa* es la acción ejercida sobre un cuerpo para cambiar su estado de reposo o movimiento uniforme y rectilíneo". Esta segunda clase de fuerza, a diferencia de la anterior, se origina por causas externas; como un golpe o una presión. El tercer tipo, la *fuerza centrípeta* se enuncia en la Definición V: "La fuerza centrípeta es aquella en virtud de la cual los cuerpos son atraídos, empujados, o de algún modo tienden hacia un punto como a un centro". Esta última categoría incluye a la *fuerza de gravedad* dirigida al centro de la Tierra, a las acciones magnéticas y a "la fuerza, cualquiera que sea, por la que constantemente los planetas se ven apartados de las trayectorias rectilíneas y se ven obligados a permanecer girando en líneas curvas".

Se comprende que, para convertirse en una magnitud física mensurable, la definición definitiva de fuerza exigía una lenta tarea de análisis. Se debía hacer un trabajo previo para extraer de la experiencia una noción objetiva y de significado universal. Pues, de acuerdo, con el sentido natural se consideraban de diferente tipo la *fuerza centrípeta* y la *fuerza centrifuga*. Cabe subrayar que este caso ilustra cómo la idealización permite concebir la noción de "fuerza de atracción" como una acción a distancia, sin ningún soporte material.

3.4. "Principios matemáticos de filosofía natural"

La publicación más relevante de Newton fue el tratado que denominó *Philosophia Naturalis Principia Mathematica.* Fue editada en 1687 por Edmond Halley, quien se convirtió en su mejor promotor al comprender la importancia de las investigaciones newtonianas en torno a los movimientos de los planetas del sistema solar. En agosto de 1684, Halley visitó a Newton en Cambridge, con el fin de aclarar algunas cuestiones de mecánica celeste sobre las que había meditado. Pretendía saber cómo era posible deducir, a partir de la tercera ley de Kepler, la ecuación que relaciona la fuerza centrípeta y la distancia al Sol. Según tal ecuación, la fuerza varía en proporción inversa al cuadrado de la distancia. Esa relación matemática encierra la clave para obtener las leyes del movimiento de los planetas y Newton la había deducido a partir de principios dinámicos. La solución implicaba el descubrimiento de un método general para resolver un problema físico, partiendo de una cuestión estrictamente matemática. Es decir, se trataba de descubrir un camino seguro que serviría de puente entre la geometría y la ciencia experimental.

> Pues toda la dificultad de la filosofía parece consistir en que, a partir de los fenómenos del movimiento, investiguemos las fuerzas de la naturaleza y después desde estas fuerzas demostremos el resto de los fenómenos[79].

Halley sabía que Newton había resuelto ese problema sobre la formulación matemática del movimiento planetario, así que viajó a Cambridge para escucharlo directamente de su propia boca. La versión de ese encuentro proviene del mismo Newton, quien mucho después lo contó al matemático francés Abraham DeMoivre, el cual a su vez lo refiere en los términos siguientes:

> En 1684, el Dr. Halley fue a visitarle a Cambridge. Transcurrido un tiempo uno en compañía del otro, el doctor le pidió su opinión sobre cómo pensaba que sería la curva descrita por los planetas, suponiendo que la fuerza de atracción hacia el Sol fuese recíproca al cuadrado de su distancia de éste. Sir Isaac respondió inmediatamente que sería una elipsis. El doctor dio muestras de gran alegría y, sorprendido, le preguntó sobre cómo lo había sabido. Lo he calculado, contestó él. El Dr. Halley, entonces, le pidió que le mostrase enseguida su cálculo. Sir Isaac miró en sus papeles, pero no pudo encontrarlo. Sin embargo, le prometió que lo volvería a hacer y que se lo enviaría...[80]

En noviembre de ese mismo año, Halley recibió un pequeño artículo de nueve páginas con el título *De motu corporum in gyrum* [Sobre el movimiento de rotación de los cuerpos]. En él se demostraba que "un cuerpo que

---

[79] I. Newton (2010): 98.
[80] Citado en R. S. Westfall (1996): 199.

describe una órbita elíptica está sometido a una fuerza que varía según la inversa del cuadrado de la distancia al foco de la elipse". En sentido contrario, señalaba que si "la fuerza era inversamente proporcional al cuadrado de la distancia, entonces, la órbita que describe el cuerpo debía ser una curva elíptica". El artículo también incluía una demostración de las leyes segunda y tercera de Kepler. Por sus conocimientos sobre mecánica celeste, Halley estaba en condiciones de comprender la gran importancia del trabajo de Newton, por lo que estaba justificada una nueva entrevista. La trascendencia del descubrimiento aconsejaba informar a la Real Sociedad solicitando que dicha Institución invitase al autor a registrarlo cuanto antes.

A su vez la visita de Halley a Cambridge, había suscitado en Newton un interés renovado por ese asunto. Con el fin de incorporarlos a su modelo geométrico, comenzó a recabar medidas astronómicas del Astrónomo Real John Flamsteed. Entre el verano de 1684 y la primavera de 1686, Newton concentró toda su actividad en la redacción de los *Principia*. Según el testimonio de su secretario se hallaba "tan concentrado, tan volcado en sus estudios que apenas se alimentaba o incluso se olvidaba de comer. De forma que, al entrar en su habitación, encontraba su plato sin tocar, y, cuando se lo recordaba, me respondía: ¿Ah, sí?, y se dirigía hacia la mesa, donde tomaba uno o dos bocados de pie [...] En raras ocasiones, cuando decidía cenar en el hall, tomaba el camino de la izquierda y salía a la calle; allí, se detenía, dándose cuenta de un error, y volvía rápidamente, de forma que, algunas veces, en vez de ir al hall, regresaba a su habitación"[81].

Durante unos dos años y medio hasta concluir los *Principia*, requirió datos astronómicos, de los que muchos

---

[81] R. S. Westfall (1996): 201.

de ellos estaban dirigidos a confirmar la existencia de fuerzas entre Júpiter y Saturno, la fuerza debida a la gravedad y su efecto sobre las mareas. Todos esos datos confirmaban la hipótesis de que existía una fuerza de atracción gravitatoria entre cuerpos celestes. Hemos de tener en cuenta, que lo que hoy día se admite sin discusión, requería un lento proceso de abstracción que partía de acciones entre cuerpos materiales, como las de presión o de tracción.

Así pues, Newton debió admitir la noción de "fuerza a distancia", es decir, no detectables por los sentidos, sólo conocidas por los efectos que producían en la materia. Consciente de esa dificultad conceptual sobre la naturaleza de las fuerzas, se vio en la necesidad de aclarar que no se refería a una supuesta causa física, sino a algo real. Sin embargo, no era fácil justificar el origen de las fuerzas de atracción, por lo que dio una explicación un tanto ambigua, afirmando que "las fuerzas proporcionales a la cantidad de materia surgen de la naturaleza universal de la materia".

En noviembre de 1684 comenzó una nueva publicación *De motu corporum* ("Sobre el movimiento de los cuerpos"). En ella recogía trabajos anteriores sobre el movimiento con los datos astronómicos más recientes. Aparte del interés que tenía en sí misma la investigación, también implicaba una comprobación de la mecánica como teoría física. Entre otras cuestiones, calculó la fuerza de atracción gravitatoria de una masa esférica, la aceleración de la Luna sometida a la atracción de la Tierra y el efecto gravitatorio sobre cuerpos situados en la superficie terrestre. Estos problemas podían calcularse por la ley de la fuerza inversa al cuadrado de la distancia. Bajo la misma ley quedaban sometidos fenómenos tan dispares, como el movimiento de la Luna alrededor de la Tierra o la caída de una manzana en la superficie terrestre. Con ello, la noción clásica de gravedad (*gravitas*) dejaba de ser una propiedad exclusiva de la Tierra y pasaba a tener validez referida a todo cuerpo del universo.

Así, con las leyes de la mecánica newtoniana se integraba bajo la misma teoría, tanto los objetos materiales más cercanos, como cuerpos tan alejados como la Luna y otros objetos celestes. La misma ley regía la acción gravitatoria y el movimiento en cualquier lugar del universo. Este resultado empírico llevó a Newton a estipular el "principio de uniformidad", según el cual -a pesar de su débil fundamento- los enunciados mecánicos son aplicables en cualquier lugar del universo.

El 21 de abril de 1686, Halley escribió a la Royal Society informando que el tratado de Newton estaba casi listo para su impresión. En el libro de actas de la institución se lee que,

> El Dr. Vincent presentó a la Sociedad un tratado manuscrito titulado *Philosophiae naturalis principia mathematica*, dedicado a la Sociedad por Mr. Isaac Newton, en el cual ofrece una demostración matemática de la hipótesis copernicana propuesta por Kepler, y explica todos los fenómenos de los movimientos celestes mediante la única suposición de una gravitación hacia el centro del Sol que decrece proporcionalmente a los cuadrados de las distancias que los separan. Se ordenó que se redactara una carta de agradecimiento a Mr. Newton; que se sometiera la publicación del libro a la consideración del consejo y que, mientras tanto, el libro quedase en manos de Mr. Halley, quien haría de éste un resumen para el consejo[82].

---

[82] R. S. Westfall (1996): 221.

Aún debieron pasar varias semanas hasta que en la reunión de la Sociedad del 19 de mayo se acordó,

> Que los *Philosophiae naturalis principia mathematica* de Mr. Newton sean publicados sin tardanza en edición en cuarto de caracteres legibles; que le sea escrita una carta para comunicarle la decisión de la Sociedad y pedirle su opinión sobre la impresión, volumen, tamaño, etc.[83]

La historia del proceso de elaboración de los *Principia* revela que la implicación de Halley fue clave en su publicación. Desde el primer momento, apreció su extraordinario valor científico y gracias a su empeño personal logró la aprobación de la Royal Society. En aquellos días, la institución científica estaba aquejada de un gran desorden interno y sufría una precaria situación monetaria. El mismo Halley, superando las circunstancias adversas, se encargó de la edición a costa de su escaso patrimonio.

El estilo de Newton

El historiador I. Bernard Cohen califica de "estilo de Newton" el método que el científico inglés empleó en sus investigaciones siguiendo un camino paralelo al "estilo galileano".

> El estilo newtoniano consta de tres pasos. El primero comienza usualmente simplificando e *idealizando* la naturaleza, lo que lleva a un constructo imaginativo en el dominio matemático, un sistema en el espacio geométrico, en el que las entidades matemáticas se mueven en un tiempo matemático según determinado conjunto de condiciones que tienden a ser

---

[83] R. S. Westfall (1996): 221.

expresables como relaciones o leyes matemáticas. A continuación, se deducen consecuencias por medio de procedimientos matemáticos, a fin de transferirlas luego al mundo observable de la naturaleza física, en la que, en la segunda fase, se lleva una comparación y contraste entre los datos de la experiencia y las leyes o reglas derivadas de tales datos[84].

Los métodos galileano y newtoniano coinciden en el mismo objetivo, consistente en construir un lenguaje matemático apropiado para describir las observaciones experimentales. El rasgo distintivo del "estilo de Newton" proviene de su capacidad e ingenio para dominar, tanto la geometría y el cálculo infinitesimal, como los datos empíricos. Newton es consciente del papel que desempeña el lenguaje geométrico en la descripción física de los fenómenos. Y en el Prefacio de los *Principia* anuncia su intención de "tratar en esta obra la parte *Matemática* que se relaciona con la *Filosofía*". Es decir, las técnicas y operaciones no se conciben en sí mismas con una finalidad que se agota en el ámbito matemático, sino como recurso útil para dar forma a los datos experimentales.

Así pues, se prueba que Newton siguió los pasos de Galileo, diseccionando gracias a la idealización la estructura interna de los fenómenos naturales. Es obvio que lo hace adaptando el método galileano a su propio estilo, a los problemas mucho más complejos que estudió y contando con un mayor bagaje operacional y deductivo.

La atracción universal

En el Libro Tercero de los *Principia*, Newton concluye su extraordinario descubrimiento: la "atracción universal". Esto es, la existencia de una fuerza en virtud

---

[84] I. B. Cohen (1985): 15 [Cursiva añadida].

de la cual se atraen los cuerpos, tanto en la superficie de la Tierra, como en el sistema solar.

Bajo el epígrafe titulado *Fenómenos*, Newton relaciona un total de seis definiciones sobre hechos naturales que serán objeto de investigación en el Libro Tercero. En ese apartado aplica lo que ha estudiado de forma teórica en los dos libros anteriores. Ahora, incluye en los cálculos valores de fuerzas centrípetas, masas, densidades, resistencia al movimiento dentro de un fluido, etc., se refiere por tanto a fenómenos reales, a observaciones astronómicas y a medidas. Así en el párrafo titulado Fenómeno I, escribe:

> Los planetas circunjoviales con radios trazados al centro de Júpiter describen áreas proporcionales a los tiempos, y sus tiempos periódicos, estando en reposo las estrellas fijas, están en razón de las distancias a los centros elevados a la potencia 3/2[85].

Newton alude a "cuerpos materiales", reales, pero definidos de "forma ideal"; es decir, por sus propiedades geométricas: radios, áreas, etc.

En el epígrafe dedicado al Fenómeno IV aplica la tercera ley de Kepler a los cinco planetas, incluyendo el movimiento de la Tierra alrededor del Sol. Por último, en apartado titulado Fenómeno V, se lee:

> Los planetas primarios con radios trazados a la Tierra describen áreas en nada proporcionales a los tiempos; pero con radios trazados al Sol describen áreas proporcionales a los tiempos[86].

---

[85] I. Newton (2010): 619.
[86] I. Newton (2010): 624.

Esta es la ley enunciada por Kepler, como una relación proporcional entre las áreas descritas por los planetas (incluyendo la Tierra) y el tiempo empleado en el giro alrededor del Sol. Lo que significaba una prueba del heliocentrismo.

En resumen, una vez establecidas las leyes de la mecánica y sabiendo que las trayectorias son cónicas (elipses, circunferencias, parábolas o hipérbolas), como Newton había demostrado, las fuerzas han de ser inversamente proporcionales a las distancias a sus focos. Por lo cual, la atracción gravitatoria es proporcional a las masas M y m, e inversamente proporcional al cuadrado de la distancia r a los focos ($F = G\,Mm/r^2$).

En esta sencilla relación matemática, Newton, valiéndose de un lenguaje simbólico, sintetiza la forma en que actúan las fuerzas de atracción del sistema solar. El modelo en conjunto proporciona una imagen precisa en la que cada planeta está sometido a las mismas leyes, que son función de las respectivas masas y de las distancias al Sol.

Al final de los *Principia*, en el Escolio general que cierra el Libro III, Newton termina con un resumen sobre la disposición de los planetas, acompañado de una inédita reflexión filosófica acerca del origen del sistema solar.

> Los seis planetas principales giran en torno al Sol en círculos concéntricos al Sol, con la misma dirección de movimiento y aproximadamente en el mismo plano. Diez lunas giran en torno a la Tierra, Júpiter y Saturno en círculos concéntricos, con la misma dirección de movimiento, en los planos de las órbitas de los planetas muy próximamente. Y todos estos movimientos regulares no tienen un origen debido a causas mecánicas; toda vez que los cometas circulan en órbitas muy excéntricas libremente y en todas direcciones del firmamento. (…). Tan elegante combinación de Sol,

planetas y cometas 'solo pudo tener origen en la inteligencia y poder de un ente inteligente y poderoso. Y si las estrellas fijas *fueren* centros de sistemas semejantes, todos ellos construidos con un esquema similar, estarán sometidos al dominio de Uno.[87]

La exclusión de "causas mecánicas" que expliquen el "origen" o génesis del conjunto armónico de movimientos, es decir la auténtica causa, más allá de la física, sugiere a Newton la existencia de una razón superior como origen del universo. Aquí, el filósofo de la naturaleza abandona la razón científica y entra de lleno en el terreno de la religión. Parece quedarse sin argumentos que aporten una explicación definitiva sobre la génesis del sistema planetario. El hombre de ciencia cede el paso al creyente expresando su convicción en la existencia de un Ser superior, el *Uno*, que rige el universo.

Los pensamientos en torno a la teología de la creación responden a la necesidad de admitir una causa que la ciencia no aporta. Sin embargo, eso no le aparta de las razones físicas que le han conducido hasta el final. Antes de concluir, vuelve al terreno científico en el comentario del penúltimo párrafo de los *Principia* donde se pregunta ahora por el origen de la gravedad.

> Hasta aquí he expuesto los fenómenos de los cielos y de nuestro mar por la fuerza de la gravedad, pero todavía no he asignado causa a la gravedad. Efectivamente esta fuerza surge de alguna causa que penetra hasta los centros del Sol y de los planetas sin disminución de la fuerza; y la cual actúa, no según la cantidad de las *superficies* de las partículas hacia las cuales actúa (como suelen hacer las causas mecánicas) sino según la cantidad de materia *sólida*; y cuya acción

---

[87] I. Newton (2010): 782.

se extiende por todas partes hasta distancias inmensas, decreciendo siempre como el cuadrado de las distancias y cuya acción se extiende por todas partes hasta distancias inmensas, decreciendo siempre como el cuadrado de las distancias (...). Pero no he podido todavía deducir a partir de los fenómenos la razón de estas propiedades de la gravedad y yo no imagino hipótesis[88].

Es comprensible que Newton, por un lado, no se sienta satisfecho con la idea de gravedad y sus efectos mensurables y quiera averiguar dónde reside su origen. Por otro lado, hay que subrayar que además confiese el fracaso a pesar de sus esfuerzos al intentar analizar diversos fenómenos.

Pero el fracaso de Newton encierra una enseñanza útil para comprender las características del método científico y de la ciencia empírica. Puesto que, por vía de hecho comprobamos que no es necesario conocer la naturaleza última que encierran los conceptos científicos, como *gravedad*, para analizar sus efectos en el laboratorio, y construir teorías. Pues la ciencia no se mueve en el mismo nivel que la metafísica, las magnitudes físicas son definiciones precisas, no son entidades escondidas en la realidad. El cultivo con éxito de la ciencia empírica exige una actitud pragmática a la que se refiere Newton: "Y

---

[88] I. Newton (2010): 785. En la célebre expresión *hypotheses non fingo*, Newton muestra su actitud científica al confesar, que únicamente se atiene a los hechos científicos, sin indagar en el fundamento metafísico de la *gravedad*. A pesar de su interés por conocer el origen y naturaleza de la *gravedad*, prefiere atenerse a la explicación físico-matemática de los fenómenos gravitatorios, dejando fuera la especulación filosófica. "Newton también dedicó atención a las afirmaciones filosóficas sobre las cuales descansaban las demostraciones de los *Principia*. Sabía que muchas le desafiaban. No solo había conversado con Huygens, sino que también había recibido una copia de presentación de su *Tratado de luz* con su *Discurso sobre la causa de la gravedad* adjunto. A principios de 1693, una carta de Leibniz expresó, de pasada, su continua creencia en la necesidad del éter como causa de la gravedad" (R. S. Westfall (1980): 508).

bastante es que la gravedad exista de hecho y actúe según las leyes expuestas por nosotros y sea suficiente para todos los movimientos de los cuerpos celestes y de nuestro mar".

Esa actitud pragmática quedó reflejada en la conocida expresión: *hypotheses non fingo*, en la que rechaza toda explicación que no se asiente en la observación experimental. Sale así al paso de cualquier crítica que pudiera acusarle de defender una causa no estrictamente científica, para explicar el origen de la *gravedad* y de forma categórica añade: "Pues, lo que no se deduce de los fenómenos ha de ser llamado *Hipótesis*; y las hipótesis, bien metafísicas, bien físicas, o de cualidades ocultas, o mecánicas, no tienen lugar dentro de la *Filosofía experimental*".

3.5. La revolución newtoniana

Hemos señalado más arriba que el horizonte intelectual de Newton comprendía, tanto las ciencias experimentales, como las humanísticas. Dotado de tan dilatada y variada perspectiva pudo abordar las cuestiones más diversas. Sus aportaciones inéditas, especialmente en el campo de la astronomía y de la mecánica señalan el comienzo de una nueva época calificada de "revolución newtoniana". Pues su influjo no se limitó al dominio de las ciencias empíricas, sino que también orientó la investigación en otras esferas del saber, como filosofía, economía, sociología, entre otras disciplinas, cuyos pensadores se sintieron atraídos por el rigor deductivo del método empírico. El éxito del método científico reside en la eficaz definición de conceptos mensurables. Es decir, radica en la dimensión cuantitativa de la materia, que permite la construcción de un lenguaje físico-matemático.

La mecánica newtoniana proporcionó una imagen coherente del universo, superando la explicación geométrica de Ptolomeo. En una sola ecuación matemática resumió las leyes parciales de Kepler y dio una visión unitaria y armónica del sistema heliocéntrico de Copérnico. Desde la perspectiva metodológica, las causas *eficientes* y *finales* de la física aristotélica daban paso a *fuerzas* de *gravedad, masas* y *distancias* de los planetas al Sol.

Pero la revolución newtoniana no fue una gran empresa realizada en solitario, pues intervinieron en ella notables científicos cuyas aportaciones fueron decisivas para el trabajo de Newton. Entre otros científicos, tanto en el campo de la física, como en la matemática, cabe mencionar los de Descartes, Pascal, Wallis, Barrow, Hooke, Huygens. Sus diversas contribuciones hicieron posible la síntesis que Newton plasmó en los *Principia*, y fueron reconocidas por él mismo en carta a Robert Hooke. Según Alexander Koyré ese reconocimiento fue también expresado por Bernard de Chartres en los términos siguientes:

> Si Newton pudo ver tan lejos como lo hizo, y mucho más lejos que cualquiera de los que le precedieron, fue porque era un gigante subido a hombros de gigantes[89].

Sobre hombros de gigantes Newton también descubrió que la noción de *gravedad* era la pieza clave que unía teorías mecánicas y astronómicas. Para ello, no necesitó "explicar el origen" de esa escurridiza fuerza que actuaba en todos los cuerpos materiales. De hecho, a partir del concepto de atracción gravitatoria se explican

---

[89] A. Koyré (1965): 11. Nota. 4.

fenómenos tan dispares, como la formación de las mareas, la caída de una manzana, el movimiento de los planetas y cometas del sistema solar. Por tanto, sin necesidad de introducir entidades metafísicas, en virtud de la definición precisa de una magnitud mensurable y mediante lenguaje matemático es posible enunciar leyes que rigen el universo.

Los logros de Newton y su método influyeron en los científicos de generaciones siguientes. La ciencia mecánica posterior avanzó notablemente gracias a otras grandes figuras, como Laplace, Euler, D'Alembert, etc. En los años siguientes del siglo dieciocho, junto a la mecánica avanzaba la investigación sobre fenómenos no mecánicos, cuyo análisis demandaba otro punto de vista diferente. Era un nuevo capítulo del Libro de la Naturaleza que estaba reservado a los fenómenos eléctricos y magnéticos y que reclamaban una mayor experimentación y sistematización. De ambas tareas se ocuparon principalmente dos eminentes genios de la física: Michael Faraday y James Clerk Maxwell.

4. FARADAY: DIÁLOGO CON LA NATURALEZA

4.1. Introducción

Michael Faraday (1791 – 1867) nació en Newington, localidad situada al sur de Londres. A la edad de 19 años trabajaba de aprendiz de encuadernador para el librero George Riebau. Según su propio testimonio tuvo una educación más bien precaria que consistió en rudimentos de lectura, escritura y aritmética elemental. Disfrutaba de fácil acceso a los libros y un gran talento natural que le convirtieron en un ávido lector. Un artículo de la "Enciclopedia Británica" titulado *Electricity* despertó en él un gran interés por la ciencia. En 1812, a la edad de 20 años, comenzó a asistir a las conferencias científicas que impartía Humphry Davy, prestigioso químico y miembro de la Royal Institution y de la Royal Society.

Faraday se destacó ante todo por la experimentación en el terreno de los fenómenos eléctricos y magnéticos. Su contribución más importante en el ámbito teórico fue la noción de *campo de fuerza*, cuya formalización matemática posterior se debe al científico escocés James C. Maxwell. En 1855, Michael Faraday era un prestigioso científico de 64 años de edad que se encontraba al final de su larga producción intelectual. En esa fecha, James C. Maxwell tenía 24 años, había terminado sus estudios en la Universidad de Cambridge y comenzaba su carrera de investigador. Las aportaciones de ambos científicos a la física de los fenómenos eléctricos y magnéticos fueron decisivas para el brillante progreso de la física teórica y experimental.

4.2. Idear y experimentar

Los hallazgos experimentales y teóricos[90] de Faraday –sobre todo la noción de *campo de fuerza*-, fueron posteriormente recibidos por Maxwell como un precioso legado y se convirtieron en el objeto de estudio preferido durante el resto de su vida. En 1855, el mismo año de su graduación universitaria, el joven científico escocés comenzó la lectura del tratado *Experimental Researches in Electricity*[91], ["Investigaciones Experimentales en Electricidad". Era un compendio de artículos sobre trabajos de carácter experimental que Faraday había finalizado ese mismo año y en él recogía las anotaciones realizadas durante veinticuatro años de paciente indagación acerca de los fenómenos eléctricos y magnéticos. En el prólogo del libro, el mismo Faraday expresa su satisfacción por la continuidad que revelan sus investigaciones, a pesar del largo tiempo transcurrido[92].

Las *Researches* denotan gran coherencia interna en su redacción, lo cual manifiesta una paciente y larga tarea experimental. T. K. Simpson se refiere a las *Researches* como un ejemplo significativo de literatura científica, dotado de "una textura de aguda especulación y experimentación inteligente, de tal modo entretejida que es virtualmente imposible separar un tema relevante de otro"[93].

En conjunto, los *Researches* consta de 29 series de artículos científicos en los que se describen métodos, medidas, resultados e interpretación de numerosos experimentos diseñados con fines precisos. No es un mero

---

[90] Sobre los trabajos experimental y teórico de Faraday. (véase R. D. Tweney (1986): 336-344 y F. Steinle (1994): 293–303).

[91] M. Faraday (1965).

[92] M. Faraday (1965): vol.1, p. ix.

[93] T. K. Simpson (1998): 12.

catálogo de ensayos de laboratorio o simples operaciones efectistas dirigidas a satisfacer la curiosidad popular. Las publicaciones de Faraday que pueden consultarse en los *Experimental Researches in Electricity* ["Investigaciones Experimentales en Electricidad"], en *Experimental Researches in Chemistry and Physics*[94] ["Investigaciones "Experimentales en Química y Física], en su *Diary* ["Diario"][95] o en *The Selected Correspondence*[96] ["Correspondencia Seleccionada"] nos hablan de una infatigable indagación científica encaminada a descubrir los secretos de la naturaleza física de la electricidad y el magnetismo.

En todos esos escritos se hace evidente la habilidad experimental de Faraday, en el diseño de dispositivos adecuados para cada situación, según lo requería el análisis que realizaba. También, se deduce que las experiencias de laboratorio han sido concebidas y diseñadas con el fin de encontrar respuesta a una conjetura o hipótesis. Los resultados son registrados e interpretados para introducir cambios en posteriores experimentos, modificando los materiales utilizados, los diversos componentes o bien su disposición en el esquema, etc. Este cúmulo de operaciones organizadas revela un activo trasiego entre los resultados y el pensamiento creativo de Faraday que nos habla de un singular *diálogo* con la naturaleza. Por una parte, los hechos empíricos son la respuesta a las preguntas concretas del cuestionario ideado por él. Es el proceso dialéctico en que se pone de relieve la característica más genuina del método galileano. El filósofo americano

---

[94] M. Faraday (1859).
[95] M. Faraday (1932-1936).
[96] M. Faraday (1971).

Charles S. Peirce (1839 – 1914) elogia el trabajo experimental de Faraday en los siguientes términos:

> Todos los hombres que pertenecieron al mismo siglo que Faraday tuvieron el gran talento de extraer sus ideas directamente de sus experimentos y conseguir que sus aparatos expresasen su pensamiento, de forma que la experimentación y la deducción no constituían dos procesos, sino uno. Para entender lo que quiero significar, léanse sus "Investigaciones sobre Electricidad"[97].

Razonamiento y experimentación se muestran como dos manifestaciones de una misma actividad. Durante varios años, esa sintonía entre razón y experimento se hizo más explícita en las conferencias que dictó en la *Royal Institution* de Londres. Conocidas como *Chritsmas Lectures*[98], se celebraban en torno a Navidad y estaban dirigidas a un público joven. Fueron muy bien acogidas y celebradas por fomentar la vocación científica compartiendo sus descubrimientos. La sociedad de su tiempo le reconoció como el mayor divulgador científico.

Ante la audiencia, Faraday presentaba sencillos experimentos, mostrando novedosas propiedades de cuerpos electrizados y de materiales magnéticos. En la última sesión de *Christmas Lectures*[99], impartida en el año 1859, describió el efecto magnético descubierto por Oersted en 1819. El efecto consistía en el movimiento de una *aguja imantada* situada en la proximidad de una corriente eléctrica, sin contacto con el conductor. Faraday se dirigía a la audiencia en los siguientes términos:

---

[97] Ch. S. Peirce (1959): 272.
[98] M. Faraday (1860).
[99] Citado en H. J. Fisher (2001): 2.

Ahora, observen esto: aquí hay un trozo de hilo metálico al que voy a transformar en un "puente de fuerza"[100], es decir, un conductor entre los dos extremos de la batería. Es sólo un hilo de cobre y por tanto no es de naturaleza magnética. Examinaremos este hilo con nuestra aguja magnética [Fig. 51] y, aunque conectada con un extremo de la batería, verán que antes de que el circuito se cierre no existe acción sobre la aguja magnética [línea continua en la Figura 4]. Pero observen cuando establezco el contacto; vean cómo la aguja gira [líneas de puntos en la Figura 4][101].

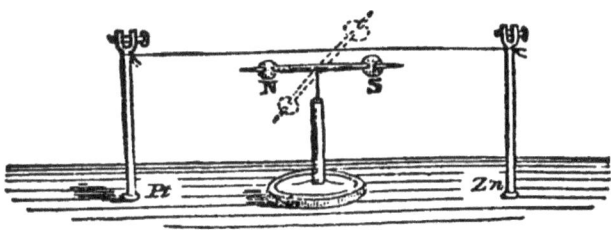

Figura 4. Desviación de una aguja magnética por una corriente.

Como se aprecia en la ilustración que acompaña al texto original, cuando no pasa corriente por el hilo conductor, la aguja magnética ocupa una posición paralela. Y al conectar el hilo por sus extremos a los electrodos de la batería[102] (uno de ellos de platino (Pt) y el otro de zinc (Zn)), la aguja magnética gira en el mismo

---

[100] "Puente de fuerza"[*bridge of force*] es una expresión metafórica para referirse al papel del conductor que permite el paso de corriente entre los extremos de la batería. También, en cierto modo, hace referencia a la trasmisión de la fuerza en un campo de fuerza.

[101] Citado en Fisher (2001): 23-24.

[102] Una batería genera corriente eléctrica de origen químico por contacto de dos láminas metálicas de diferente naturaleza, llamadas electrodos.

plano (aunque en el dibujo parece inclinarse), adoptando una posición perpendicular al hilo conductor.

En esta sencilla exposición de hechos directamente observables, Faraday trata de mostrar la existencia de una relación causal entre el paso de la corriente por el conductor y el movimiento de la aguja magnética situada a cierta distancia del mismo, sin ningún contacto material entre ambos. Con ello, se pone de manifiesto la existencia de una "interacción" entre dos tipos de fenómenos que entonces se creían distintos, uno de origen eléctrico y otro de origen magnético. Pero además, en esta demostración experimental, Faraday señala un rasgo significativo que se refiere al movimiento de la aguja magnética: no se trata propiamente de una atracción o de una repulsión ejercida por la corriente, sino de un *giro hacia una orientación perpendicular a la posición que tenía en ausencia de corriente*. Este resultado supone una diferencia crucial entre las fuerzas de tipo eléctrico y las de tipo magnético. En las primeras los cuerpos cargados eléctricamente se atraen (como sucede con la gravedad) o se repelen con fuerzas dirigidas siguiendo la línea recta que une los cuerpos. Pero en este caso, la acción magnética entre la corriente y la aguja magnética tiene lugar en dirección perpendicular al hilo conductor.

Este primer resultado (una de sus grandes aportaciones científicas) pone de relieve el acierto de Faraday, al encontrar la forma de concertar experimento y razonamiento produciendo resultados efectivos. Los dispositivos de laboratorio no son sólo medios técnicos que amplían la capacidad de los sentidos, sino que, tanto el diseño de experimentos, como la interpretación de los resultados sustentan el pensamiento discursivo, que adquiere así un sólido fundamento empírico.

La tarea experimental de Faraday se encuadra en la primera fase de la investigación empírica, que suele llamarse *contexto de descubrimiento*. Una etapa inicial que no admite deducciones ni es posible aplicar ningún método sistemático; pues escapa a todo proceso lógico y sólo es útil la intuición científica. Entre la observación atenta de los hechos empíricos y la meta lejana de la explicación teórica, se forman imágenes mentales que se ordenan para componer un *esquema o modelo idealizado*. Ese modelo, elaborado a partir de percepciones, trasciende lo meramente sensorial, permite concebir hipótesis y conjeturas para explicar los hechos observados. En principio será un esquema provisional, modificable a tenor de nuevos resultados experimentales, en el que influirá el marco conceptual asociado a la misma observación[103].

A parte de sus grandes aportaciones experimentales a la física, Faraday sobresalió por una importante contribución teórica que denominó *campo de fuerza*. Una idea que fue clave para interpretar con éxito el conjunto de los fenómenos eléctricos y magnéticos. Una construcción mental, que junto a la definición de *líneas de fuerza*, desempeña un papel esencial, tanto en la interpretación de resultados experimentales, como en la descripción de la teoría electromagnética.

4.3. Origen del *campo de fuerza*

En Michael Faraday, junto con la destreza práctica, concurrió una notable capacidad especulativa[104]. Con la ayuda de ambas cualidades y su ingenio personal concibió el *campo de fuerza*, que fue una de las nociones más útiles de la física, cuyo primitivo origen reside en la concepción cosmológica de la teoría cartesiana sobre el universo. Fue desarrollada por Leibniz, después por otros

---

[103] N. R. Hanson (1958).
[104] W. Berkson (1981).

científicos, como los hermanos Bernouilli y más tarde, por Boscovich, Kant y Oersted. De todos los defensores de la idea de *campo de fuerza*, Boscovich y Kant fueron quienes más influyeron en el pensamiento de Faraday. Todas esas construcciones mentales compartían la idea de universo como espacio pleno y todas ellas presentaban una imagen que discrepaba de la visión newtoniana de *acción a distancia*[105] y por tanto era disconforme con la noción de *fuerzas instantáneas* que actúan a través del espacio.

El nuevo enfoque propuesto sobre la transmisión de fuerzas era aplicable, tanto a la atracción gravitatoria, como a la atracción y repulsión electrostática. La fuerza gravitatoria se ejerce entre dos cuerpos materiales y su intensidad es proporcional a las masas e inversamente proporcional al cuadrado de la distancia que las separa. También en las acciones eléctricas, la relación formal entre *fuerza, distancia* y *cargas eléctricas* es del mismo tipo que la gravitatoria. Por lo cual, basta sustituir en la ecuación matemática $F = Mm/r^2$, la *masa* de los cuerpos por la *carga eléctrica* para que la ecuación sea válida dentro de la teoría electrostática; si bien la fuerza electrostática puede ser repulsiva o atractiva, conforme sean las cargas del mismo signo o de signo contrario. Tal similitud entre ambas acciones, gravitatoria y eléctrica, sugería mantener el mismo modelo mecánico de *acción a distancia* para explicar los fenómenos electrostáticos. De acuerdo con este modelo newtoniano, la fuerza entre cuerpos materiales a distancia -como los planetas del sistema solar- se produce de modo instantáneo. Al aplicar el modelo mecánico a la electrostática, había que admitir que las fuerzas eléctricas actuaban a distancia de forma inmediata. El químico inglés Joseph Priestley fue el primero en aceptar esa

---

[105] En la teoría de acción a distancia las fuerzas gravitatorias entre dos masas actúan sin ningún medio entre ellas; la acción se produciría de forma instantánea en cada masa.

explicación, seguido por Charles Coulomb, que además había comprobado la proporcionalidad inversa de fuerza eléctrica con el cuadrado de la distancia entre cargas eléctricas. A ellos se sumó Simeón-Denis Poisson, en 1812, había formulado una teoría matemática de tipo newtoniano.

Así pues, la mayoría de los científicos que entonces analizaban los fenómenos eléctricos compartía la tesis de la *acción a distancia*. Sin embargo, Faraday discrepaba de sus colegas y no era partidario de una explicación newtoniana. En 1819 comenzó a pensar en una teoría que sustituyese a la *acción a distancia*. La tarea le mantuvo ocupado el resto de su vida y finalmente fructificó en el *campo de fuerza*, un nuevo modelo sobre el intercambio de acciones dinámicas en el espacio, que fue posteriormente enriquecida por Maxwell, Lorentz y Einstein, entre otros científicos.

¿Cuál era la razón que inducía a Faraday a discrepar de sus acreditados colegas? A juicio de Berkson[106], no era una mera actitud de rechazo hacia una teoría ampliamente compartida, sino que respondía a una posición conscientemente adoptada. Y estaba forjada en una cosmovisión filosófica concebida por influjo de las ideas de su maestro Davy y por la lectura de *A Theory of Natural Philosophy*, libro publicado por Roger J. Boscovich, científico de origen serbio, nacido en 1711. La obra expone una amplia idea del universo físico, como espacio poblado por "partículas activas de materia".

> Si la materia se investiga hasta sus genuinos, más simples y naturales principios, se encontrará que todo depende de la composición de las fuerzas con que las partículas de materia actúan unas sobre otras. Y desde

---
[106] W. Berkson (1981): 52-53.

estas mismas fuerzas, como cuestión de hecho, todos los fenómenos de la Naturaleza tienen su origen[107].

Las fuerzas de Boscovich son inextensas, como puntos geométricos que ocupan todo el espacio. En 1816, Faraday conocía esta teoría, según lo confirman las notas redactadas a propósito de conferencias que impartió en esa fecha.

> La idea de la solidez ha encontrado oposición, e incluso todavía se discute una teoría que establece que la materia es simplemente una colección de puntos matemáticos, atractivos y repulsivos; y como estos puntos no tienen partes, se dice que no tienen extensión ni solidez; y que si fuera posible superar las fuerzas atractivas y repulsivas, dos porciones de materia podrían coexistir en el mismo lugar[108].

En este marco cosmológico sobre la estructura de la naturaleza física del espacio, el *campo de fuerza* de Faraday encontró un terreno apropiado. Es razonable, pues, afirmar que tal idea nace a partir de una visión filosófica del mundo, que va tomando cuerpo bajo el influjo de las observaciones y experimentos de laboratorio. No se trata, por tanto, de una mera especulación al estilo característico de la *Naturphilosophie*. Esa concepción acerca del medio donde se producen los fenómenos sirve de soporte para interpretar los resultados experimentales y dar mayor coherencia a los enunciados teóricos.

Basándose en el pensamiento de Boscovich, Faraday introdujo una hipótesis más radical que consistió en prescindir de la materia y considerar la *fuerza* como la

---

[107] R. J. Boscovich (1966): 20. De la edición inglesa del texto de la primera edición veneciana de 1763 [Cursiva original].
[108] W. Berkson (1981): 48-49. Nota 14.

única sustancia. A partir de 1840, Faraday expone con detalle su pensamiento en la publicación *A Speculation touching Electric Conduction and the Nature of Matter* ["Una especulación sobre conducción eléctrica y la naturaleza de la materia"], admitiendo con Berkson que los *campos de fuerza* jugaron un papel decisivo "en toda su obra y es la clave para entender sus contribuciones a la teoría de campos"[109]. En el siguiente texto, Faraday comenta el pensamiento de Boscovich sobre la constitución de un espacio dotado de centros de "fuerzas" o "capacidades".

> (…) me parece que los átomos de Boscovich tienen una ventaja muy superior a las otras nociones más comunes. Sus átomos, si lo entiendo bien, son meros centros de fuerzas o de capacidades, no partículas de materia, en las que residen las capacidades mismas. Si en el concepto ordinario de átomo suponemos la partícula de materia desprovista de sus capacidades a, y el sistema de capacidades o fuerzas en ella y en su alrededor m, entonces en la teoría de Boscovich a desaparece o es un mero punto matemático, mientras que en la noción usual es una pequeña inalterable e impenetrable porción de materia y m es una atmósfera o fuerza agrupada a su alrededor[110].

Boscovich afirmaba que la capacidad que tiene la materia para actuar es inseparable de su naturaleza misma. Por lo cual, al desaparecer una porción de materia, desaparece la fuerza (es decir, la capacidad física) y queda reducida a puntos geométricos. En esta idea radica el *campo de fuerza* propiamente dicho, considerado como un espacio continuo en el que la fuerza desempeña el papel de una sustancia universal. A cada punto del

---

[109] W. Berkson (1981): 75.
[110] M. Faraday (1965): vol. 2, p. 290.

espacio se le asocia una fuerza dotada de intensidad y dirección que actúa en su entorno inmediato. Así se explica la interacción dinámica entre puntos contiguos y la trasmisión de la fuerza a través del espacio, sin necesidad de recurrir a acciones instantáneas que producen efectos a distancia.

El modelo de Faraday proporciona una explicación más coherente y unitaria que la teoría newtoniana de acción a distancia. Además, la noción de fuerza asociada a cada punto del campo admite diversas modalidades; como fuerzas químicas, gravitatorias, eléctricas, magnéticas, etc. Es más convincente para comprender la trasmisión no instantánea de la fuerza entre dos puntos del espacio. En sentido físico, resulta más coherente admitir que la transferencia de fuerza entre puntos del espacio no es instantánea y que su ejecución implica cierta duración.

Como señala Berkson[111], la imagen del espacio considerado como un *plenum* de fuerza y, por tanto la propiedad de *contigüidad* entre los puntos parecía confirmada al observar determinados procesos en los que se genera electricidad por una reacción química como ocurre en una batería eléctrica, o bien en la disociación de sustancias líquidas al paso de una corriente. En esos casos, las partículas materiales sirven de puente en la trasmisión de las acciones eléctricas. Es razonable pensar que Faraday transfiriese mentalmente al espacio inmaterial, el *esquema visual* del medio líquido en el que se producía la trasmisión de *fuerza eléctrica* a través de las partículas líquidas contiguas. En consecuencia, dentro de este esquema teórico, las partículas materiales que constituyen los electrolitos son idealizadas y consideradas como centros de fuerza del campo. Junto a esas razones

---

[111] W. Berkson (1981): 53.

objetivas a favor de la nueva teoría de *campo de fuerza*, se sumó el interés de notables científicos como William Thomson (y, posteriormente Maxwell, Hertz, Lorentz, Einstein. De esta forma, el modelo del *campo de fuerza*, nacido con Faraday, fue haciéndose más preciso hasta convertirse en un recurso metodológico imprescindible en física teórica.

Aunque las razones a favor del modelo de campo de fuerzas eran convincentes, Faraday necesitaba una comprobación experimental. No podía quedar satisfecho dando sólo una razón especulativa sobre la supuesta existencia del *campo de fuerza*, por lo que quiso encontrar en el laboratorio una confirmación de la transmisión temporal de fuerzas. Para lo cual, estudió con más detalle el experimento de Oersted sobre la acción magnética originada en la proximidad de una corriente eléctrica.

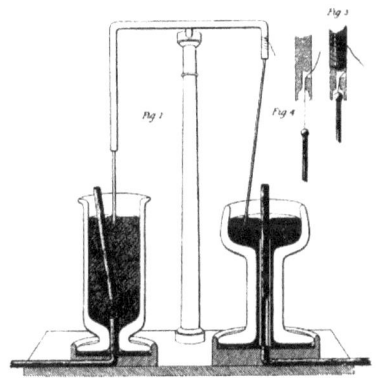

Figura 5. Giro de una aguja magnética debido a una corriente

Así, comprobó que la acción magnética de origen eléctrico daba lugar a una rotación. Era un movimiento más complejo que un simple giro de la aguja magnética. Y por sus posibles aplicaciones prácticas era digno de mención. Pero sobre todo lo fue por su valor teórico, ya que justificaba el modelo del *campo electromagnético*.

El complejo dispositivo que ideó Faraday es un exponente de su genialidad. A partir del descubrimiento de Oersted (Figura 4), Faraday diseñó un experimento adecuado para conseguir una visión más completa del tipo de fuerza que existía entre el conductor y la aguja o varilla magnética. Como representa el dibujo de la izquierda de la Figura 5[112] (tomada del *Faraday's Diary*[113]), hay una varilla magnética dentro de un recipiente con mercurio, cuyo extremo superior puede moverse, y un hilo conductor vertical con el extremo inferior dentro de mercurio. La corriente eléctrica, que genera una batería (no representada en la Figura 5) pasa a través del hilo vertical y del mercurio (conductor de la electricidad). En estas condiciones, se observa que el extremo superior libre de la varilla magnética gira alrededor del conductor vertical. De modo análogo, sucede en la vasija situada a la derecha de la Figura 5; ahora, la varilla magnética está fija y el cable conductor gira alrededor de aquella al pasar la corriente.

Bajo el modelo del *campo de fuerza*, la rotación del hilo conductor, debido al campo magnético se comprende que las fuerzas actúan en círculo, puesto que producen un giro en la aguja magnética. O sea, el conductor por el que circula corriente produce un campo a su alrededor cuyas fuerzas operan en sentido circular. De forma análoga se concluye cuando gira el conductor alrededor de la barra magnética (Figura 5, derecha.). Ante tal resultado, Faraday comprendió en seguida la relevancia teórica de su descubrimiento y redactó un informe sobre la rotación electromagnética.

---

[112] W. Berkson (1981): 68.
[113] Citado en W. Berkson (1981): 68.

Al comienzo de la semana pasada, al hacer un experimento para averiguar la posición de una aguja magnética respecto a un cable conductor unido a una batería, fui conducido a unos resultados que, me parece, pueden aportar nuevas perspectivas a la acción electromagnética y al magnetismo en su conjunto y, así mismo, pueden proporcionar más discernimiento y claridad a los ya obtenidos. Después de que científicos prestigiosos ya hayan experimentado sobre este asunto, debería dudar de mi capacidad para aportar algo nuevo o interesante, pero estos experimentos parecen reconciliar considerablemente las opiniones opuestas que se mantienen sobre este tema. Por lo cual, me he visto inducido a publicar este informe, con la esperanza de que contribuya a un mayor progreso de esta importante rama del conocimiento[114].

Sin duda, era un resultado experimental trascendente que corroboraba la idoneidad del modelo de *campo de fuerza* sobre el de *acción a distancia*. Y proporcionó a su descubridor un justo reconocimiento como científico. La rotación electromagnética ponía de manifiesto que la fuerza del conductor sobre la aguja magnética se ejercía en círculos que rodean al conductor en la región que lo envuelve. Esta prueba experimental aportaba un conocimiento del fenómeno más profundo que el descubrimiento de Oersted, el cual sólo detectaba un mero cambio de orientación de la aguja magnética cuando se hallaba próxima a la corriente. Al mismo tiempo, el efecto de una fuerza que actuaba en dirección circular, hacía patente la existencia de un nuevo factor que rebasaba los esquemas de la mecánica. Gracias a la idea del *campo de fuerza* se disponía de un medio simbólico más

---

[114] M. Faraday (1965): vol. 2 p. 127.

adecuado para interpretar los fenómenos eléctricos y magnéticos. La invención de Faraday ensanchó el horizonte teórico e impulsó la investigación en electricidad y magnetismo.

A pesar de las indagaciones históricas, no es posible precisar la fecha en que Faraday ideó el modelo del *campo de fuerza*. Nancy Nersessian opina que debió ser entre 1821 y 1832, es decir, después de un largo periodo de decantación a partir de la concepción cosmológica de Boscovich[115]. La idea abstracta debió adquirir mayor concreción al confrontarla con resultados experimentales, como las "rotaciones electromagnéticas".

Este último experimento no fue el único que realizó y, dado su afán metódico, prefirió los hechos experimentales a las conjeturas. Lo cual impulsó al científico inglés a proseguir en una profunda investigación sobre la "inducción electromagnética". La meta conseguida en esta nueva aventura experimental fue de gran importancia, no sólo por las aplicaciones técnicas, sino porque sirvió para completar la concepción teórica del *campo de fuerza*, al incorporar la representación de las *líneas de fuerza*.

Inducción electromagnética

Faraday ideó un experimento sencillo consistente en depositar briznas de hierro en una hoja de papel situada sobre una barra magnética. Por acción del magnetismo, las pequeñas partículas se orientan tomando la disposición mostrada en la Figura 6. El conjunto forma una distribución geométrica de líneas que parten de la barra magnética y se concentran con más intensidad en

---

[115] Existe discrepancia entre los especialistas sobre la fecha en la que Faraday concibió la idea de campo. La autora concluye que sus características específicas fueron fruto de un dilatado desarrollo en el tiempo (N. Nersessian (1989): 175).

los extremos o "polos magnéticos". Esta configuración recibió de Faraday el nombre de *curvas magnéticas* o *líneas de fuerza*.

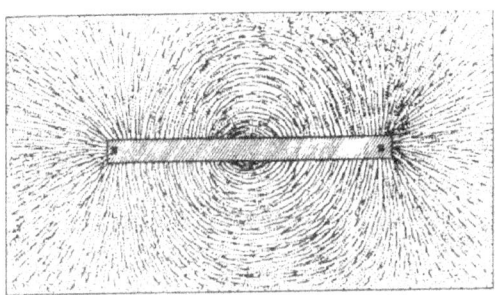

Figura 6. *Líneas de fuerza* (ilustración original de Faraday)

La imagen de las partículas de hierro sirvió a Faraday de "modelo geométrico" y la incorporó al *campo magnético*. Esa observación particular, proyectada mentalmente a todo el espacio, constituyó un recurso gráfico que explicaba la transmisión de fuerzas a través de las *líneas de fuerza*. En el esquema de la Figura 6, las acciones magnéticas (no visibles) parecen fluir de los extremos de la varilla magnética y orientan las partículas de hierro, en la dirección e intensidad de la fuerza en cada punto.

La representación gráfica corresponde a una imagen estática que no refleja la disposición geométrica, pero no el carácter dinámico de la trasmisión entre puntos del *campo magnético*. Para probar la hipotética transmisión no instantánea de fuerzas, Faraday debía diseñar un nuevo experimento, que suponía un desafío a su capacidad de innovación como experimentador y que, tras varios intentos, fue coronado por un doble éxito. Por un lado, comprobó la hipótesis de la transferencia temporal de fuerzas y por otro, descubrió el fenómeno de la *inducción electromagnética*.

En 1831 comenzó a diseñar experimentos para estudiar la *inducción electromagnética*. Al año siguiente aún no tenía los resultados definitivos, no obstante consciente de su importancia, resolvió notificarlos a la Royal Society, con el fin de reclamar si fuese necesario su prioridad en el descubrimiento.

> Convencido de los resultados de las investigaciones que están contenidas en los dos artículos titulados *Experimental Researches in Electricity*, últimamente leídos ante la Royal Society, así como de las ideas que surgen a partir de ahí en relación con otras ideas y experimentos, ello me lleva a creer que la *acción magnética es progresiva y requiere tiempo*; esto es, que cuando una barra magnética actúa sobre otra distante o sobre un trozo de hierro, la causa que influye (que, de momento, llamo magnetismo) progresa gradualmente desde los cuerpos magnéticos y requiere tiempo para su trasmisión, lo que probablemente se encontrará muy sensato.
>
> Pienso también que hay razones para suponer que la inducción eléctrica (de tensión) se realiza de una manera similar durante el tiempo.
>
> Me he inclinado a comparar la difusión de fuerzas magnéticas desde un polo magnético con las vibraciones en la superficie del agua o con las que se producen en el aire debido al sonido; es decir, estoy inclinado a pensar que la teoría vibratoria es aplicable a estos fenómenos, como se hace con el sonido y más probablemente con la luz.
>
> Por analogía puede posiblemente también ser aplicable a los fenómenos de inducción eléctrica de tensión[116].

De hecho, la *inducción magnética* era un objetivo perseguido por Faraday desde hacía algún tiempo.

---

[116] Citado en N. Nersessian (1990): 41 [Cursiva añadida].

Conocía el descubrimiento realizado en 1824 por el científico francés Arago, que consistía en suspender una aguja imantada a cierta distancia sobre un disco de cobre. Cuando giraba el disco, también lo hacía la aguja. Faraday además tenía noticia del hallazgo de su amigo G. Moll sobre la propiedad de los electroimanes[117]. En este caso, cuando variaba el sentido de la corriente eléctrica, cambiaba instantáneamente la polaridad del electroimán. Tales experimentos tenían de común que ponían de manifiesto la influencia de la electricidad y el magnetismo: un cambio de tipo eléctrico inducía una alteración magnética, sin que hubiera conexión material entre ellos.

Esos resultados experimentales sirvieron de estímulo a Faraday que comenzó a diseñar diversos ensayos de laboratorio sobre el fenómeno de la inducción electromagnética.

> Independientemente de que se hubiese adoptado la bella teoría de Ampère o alguna otra, o que se hiciera cualquier otra reserva mental, aún parecía algo muy extraordinario que, estando toda corriente eléctrica acompañada de la correspondiente intensidad de acción magnética orientada en ángulo recto respecto a la corriente, cuando se situaban buenos conductores de la electricidad dentro de la esfera de acción magnética, no se hubiera *inducido ninguna corriente* a través de ellos, o no se produjese algún efecto dinámico sensible equivalente de tal corriente.
>
> Todas estas consideraciones, junto con su consecuencia, la esperanza de obtener electricidad del magnetismo ordinario, me han estimulado varias veces a investigar experimentalmente los efectos inductivos

---

[117] Electroimán: pieza de hierro en forma de herradura con un hilo conductor arrollado y conectado a un generador de corriente, cuyo efecto es equivalente a una barra de mineral magnético.

de las corrientes eléctricas. Últimamente he alcanzado resultados positivos[118].

Uno de esos experimentos consistió en el montaje de laboratorio que representa de modo esquemático la Figura 7 (ilustración original de Faraday[119]). Consiste en un electroimán formado por un anillo grueso de hierro. En una mitad del anillo (A, en Figura 7) hay un hilo conductor enrollado y conectado por sus extremos a los polos de una batería. La otra mitad (B) tiene un hilo conductor dispuesto de igual forma que el anterior, pero sus extremos, están conectados a un galvanómetro (dispositivo que registra el paso de corriente).

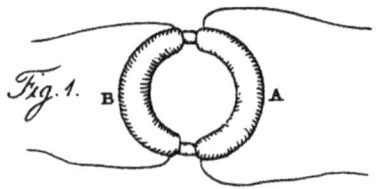

Figura 7. Experimento sobre inducción magnética

Faraday observó que, al conectar o desconectar[120] el conductor unido a la batería, el galvanómetro detectaba paso de corriente en el otro conductor. Es decir, se induce corriente en el hilo conductor (B) debido a la variación de la intensidad de corriente (A) conectada a la batería.

---

[118] M. Faraday (1965): vol. 1, p.2 [Cursiva añadida].

[119] M. Faraday (1965) vol. 1, serie 1, Plate I.

[120] Al conectar o desconectar el circuito de la batería durante un tiempo muy breve, la intensidad de corriente varía desde cero hasta un valor final constante. La inducción se produce sólo mientras varía la corriente; es decir, cuando crece, al conectar, o bien, cuando decrece, al desconectar.

Este experimento fue el primero de una serie de ensayos favorables a la hipótesis que sostenía Faraday. Y como él preveía, los resultados también fueron decisivos para explicar el fenómeno de *inducción magnética*, mediante el modelo de las *líneas de fuerza*. Ese esquema se convirtió en la pieza clave para interpretar debidamente los hechos experimentales, ya que, como transmisoras del magnetismo, tenía sentido atribuir a las *líneas de fuerza* la inducción de corriente en un conductor.

Pese al resultado positivo, el anterior no fue el último ensayo de laboratorio sobre inducción magnética. Pues un nuevo experimento serviría de comprobación y haría más explícita la función del modelo del *campo magnético* y el papel que desempeñan de las *líneas de fuerza* en la comprensión del electromagnetismo.

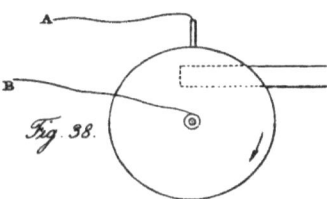

Figura 8. Inducción magnética por el giro de un disco

Ahora, el montaje experimental consistía en un disco de cobre (Figura 8) y en una varilla magnética situada en un plano inferior sin contacto con el disco. Dos hilos conductores A y B están conectados respectivamente a la periferia del disco y a su centro y por el otro extremo se conectan a un galvanómetro (no representado en la Figura 8). Se observa que cuando el disco gira, la aguja del galvanómetro se mueve, indicando el paso de una corriente "inducida". La interpretación inmediata es que se induce corriente debido al movimiento del disco de cobre que está en el interior del *campo* que ha producido la varilla magnética.

En resumen, la corriente eléctrica producida por *inducción magnética*, se pone de manifiesto mediante dos tipos de experimentos: 1) Uno de ellos, representado en la Figura 7, donde se induce corriente al conectar y desconectar el circuito primario (unido a la batería); 2) En el segundo experimento, ilustrado en la Figura 8, la inducción se produce por el movimiento de un conductor dentro de un campo magnético.

En ambos casos, el esquema de *líneas de fuerza* ofrece una interpretación convincente de los hechos, como se comprueba por la explicación que hace Faraday.

> En los primeros experimentos (10.13) el hilo conductor inductor[121] y el que está sometido a la inducción se encuentran a distancia fija uno del otro; entonces se envía corriente eléctrica a través del primero. En tal caso las *curvas magnéticas* mismas deben considerarse como en movimiento (si puedo usar esta expresión) a través del conductor sometido a la inducción. Desde el momento en que ellas comienzan a desplegarse hasta que la fuerza magnética de la corriente tome el valor máximo, se expanden como si fuesen desde el conductor hacia fuera y, en consecuencia, están en la misma relación respecto al conductor sometido a la inducción, como si *él* [cursiva original] se hubiera movido en dirección opuesta a través de ellas, es decir, hacia el conductor que transporta la corriente. (...). Al desconectar la batería, las *curvas magnéticas* (*que son meras expresiones para calificar la distribución de fuerzas magnéticas*) *pueden ser concebidas como contrayéndose y retrocediendo hacia la*

---

[121] Este nombre correspondería en la terminología actual al "primario", es decir, al circuito donde está la batería. El otro conductor corresponde al circuito "secundario" conectado al circuito donde está el galvanómetro.

corriente eléctrica que disminuye. Por tanto, se mueven en dirección opuesta a través del conductor y causan una corriente inducida opuesta al primero[122].

Cuando se conecta o desconecta la corriente en el circuito primario o "inductor" (Figura 7) se produce una *inducción magnética* en el circuito secundario o "inducido". Faraday explica ese efecto atribuyéndolo al *movimiento de las curvas magnéticas* que se despliegan hasta el circuito secundario. Es decir, la fuerza magnética producida por la corriente inducida es transferida por las *curvas magnéticas,* que actúan como vehículo transmisor. De esta forma, el esquema formado por las imágenes de *líneas de fuerza* constituye un soporte mental que da sentido a la transferencia de fuerza magnética.

Los hechos experimentales, como fundamento empírico, interpretados con el modelo de *líneas de campo,* sustentan la hipótesis de Faraday sobre la *inducción magnética.* Recordamos que el modelo procede de una idealización y juega el papel de un "puente lógico" entre dos hechos experimentales que se manifiestan completamente inconexos. En el primer experimento de inducción representado en la Figura 7, tenemos, por un lado, un "circuito primario" unido al generador que transporta corriente y, por otro, una corriente inducida que se detecta en el "circuito secundario".

En el segundo experimento (Figura 8), Faraday explica la existencia de corriente inducida porque el conductor móvil "atraviesa" las *curvas magnéticas* o *líneas de fuerza* (como ahora las denomina). Considera que la clave interpretativa de la inducción magnética consiste en que al moverse el conductor "corta" líneas de fuerza del *campo magnético.*

---

[122] M. Faraday (1965): vol. 1, p. 68 [Cursiva añadida]

En 1851, después de numerosos experimentos, el científico inglés concluyó: la corriente inducida es directamente proporcional al número de líneas de fuerza "cortadas" por ella. Veinte años después de sus primeros experimentos sobre esta materia, redactó un informe titulado *On lines of Magnetic Force; their definite character; and their distribution within a Magnet and through space* [Sobre las líneas de fuerza magnética; su carácter definido; y su distribución en el magnetismo y a través del espacio]. En ese escrito precisó el concepto, definiendo las *líneas de fuerza* en los siguientes términos:

> Desde mis primeros experimentos sobre la relación entre la electricidad y el magnetismo (114. nota), he tenido que pensar y hablar sobre las *líneas de fuerza magnética como representaciones* de la capacidad magnética; no simplemente en cuanto a su cualidad y dirección, sino también en cuanto a la cantidad. Necesariamente, el frecuente uso del término [líneas de fuerza] en algunas recientes investigaciones (2149. & c.), me ha conducido a creer que ha llegado el tiempo en que la idea trasmitida a través de las palabras debería ser muy claramente declarada y, también, cuidadosamente examinada[123].

En las últimas líneas transcritas, Faraday reconoce la importancia de definir con detalle las *líneas de fuerza*, pasando de las observaciones empíricas a la descripción precisa. La definición sintetiza las propiedades de las líneas de fuerza magnética y establece una base firme para el posterior desarrollo matemático de Maxwell.

> Una línea de fuerza magnética puede ser definida como la línea [geométrica] que es descrita mediante una

---

[123] M. Faraday (1965): vol. 3, p. 328 [Cursiva añadida].

aguja magnética muy pequeña, cuando se mueve en la misma dirección correspondiente a su longitud, de forma que la aguja es constantemente tangente a la dirección del movimiento; o bien es la línea a lo largo de la cual, si se mueve un hilo conductor en la misma dirección, no hay tendencia a la formación de corriente en el hilo, mientras que, si se mueve en cualquier otra dirección existe tal tendencia[124].

El párrafo trascrito recoge dos definiciones equivalentes: una geométrica y otra operacional. La primera enuncia que en cada punto la tangente a la línea de fuerza magnética señala la dirección que tomaría una aguja imantada en ese punto. La segunda, basada en el resultado de los experimentos sobre inducción magnética, afirma que se inducirá corriente sólo cuando el hilo conductor se mueva en dirección trasversal a una línea de corriente, y nunca lo hará si se desplaza en su misma dirección.

4.4. ¿Existen las *líneas de fuerza*?

El modelo de las *líneas de fuerza* es un ejemplo más del proceso de *idealización* realizada a partir de una observación visual. En este caso, la configuración material de las partículas de hierro sometidas al campo magnético, que representa la Figura 6, es imaginada o idealizada, prescindiendo los rasgos sensibles y conservando sólo la traza geométrica. Por su carácter geométrico, podrá ser considerada objeto de operaciones matemáticas.

A partir de 1852, el trabajo de Faraday se alejó del terreno estrictamente científico y se aproximó al filosófico planteándose la existencia *real* de las *líneas de fuerza*. Como se lee en algunas anotaciones de *Researches*, donde se sugiere cierta resistencia a considerar el *esquema* de *líneas*

---

[124] M. Faraday (1965): vol. 3, p. 328.

de fuerza como una mera representación. Para ello, pretende probar la "realidad física" de las trayectorias que siguen las fuerzas magnéticas cuando se propagan a través del espacio. En junio de 1852, publica *On the Physical Lines of Magnetic Force* [Sobre las líneas de fuerza magnética] y aborda directamente la cuestión de la naturaleza física de las *líneas de fuerza*. En términos sencillos con referencia a la Figura 6, se formula la siguiente cuestión: ¿esa singular disposición de las partículas de hierro, se debe a la "existencia física" de líneas de fuerza? Faraday no reniega de la utilidad metodológica del modelo, pero quiere averiguar cuál es su realidad y no sólo admitir su valor como representación simbólica.

> Estoy tan acostumbrado a emplearlas [líneas de fuerza], especialmente en mis últimas investigaciones, que puede que inconscientemente me haya predispuesto a favor de ellas y haya perdido la capacidad de ser un juez imparcial. Siempre he sido partidario de que fuera la experimentación la prueba y el control de toda teoría u opinión; pero ni aquélla, ni el más detenido examen de los principios ha puesto de manifiesto que sea errónea su utilización[125].

Pero convencido de la bondad de ese esquema por su valor epistémico e interpretativo, el físico inglés persigue ahora un objetivo de orden especulativo que requiere un contexto teórico en consonancia con su originaria cosmovisión del *campo de fuerza*. Y, recordando una publicación anterior en la que se refería a las *líneas de fuerza* como abstracciones, escribe:

---

[125] M. Faraday (1965): vol. 3, p. 369.

> En esa ocasión las líneas [de fuerza] fueron consideradas en *abstracto*. [Cursiva añadida.] Sin alejarme ni desdecirme de nada de lo dicho entonces, la investigación se centra ahora sobre la posible y probable *existencia física* [cursiva en el original] de tales líneas[126].

Y sin embargo, a pesar de los intentos por conseguir una prueba inequívoca de la existencia física de esas *líneas de fuerza*, Faraday no consigue aportar resultados positivos. En su lugar, se limita a comparar su modelo con el modelo newtoniano de acción a distancia y concluye que la propagación mediante *líneas* es más coherente con la idea de su incierta realidad física. Admite que, en torno a una barra de material magnético, debe existir un estado que "muestra la constitución física de las líneas de fuerza magnética"[127]. Es evidente, que tal conclusión no puede considerarse, propiamente, una prueba experimental, sino más bien la presunción de una alteración del espacio originada por el magnetismo, puesto que sólo se produce donde hay acciones magnéticas.

No es de extrañar la imposible comprobación de la existencia real de las *líneas de fuerza*, pues hay que recordar que el "modelo del campo de fuerza" obedece a una libre construcción mental, una representación simbólica sugerida por la disposición de las partículas de hierro en presencia de una barra magnética, como indica la Figura 6. No puede admitirse como una "manifestación" apreciable visualmente de una supuesta realidad oculta.

De hecho, el ensayo científico que comentamos no recoge resultados experimentales, sino un análisis especulativo (así lo califica Faraday) acerca de la posible

---

[126] M. Faraday (1965): vol. 3, p. 438 [Cursiva original].
[127] M. Faraday (1965): vol. 3, p. 443.

existencia de *líneas de fuerza*. La conclusión de su autor, aunque no sea definitiva, parece inclinarse a favor de esa posibilidad. Termina su disertación aventurando diversas causas que producirían ese "estado en el que se manifiesta el magnetismo. Puede que dependa del "éter" o quizá del estado de tensión o del de vibración, o bien, de algún otro estado análogo al de la corriente eléctrica. Finalmente, Faraday se pregunta si la materia interviene como medio de sustentación en la formación del estado de origen magnético. En eso, se pronuncia decididamente en contra y descarta, como hecho probado, que la "materia ponderable" sea esencial para "la existencia de las líneas físicas de fuerza magnética"[128].

4.5. Recursos conceptuales

El modelo de *campo de fuerza*, desde el principio, fue incorporado a las teorías físicas, por su capacidad de abarcar una gran variedad de fenómenos: gravitatorios, atómicos, nucleares, etc. Muchos investigadores posteriores a Faraday y Maxwell han recurrido a este modelo por su amplitud de significación. No fue el único recurso intelectual que utilizó para agrupar bajo el mismo concepto una multiplicidad de hechos diversos. Así, por ejemplo, en una de las sesiones divulgativas que dirigió en 1859, a propósito de las propiedades del magnetismo, explica:

> (…) existen algunos curiosos cuerpos naturales (de los cuales tengo dos muestras sobre la mesa) que se llaman *imanes* o *piedras magnéticas*, un mineral de hierro del que tenemos gran cantidad enviado de Suecia. Estos cuerpos están dotados de atracción gravitatoria, de atracción por cohesión y de cierta atracción química;

---

[128] M. Faraday (1965): vol. 3, p. 443.

pero sobre todo poseen una gran capacidad de atracción, pues esta pequeña llave se mantiene unida a esta piedra magnética[129].

Estos sencillos experimentos de Faraday ponen de relieve que en la naturaleza existen diferentes clases de atracción. Todas ellas pueden incluirse dentro de la misma noción de *fuerza*, que se manifiesta como fuerzas gravitatorias, fuerzas de cohesión, o bien fuerzas de origen químico. Por lo cual, es razonable pensar que la *atracción magnética* forme parte del mismo esquema conceptual de las anteriores. Con la noción de fuerza, como magnitud capaz de englobar múltiples acciones diferentes, Faraday consigue una síntesis conceptual y, por tanto, mayor economía del lenguaje. Lo cual expuso con motivo de una sesión académica, celebrada el 17 de enero de 1816 y recogida en *Chemistry Lectures*.

> En apariencia, tres clases distintas de atracción, la atracción de gravitación, la atracción eléctrica y la atracción magnética (…) parecen (…) ser suficientes para explicar todos los fenómenos de atracción espontánea y adherencia que nos son conocidos (…). La Ciencia de la Química se funda sobre la cohesión de la materia y de las afinidades de los cuerpos y cada caso, sea de cohesión o de afinidad, es también un caso de atracción (…). La atracción de agregación y la afinidad química son realmente la misma como la atracción de gravitación y la atracción eléctrica [130]

Faraday concede siempre preferencia a la observación empírica y ahí encuentra los fundamentos seguros para analizar e interpretar los resultados que se derivan de la

---

[129] H. J. Fisher (2001): 18.
[130] Citado en R. D. Tweney (1989): 193.

experimentación. Una parte importante de esa tarea se refiere a los ensayos de laboratorio, proyectados en consonancia con las hipótesis y conjeturas previamente concebidas. Mantiene así un diálogo con la naturaleza en el que formula preguntas apropiadas mediante experimentos bien diseñados.

En este sentido, a partir de las valiosas anotaciones de Faraday, R. D. Tweney se refiere al carácter práctico de las investigaciones. En ellas sobresalen los llamados *guiones* [script], es decir, recursos útiles en el laboratorio, en los cuales Faraday traza posibles acciones para diseñar nuevos ensayos experimentales. Por ejemplo en 1822, pensaba que el calor podría influir en las propiedades magnéticas, por lo que intentó generar fuerzas magnéticas a partir de hilos conductores previamente calentados[131], pero no obtuvo ningún resultado positivo. Entre 1823 y 1831, siguió probando y recurrió a la utilización de tubos curvos y cerrados, por uno o ambos extremos, los cuales aplicaba calor[132]. En 1828, intentó producir movimiento a partir del magnetismo usando un anillo de cobre suspendido[133]. Todos estos ejemplos, entre otros, corresponden a intentos fallidos que dan idea del sistemático proceso que siguió Faraday con el fin de confirmar o rechazar las hipótesis que exige la vía experimental.

Es evidente que la razón no permanece ajena a las operaciones experimentales y .que éstas a su vez juegan un papel importante al fomentar el proceso de pensamiento"[134]. La inteligencia no actúa a ciegas o

---

[131] Citado en R. D. Tweney (1989):196.

[132] Citado en R. D. Tweney (1989):196.

[133] Citado en R. D. Tweney (1989):196.

[134] Citado en R.D Tweney (1989): 196. Los trabajos especializados de Piaget (1926) han confirmado la interrelación entre acción y conocimiento. Por su parte, A. Gehlen señala que "tiene una gran importancia filosófica el hecho

impulsada por la fantasía, sino que lo hace obligada a ceñir sus juicios a los datos de experiencia. Así, Dario Antiseri afirma que toda pesquisa científica implica el planteamiento de un problema y el propósito de resolverlo.

> En síntesis, el punto de partida de la búsqueda intelectual es "siempre el problema", la búsqueda "no parte de un enunciado basado en la observación, sino de una situación problemática"[135].

Razón y experimentación actúan en sintonía buscando el mismo objetivo. Impulsada por el afán de conocer, la inteligencia formula hipótesis tratando de aportar la solución de un determinado problema, que exige a su vez una comprobación por vía experimental. Es un complejo proceso de búsqueda que requiere poner en juego teoría y praxis, junto con ingenio creativo y habilidad experimental. Se produce una conjunción entre la razón que trata de ordenar la materia desorganizada, valiéndose del *modelo idealizado,* que actúa como *mediador,* entre el pensamiento y el fenómeno real.

"El cambio más fecundo después de Newton"

En el plano teórico, la noción de *campo de fuerza* significó un modo inédito de enfocar la investigación. El trabajo de Faraday, no sólo superó el paradigma mecánico de Galileo y Newton, sino que además proporcionó a Maxwell una base firme para construir la *teoría del campo electromagnético,* que condujo al conocimiento de la naturaleza de la luz.

---

de que conocimiento y acción sean inseparables ya desde su raíz; que la orientación en el mundo y el manejo de la acción sean *un* mismo proceso" (A. Gehlen (1980): 153).

[135] D. Antiseri (2001): 29.

Con el *campo de fuerza* aparece una nueva imagen del mundo que supera a la representación mecánica. Se produce también un nuevo enfoque metodológico, ya que ahora se concibe la materia en reposo o en movimiento, como fuente generadora de fuerza eléctrica o magnética. Las acciones de dicha materia se ejercen en cada punto del espacio y no sólo entre cuerpos individuales. Se trata de un nuevo enfoque epistemológico introducido por la idea de *campo de fuerza,* que prescinde de acciones instantáneas.

La irrupción en física de esta idea genial del *campo de fuerza,* dotada de lenguaje matemático por Maxwell, no podía pasar desapercibida a Einstein y en 1931 manifestó complacido el nuevo enfoque conceptual en los siguientes términos.

> Desde los tiempos de Maxwell, la realidad física se considera representada por *campos continuos,* regidos por ecuaciones en derivadas parciales y no susceptibles de interpretación mecánica. Este cambio en la concepción de la realidad es el más profundo y el más fecundo que la física ha experimentado desde el tiempo de Newton[136].

La referencia a *campos continuos* contiene la idea original de *campos de fuerza.* Y a partir del primer modelo genérico que concibió Faraday, el físico escocés desarrolló una estructura matemática precisa trascribiendo las *líneas de fuerza* al lenguaje de las ecuaciones diferenciales. Esa representación simbólica, dotada de una eficaz técnica matemática, fomentó la formación de nuevas teorías destinadas a estudiar la estructura básica de la materia, con ayuda de los modelos atómicos de Thomson, Rutherford, Bohr y la Mecánica cuántica de Max Planck

---

[136] A. Einstein (1931): 66-73.

(1858 – 1947). Con el *campo de fuerza* se inicia una senda metodológica inédita por la que siguió transitando con éxito la física del siglo XX. Al mismo tiempo, se incorporaron teorías físicas más complejas y nociones matemáticas que tuvieron cada vez mayor protagonismo en la descripción del mundo subatómico.

5. MAXWELL: "NACIMIENTO DE UNA TEORÍA"

5.1. Introducción

La teoría es la cumbre del proceso de investigación experimental. Así, la formulación newtoniana de Gravitación Universal vino precedida de un sinfín de observaciones astronómicas, registradas durante siglos por astrónomos de siglos anteriores, como Ptolomeo en Alejandría y otros muchos científicos en Persia y Grecia. A partir del siglo XV, en Europa, sobresalieron varios astrónomos como Nicolás Copérnico, Ticho Brahe (1546 – 1601), Johannes Kepler (1571 – 1630) y Galileo.

Como un edificio construido con diferentes materiales, la teoría científica constituye un sistema conceptual formado por magnitudes previamente definidas. Su estabilidad depende de la solidez de los datos empíricos sobre los que se asienta. Pero, así como se labran los bloques de piedra antes de formar parte del conjunto arquitectónico, también los datos experimentales han de ser idealizados para situarlos en la teoría.

El anterior símil arquitectónico ilustra el proceso seguido por James C. Maxwell (1831-1879) para construir la *Teoría del campo electromagnético*; considerada la más notable de todas las teorías físicas. No sólo por su contenido, sino, sobre todo, por el peculiar método empleado en la elaboración. A juicio del físico J. J. Thomson (1856 – 1940) es "la más fascinante exposición del nacimiento de una teoría"[137], que comenzó con el

---

[137] J. J. Thomson (1931): 34.

artículo que tituló *On Faraday's lines of force* y continuó con otras dos publicaciones.

Los cimientos sobre los que se asienta residen en los descubrimientos experimentales que Faraday llevó a cabo sobre fenómenos eléctricos y magnéticos. En el Capítulo anterior, hemos visto como el modelo del *campo de fuerza* permitió al físico inglés establecer una serie de interpretaciones lógicas a partir de los resultados experimentales. Esos descubrimientos prepararon el terreno para construir una precisa estructura matemática. La imagen visual, que servía como explicación cualitativa, dio paso a una descripción mediante lenguaje matemático, aportando mayor rigor deductivo. Ante todo, esta tarea exigía transformar "hechos naturales" sin elaborar, es decir, como se presentan a la observación directa, en "hechos científicos" (idealizados); desprovistos de rasgos singulares y circunstanciales.

La distinción entre ambos términos, "naturales" y "científicos", nos ayuda a comprender un aspecto básico de la metodología científica. Según la opinión del matemático y filósofo francés Henri Poincaré (1854 – 1912), la raíz del proceso de construcción de las teorías consiste en una "sublimación creativa", que partiendo desde la concreta observación experimental del "hecho natural", asciende hasta la formulación de principios universales, los cuales se refieren a "hechos científicos".

> Es evidente, sin duda alguna, el hecho de que todo principio físico debe su nacimiento a una sugestión tomada de la experiencia. Lo que ya no puede derivarse de aquí solamente es el grado de generalidad que le atribuimos. Esta elevación a principio general es, en todo caso, un acto libre de nuestro pensamiento físico[348].

Esa elevación transformadora, desde las observaciones experimentales ("hechos naturales"), hasta los principios teóricos (referidos a "hechos científicos") persiste en la historia de la investigación física. Por su parte el filósofo de la ciencia Karl R. Popper siguiendo esta misma idea señala que "una teoría científica no es una imagen. No necesita ser 'entendida' por medio de 'imágenes visuales': entendemos una teoría si entendemos el problema para cuya solución se ha concebido y si entendemos la forma en que lo resuelve mejor, o peor, que sus competidoras"[138].

Como ya hemos indicado, la teoría y la observación experimental están en diferentes planos. Los enunciados teóricos se refieren a "hechos científicos" (objetos idealizados), mientras que la experimentación se realiza a partir de "hechos naturales", que son primero idealizados y luego elevados al plano de la teoría.

La investigación de Maxwell nos proporciona un ejemplo cumplido de lo que venimos señalando. El campo electromagnético resulta así notablemente ilustrativo para comprender la génesis y la formación de teorías científicas. Para construir esa teoría siguió el método que él mismo calificó de "analógico". En filosofía, el término "analogía", en este caso, tiene un significado que responde a una cuestión metodológica y en ese sentido es utilizado por Maxwell.

5.2. El método analógico

La *teoría del campo electromagnético*, publicada entre los años 1855 y 1864, comprende una serie de tres artículos. Aparte de su contenido físico, se aprecia en ella el singular proceso de elaboración que pone de manifiesto el ingenio creativo de Maxwell. En conjunto, desarrolló el

---

[138] K. R. Popper (1985): vol. 3, p. 66.

trabajo durante nueve años en los que se distinguen tres etapas, que corresponden a tres publicaciones cuyos títulos son: *On Faraday's lines of force (1855 y 1856)*, *On Physical lines of force (1862)* y *Dynamical theory of electromagnetic field (1864)*.

El formalismo desplegado en los tres artículos se sustenta en un modelo idealizado construido siguiendo una *analogía mecánica*. Con ella Maxwell elabora una compleja estructura matemática, pero sin perder de vista los datos experimentales, es decir el sentido físico del desarrollo operacional. Del primer artículo al tercero de la serie la teoría se va haciendo más abstracta. El modelo inicial va adquiriendo mayor complejidad, pero sin perder la coherencia interna, por lo que pueden considerarse tres versiones del mismo modelo.

Al comienzo del primer artículo, Maxwell manifiesta de modo consciente la tarea que debe acometer. Anuncia que trata de construir una trama teórica que dé unidad y coherencia lógico-deductiva a los descubrimientos sobre varios fenómenos eléctricos y magnéticos que entonces eran conocidos. Asimismo, se plantea cuál debe ser el método idóneo para conseguirlo.

> Debemos, por consiguiente, descubrir un método de investigación que, en cada paso, permita a la mente sustentarse con firmeza sobre una clara concepción física, sin comprometerse con ninguna teoría basada en la ciencia física y tomando de ella esa concepción en préstamo, de forma que, ni sea alejada del objetivo que persigue por sutilezas analíticas, ni trasportada más allá de la verdad por hipótesis favoritas[139].

Por una parte, el autor ha de elegir un método que "permita a la mente sustentarse con firmeza sobre una

---

[139] J. C. Maxwell (2003): vol. 1, p. 156.

clara concepción física". Es decir, por encima de teorías, se valoran las observaciones y por tanto las imágenes de origen sensible que servirán para construir el modelo idealizado. Por otra parte, la elección del método no debe comprometer el desarrollo posterior encerrándolo en un determinado ámbito teórico; lo que podría ocurrir, si se adoptasen determinadas hipótesis básicas[140].

5.3. Un fluido ideal

La analogía que sirve a Maxwell para trazar su itinerario de investigación se fundamenta en los principios teóricos de la "mecánica de fluidos". Utilizando la noción de *fluido ideal*, los conceptos y relaciones de tipo mecánico serán trasladados al nuevo dominio de los fenómenos electromagnéticos. Pues existe un elemento común a ambos modelos, mecánico y electromagnético, que es la *transmisión*. Por un lado, en el modelo hidrodinámico se produce transporte de materia líquida, por otro lado, en el *campo electromagnético* hay transmisión de fuerza eléctrica y magnética.

El *fluido ideal* imaginado por Maxwell, describe el movimiento "perfecto" de un líquido que discurre por una conducción. Por analogía, se explica la *conducción eléctrica* como el movimiento de electrones a través de un hilo conductor conectado a un generador de corriente. Ese recurso mental proporciona un nuevo modelo, análogo al hidromecánico, con el que "dará forma" a los fenómenos electromagnéticos, entonces, conocidos pero sin una teoría que estableciese un nexo lógico común.

De acuerdo con la analogía establecida con el fluido ideal, las *líneas de fuerza* se conciben como las trayectorias o "líneas de corriente" que recorren las partículas de un

---

[140] Acerca de las hipótesis de partida y del la adopción de modelos. (Véase P. Achinstein: (1987)).

fluido en movimiento, es decir, en el campo electromagnético, esas "líneas de fuerza" hacen las veces de las líneas que trazan las partículas fluidas. La diferencia entre ambos modelos consiste en que en el "fluido electromagnético" no existe ningún tipo de materia en movimiento, pues el modelo es un artificio mental, mediante el cual las imágenes de origen sensible sirven de soporte al razonamiento abstracto.

Con el fin de obtener una descripción precisa de los fenómenos, Maxwell se ve obligado a ampliar la noción faradiana de "líneas de fuerza", asignándole un significado dinámico. Puesto que, si el fluido se mueve en cierta dirección[141] es porque existe una fuerza que lo impulsa. Tanto en el campo eléctrico, como en el magnético se trasmiten fuerzas que provienen de cargas eléctricas, en el primer caso, o de los polos de una aguja magnética, en el segundo. Por cada punto del campo eléctrico o magnético pasa una *línea de fuerza* que señala la dirección que toma la fuerza en ese punto. Así, el modelo del *campo de fuerza* se representa por un conjunto de *líneas de fuerza* que llenan el espacio y señalan las direcciones en las que actúan las fuerzas[142].

La imagen del fluido hipotético que circula a cierta velocidad y dirección queda así asociada a propiedades eléctricas y magnéticas. En definitiva, en virtud de una analogía mecánica, Maxwell elabora el modelo del *campo de fuerza electromagnético*[143], siguiendo el programa que transcribimos en el siguiente texto:

---

[141] J. C. Maxwell (2003): vol. 1, p. 158.
[142] J. C. Maxwell (2003): vol. 1, p. 158.
[143] El término *campo electromagnético* se refiere a los campos eléctricos y magnéticos, que se dan conjuntamente y, aunque de origen diferentes, son equiparables desde el punto de vista metodológico.

> Primero, describir un método por el cual el movimiento de tal fluido pueda ser claramente concebido; segundo, desarrollar las consecuencias derivadas de suponer el movimiento sujeto a ciertas condiciones y señalar la aplicación del método a algunos de los fenómenos menos complicados de la electricidad, del magnetismo y del galvanismo; y, finalmente, mostrar cómo pueden ser claramente concebidas las leyes de atracción y de acción inductiva de barras magnéticas y de corrientes mediante extrapolación de estos métodos y de la introducción de otra idea debida a Faraday, sin hacer ninguna suposición sobre la naturaleza física de la electricidad, o sin añadir nada que no haya sido ya probado por la experimentación[144].

Con el modelo del fluido imaginario, el científico escocés consigue mayor "generalidad y precisión" y al mismo tiempo, evita el peligro de adoptar una teoría que pretendiese conocer las "causas" de los fenómenos. Sobresale su objetividad científica al rechazar suposiciones sobre la naturaleza de la electricidad y comprometerse a no añadir nada que no sea fruto de la experimentación. Al mismo tiempo, Maxwell no descarta que en el futuro se llegue a formular una "teoría madura", en la que los hechos físicos sean explicados físicamente "por aquellos que interrogando a la Naturaleza misma puedan obtener la única verdadera solución a las cuestiones que la teoría matemática sugiere"[145]. Estas últimas palabras confirman que la "teoría del campo electromagnético", lejos de ser resultado de una mera especulación, es fruto de una profunda investigación basada en hechos probados e interpretados bajo el modelo del *campo de fuerza*.

---

[144] J. C. Maxwell (2003): vol. 1, p. 159.
[145] J. C. Maxwell (2003): vol. 1, p. 159.

5.4. Vórtices y *líneas de fuerza*

En el primer artículo *Faraday's lines of force* [Sobre las líneas de fuerza de Faraday], Maxwell define un fluido imponderable e incompresible que explica varios fenómenos eléctricos y magnéticos referentes a la electricidad estática, la corriente eléctrica, el comportamiento de las sustancias magnéticas, la inducción electromagnética, etc. En el segundo artículo de 1862, *On Physical lines of force* [Sobre las líneas físicas de fuerza], alude a la "hermosa ilustración" que ofrecen los filamentos de hierro en el seno del campo magnético, tal como representa la Figura 6 del Capítulo 4. Esa imagen, "de un modo natural nos hace pensar en las líneas de fuerza como algo real". En un sustrato que sirve de base al propio medio y permite suponer que, allí donde se encuentran las *líneas de fuerza*, debe existir un estado físico capaz de producir tal fenómeno. Basándose en esa conjetura, como hizo Faraday, ahora, intenta Maxwell comprobar por vía experimental la supuesta realidad física del medio en el que se trasmiten las fuerzas.

> Mi objetivo en este artículo es aclarar el camino para la especulación en esta dirección [la de la naturaleza física del medio], investigando los resultados mecánicos de ciertos estados de tensión y movimiento en un medio y comparar éstos con los fenómenos observados del magnetismo y de la electricidad[146].

Consciente de la dificultad a la que se enfrenta, no se propone abiertamente llegar a pronunciarse sobre la constitución física del *campo de fuerza*, sino realizar algo menos arriesgado, pero más seguro. En principio, consistirá en elegir un enfoque más adecuado, mediante

---

[146] J. C. Maxwell (2003): vol. 1, p. 452.

una nueva versión del "fluido ideal". Ahora supondrá que en el interior del fluido se producen *tensiones internas*, como ocurre en un fluido real en movimiento y modifica la primera versión del fluido ideal, añadiendo nuevas propiedades al modelo.

En lo que sigue, Maxwell adopta determinadas hipótesis hidrodinámicas y deduce las ecuaciones que rigen el movimiento de este nuevo fluido ideal. Siguiendo el método analógico, acepta que el medio trasmisor de acciones electromagnéticas se comporta como un fluido idealizado, con las consecuencias que se derivan de esa analogía; pues el paralelismo no es sólo externo, sino que afecta también a las magnitudes y a las relaciones matemáticas.

Siguiendo la similitud, en la segunda versión del modelo introduce la noción de *vórtice molecular*. Consiste en suponer que una porción del fluido gira alrededor de un eje que pasa por su centro y está sometida a las presiones de la masa fluida en contacto con él. La idea del *vórtice molecular* procede de una imagen idealizada de los "torbellinos" o "remolinos" que se producen en una corriente de agua que discurre en régimen no laminar. A su vez, la noción general de vórtice, como porción de materia que gira dentro del fluido, es idealizada adquiriendo la forma de un disco, o sea la figura geométrica adecuada para aplicar los principios del cálculo diferencial[147].

Mediante una compleja deducción matemática, Maxwell pretende no sólo alcanzar un resultado práctico, sino también una interpretación simbólica, que sea imprescindible para entender los signos matemáticos. Para ello, debe establecer un nexo entre los símbolos de las ecuaciones y las magnitudes mecánicas que describen

---

[147] M. A. Herrero (2016).

el movimiento del fluido. Simpson subraya la habilidad de Maxwell para reagrupar los términos de las ecuaciones, respetando la sintaxis del lenguaje matemático, hasta llegar a una ecuación equivalente sin perder el sentido físico[148].

El complejo desarrollo matemático (que omitimos) se resume en una transposición desde la "mecánica de fluidos" a la nueva estructura del *campo electromagnético*. En ese itinerario, servirá de guía el "modelo del fluido" idealizado. El resultado final del método analógico es una serie de expresiones matemáticas que tienen un significado físico preciso y relacionan la fuerza que actúa sobre cada vórtice con otras magnitudes que representan propiedades del medio transmisor; como la "presión" interior del fluido. Así, las magnitudes que, en el fluido tenían un significado mecánico, reciben ahora un nuevo sentido, pero conservando en parte los mismos nombres. Por ejemplo, la "cantidad de materia magnética", en realidad, no se refiere a ningún tipo de materia magnética (inexistente como tal); la expresión "intensidad de fuerza magnética", mantiene el término mecánico de "fuerza", pero con un significado más amplio.

¿Son reales las líneas de fuerza?

En 1860, Maxwell comenzó a trabajar como profesor en el King's College. Los cinco años siguientes, a juicio de J.J. Thomson, fueron "quizás los más productivos de su carrera[149]". En ese período de tiempo publicó, además de *On Physical lines of force* [Sobre las líneas Físicas de fuerza], otro artículo sobre un tema muy diferente, *The Theory of Colour* [La Teoría del Color] y un tercero, titulado *The Dynamics of the Electromagnetic Field* [La

---

[148] T. K, Simpson (1998): 242.

[149] J. J. Thomson (1931): 16.

Dinámica del Campo Electromagnético]. Esta última publicación junto con las dos ya citadas sobre el campo electromagnético, completan la primera teoría unificada sobre los fenómenos de la electricidad y el magnetismo.

Es lógico suponer que Maxwell trató de resolver el enigma acerca de la "realidad" de las *líneas de fuerza*, que Faraday no había logrado. Tales líneas, ¿eran meros símbolos geométricos o tenían un fundamento natural? Es decir, se trataba de detectar experimentalmente la estructura real de las líneas de fuerza, que Faraday había simbolizado mediante líneas geométricas, al imaginar proyectada al espacio la figura real de la distribución de partículas de hierro sometidas al magnetismo. De hecho, las partículas que se muestran en la Figura 6 no forman líneas geométricas continuas, pues ocupan posiciones no contiguas, que al idealizar se transforman mentalmente en líneas geométricas continuas.

La indagación que Maxwell se propone está implícita en el título del segundo artículo de la serie ya citada, *On Physical lines of force* ["Sobre las líneas Físicas de fuerza"]. En este caso, el científico escocés afrontaba un objetivo diferente a los precedentes, pues ahora pretende obtener información sobre la misma constitución de la materia. A este propósito, señala Simpson[150], cabe preguntarse si Maxwell está *buscando* algo o, por el contrario, se encuentra *construyendo un mundo* que se acomode a su profunda convicción. Nuestra opinión es que sobre todo procura obtener una explicación teórica que dé unidad a la gran variedad de fenómenos experimentales conocidos, sin descartar del todo que el esquema que ha imaginado pudiera tener una base real. Si bien la construcción de la teoría era el objetivo primordial, no era incompatible con averiguar cuál es la estructura física de los fenómenos

---

[150] T. K. Simpson (1998): 139.

naturales y tampoco le impedía alcanzar su meta principal. Como sugiere el título del artículo, quizá fuera afrontar una investigación más profunda, pero de hecho, se impuso su sentido pragmático y terminó construyendo la "teoría del campo electromagnético". Aún así, desde el punto de vista metodológico es ilustrativo seguir el curso de sus pesquisas.

Por una parte, Maxwell no pierde de vista que la validez de sus deducciones está supeditada al modelo ideal que ha construido; sabe que se trata de "especulaciones" por lo que aún no ha conseguido el objetivo inicialmente planteado, es decir la investigación de la naturaleza física de las líneas de fuerza, anunciada en el título *On Physical Lines of Force*[151]. Por otra parte, debe indagar qué principios físicos rigen ese comportamiento del fluido. Concretamente, se pregunta por las causas mecánicas que producen el movimiento de rotación de los "vórtices", cuya "velocidad circular" debe ser proporcional a la intensidad de la fuerza magnética y cuya "densidad" mide la capacidad del medio para reaccionar a la inducción magnética. En esta circunstancia, reconoce abiertamente que aún no ha dado respuesta a las preguntas sobre la naturaleza "real" (es decir, física) del medio:

> Aún no hemos dado respuestas a las cuestiones, ¿cómo se ponen en rotación los vórtices? y ¿por qué están distribuidos conforme a las leyes conocidas de las líneas de fuerza sobre barras magnéticas y sobre corrientes?[152]

---

[151] Según J. M. Sanchez-Ron, Maxwell, en este artículo "se proponía una teoría que debía considerarse como un *candidato* a "teoría verdadera". Podía ser falsa, es cierto, pero también, verdadera; esto es, describir la auténtica realidad física. El estatus ontológico de ambos artículos es, por consiguiente, diferente" (J. M. Sánchez Ron (1998): XLVI).

[152] J. C. Maxwell (2003): vol. 1, pp. 467-8.

Tales cuestiones son de un orden de dificultad superior a las planteadas anteriormente, por lo que Maxwell comienza ofreciendo una respuesta provisional a partir de deducciones mecánicas. La misma hipótesis sobre los vórtices, es un modo, un tanto inseguro de aproximarse al problema y revela falta de convicción en la explicación. En opinión de W. Berkson, se confirma esa vacilación cuando imagina un extraño artificio mecánico capaz de explicar el fenómeno de la inducción electromagnética.

> El modelo mecánico del campo electromagnético de Maxwell es uno de los más imaginativos pero menos verosímiles que nunca se hayan inventado. (…) Continuamente atribuye a su modelo propiedades descabelladas, sin que quepa en cabeza humana que haya un sistema real que posea tales propiedades[153].

En realidad el complejo artilugio fue sugerido por W. Thomson quien solía recurrir a analogías mecánicas, como declara en una de sus publicaciones *Lectures on Molecular Dynamics and the Wave theory of Light* [Lecciones sobre dinámica molecular y la teoría ondulatoria de la luz].

> Nunca me encuentro satisfecho hasta que hago un modelo mecánico de una cosa. Si puedo hacer un modelo mecánico, entonces lo entiendo. En la medida en que no puedo construir un modelo mecánico, tampoco puedo entender y por eso es por lo que no consigo entender la teoría electromagnética de la luz[154].

---

[153] W. Berkson (1981): 188.
[154] Citado en P. Duhem (1991b): 71-72.

Siguiendo el método de Thomson, Maxwell concibió el artilugio que ilustra la Figura 9 (reproducción del dibujo original de Maxwell). Está formado por dos clases de piezas giratorias, unas mayores de forma hexagonal que representan "vórtices moleculares", cuyos ejes tienen la dirección de las "líneas de fuerza" (o sea perpendiculares al plano del dibujo); y los rodillos, de menor tamaño, pueden girar libremente y están situados entre dos hileras de "vórtices". Los rodillos impiden la fricción entre las piezas hexagonales y permiten el giro de los vórtices. De acuerdo con el convenio adoptado por su autor, unas giran en sentido contrario a las agujas del reloj (+) y otras a favor (-).

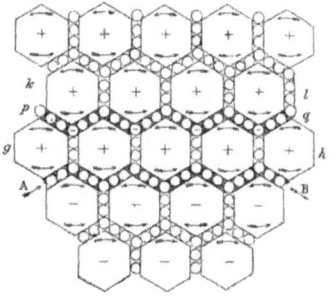

Figura 9. Modelo mecánico que ilustra la inducción entre corrientes[155]

Sin entrar en mayores detalles sobre el significado simbólico del modelo, cabe preguntarse qué consistencia real le atribuía Maxwell. Es evidente que era producto de su imaginación y sin embargo por sus comentarios se deduce que no descartaba la posibilidad de que el ingenio formarse parte de la estructura microscópica de la

---

[155] En el dibujo original, en la penúltima hilera hay un error, pues todas las flechas deben estar orientadas según el giro de las agujas del reloj.

materia. Así parece deducirse al referirse al tamaño de los vórtices como "indeterminado pero probablemente muy pequeño comparado con el de una molécula completa de materia ordinaria"[156,] y, en nota a pie de página, añade:

> El momento angular del sistema de vórtices depende de su diámetro medio, de forma que si el diámetro fuera apreciable podríamos esperar que una barra magnética se comportase como si contuviese un cuerpo giratorio en su interior y así, podría ser detectada la existencia de esta rotación mediante experimentos sobre la libre rotación de una barra magnética. *Yo he hecho experimentos para investigar esta cuestión,* pero aún no he probado completamente el dispositivo[157].

Maxwell está tan identificado con la validez de su modelo que, a pesar de ser fruto de su imaginación y sin base objetiva, ni estar avalado por medidas experimentales, trata de averiguar la realidad de los *vórtices* mediante la determinación del *momento angular*[158], como si fuese un sólido material de dimensiones macroscópicas que gira alrededor de un eje fijo.

No fue posible la determinación experimental del "momento angular" de los vórtices. Pero, a pesar del resultado infructuoso, Maxwell mantuvo el modelo mecánico anterior y lo utilizó para tratar de comprender la inducción electromagnética. La explicación sigue siendo tan imaginativa e irreal como el propio modelo, aunque es aceptable como ilustración de la inducción mutua entre corrientes.

---

[156] J. C. Maxwell (2003): vol. 1, p. 485.
[157] J. C. Maxwell (2003): vol. 1, pp. 485-6 [Cursiva añadida].
[158] El momento angular, también llamado momento de la cantidad de movimiento, depende de la distribución de la masa del sólido respecto del eje de giro y de la velocidad de rotación del cuerpo.

De todas formas, un aparato tan poco refinado para tratar de analizar fenómenos electromagnéticos complejos no fue bien recibido por algunos de sus colegas. En particular, provocó en el físico francés Pierre Duhem (1861-1916) el siguiente comentario irónico:

> Creíamos entrar en la tranquila y ordenada estancia de la razón, sin embargo nos encontramos en una fábrica[159].

La crítica del científico francés se dirige en general al método de investigación de la ciencia inglesa, basado en modelos mecánicos, muy alejado del razonamiento abstracto propio de la escuela francesa[160].

El modelo de Maxwell no puede considerarse una imagen de la "realidad física" (desconocida, de hecho), sino como una forma ingeniosa de expresar analogías mediante un lenguaje mecánico, que a su vez facilita la traducción a signos matemáticos. Ese era el objetivo final de la investigación y es oportuno concluir con W. Berkson, que "la fábrica, sin embargo, dio algunos productos notables, a saber, las ecuaciones del campo electromagnético y la teoría electromagnética de la luz"[161].

En resumen, la imagen del mecanismo anterior (Figura 9) permite establecer una conexión entre la velocidad de cada vórtice y el desplazamiento lateral de los rodillos. Si prescindimos de la materialidad de las piezas y de los engranajes el modelo muestra de forma plástica la *conexión* entre dos tipos de movimientos: uno de rotación y otro de traslación. Si se proyecta idealmente a todo el espacio, el movimiento de rotación representa la

---

[159] P. Duhem (1991b): 71.

[160] Sobre la crítica de Duhem al método científico de Maxwell, véase R. Ariew y P. Barker (1986).

[161] W. Berkson (1981): 191.

intensidad del campo magnético y el de traslación o desplazamiento representa las corrientes inducida e inductora. El nexo entre ambos movimientos, manifestado por una imagen visual, mecánica, tras un desarrollo operacional, es posteriormente traducido al lenguaje matemático. Maxwell llega así a la conclusión de que la corriente eléctrica se puede expresar en función de la "variación de velocidad" de los vórtices. Esta última magnitud adquiere una formulación, que actualmente recibe el nombre de "rotacional"[162]. Los símbolos matemáticos tienen su correlato directo en el modelo y no en el fenómeno físico real (observado) del cual se extrae aquél. Es una representación que de hecho se ha introducido artificialmente, como una hipótesis que "permita a la mente sustentarse con firmeza sobre una clara concepción física, sin comprometerse con ninguna teoría basada en la ciencia física"[163].

5.5. De las imágenes a los símbolos

El tercer artículo de la serie titulado *A Dynamical Theory of the Electromagnetic Field* ["Una teoría dinámica del campo electromagnético"] se publicó en *The Royal Society Transactions* y marca una notable diferencia con los dos anteriores. Pues las versiones precedentes del modelo hidrodinámico ahora pasan a un segundo plano y se acabará prescindiendo de las imágenes mecánicas que serán sustituidas por nociones abstractas, como la de *energía*. Con este nuevo enfoque metodológico, el modelo hidrodinámico pierde sus características mecánicas y

---

[162] La relación aludida es una de las ecuaciones del campo electromagnético: rot **B** = µ**J**; en notación actual. El primer miembro se refiere a la rotación (rotacional de **B**), el segundo es el producto de la constante magnética del medio por la densidad de corriente **J**.

[163] J. C. Maxwell (2003): vol. 1, p. 156.

mantiene sólo la idea de *campo de fuerza*, como medio transmisor de energía.

> La teoría que propongo puede, por tanto, llamarse una teoría del *campo Electromagnético*, puesto que tiene que ver con el espacio en la vecindad de los cuerpos eléctricos y magnéticos, y puede llamarse *teoría Dinámica*, porque se supone que en ese espacio hay materia en movimiento, por la cual se producen los fenómenos electromagnéticos observados[164].

En este tercer artículo, Maxwell concibe un medio continuo dotado de materia en movimiento, siguiendo la analogía del fluido, cuya masa líquida se desplaza de unas regiones a otras sometido a los principios de la hidrodinámica, dotado de las propiedades *elásticas* de los líquidos.

Todos esos desplazamientos de la masa fluida implican un intercambio de energía mecánica y un desfase producido al trasladarse de unas regiones a otras, debido a la inercia del movimiento. Una vez más, Maxwell recurre a la analogía para transferir las características hidrodinámicas a los fenómenos electromagnéticos. En este nuevo ámbito incorpora la noción de *energía* con la doble expresión de "energía potencial" y "energía actuante" ("energía cinética").

> El medio es por tanto capaz de recibir y almacenar dos tipos de energía, esto es, energía "actuante" dependiente del movimiento de las partes y energía "potencial" dependiente del trabajo que el medio hará para recobrarse del desplazamiento en virtud de su elasticidad[165].

---

[164] J. C. Maxwell (2003): vol. 1, p. 527.
[165] J. C. Maxwell (2003): vol. 1, p. 528.

En resumen, el modelo del campo electromagnético en su fase final (tercera versión) se mantiene como la representación *idealizada* de un fluido real en movimiento que arrastra consigo cierta cantidad de energía. Cualquier porción de su masa en movimiento transporta "energía cinética" o "energía actuante"; según la expresión usada por Maxwell. Igualmente, cualquier región del fluido sometida a la presión de otra zona contigua cambiará de forma debido a su "elasticidad". Cuando una onda se propaga en el interior de ese medio elástico en movimiento se produce una transferencia mutua entre las dos formas de energía. Es decir, se da un intercambio energético, por un lado, asociado al movimiento ("energía cinética") y, por otro, vinculado a la recuperación de la forma geométrica ("energía elástica").

Como magnitud física la energía guarda una relación menos directa con el objeto físico que se estudia. La noción de "energía" es más abstracta, ya que está más alejada de las propiedades sensibles de la materia; depende de otras magnitudes, como la "masa" y la "velocidad", que tienen una conexión más directa con ella. Pero, debido al distanciamiento con la materia, el concepto de energía resulta más apto para plegarse al lenguaje de los signos matemáticos. Por consiguiente, a partir de este nuevo giro metodológico, las nuevas magnitudes energéticas referidas al fluido ideal pasarán a un primer plano de la teoría y llegarán a formar parte de las "ecuaciones del campo electromagnético".

Ahora el curso de la investigación de Maxwell toma un nuevo rumbo y, sin abandonar los hallazgos precedentes, acomete el problema de la propagación de la luz en el espacio, que logra recurriendo de nuevo a una analogía mecánica. En este caso, la similitud toma como término de comparación la propagación de ondas en medios materiales (líquidos o gases) observables en la superficie de un líquido sometidos a vibración.

Ecuaciones del campo electromagnético

Hemos visto que el camino seguido por Maxwell para la formulación final del campo electromagnético se resume en tres fases. En una primera fase, imagina un fluido "imponderable" e "incompresible"; en la segunda, modifica el fluido ideal suponiéndole dotado de densidad y capaz de soportar presiones internas; y por último, en la tercera, el fluido posee energía mecánica. En esta última fase, la clave del desarrollo operativo recae sobre los intercambios de energía que tienen lugar en el interior del fluido. Maxwell, consigue así mayor ventaja metodológica respecto a las versiones anteriores, lo cual le permite utilizar la "mecánica analítica". Una técnica matemática más precisa y flexible que Lagrange (1736 – 1813) había desarrollado en el *Traité Analytique*.

Los principios de la "mecánica analítica" aportarán además mejor capacidad deductiva a la teoría del campo electromagnético. Ese texto le fue recomendado a Maxwell por Thomson y por su condiscípulo Peter G. Tait, quien lo había utilizado en una de sus publicaciones titulada *Treatise on Natural Phylosophy* [Tratado sobre filosofía natural]. Desde luego, con este nuevo recurso metodológico, el modelo inicial adquirió mayor generalidad, ya que, con el lenguaje matemático introducido por la "mecánica analítica" se perdía el sentido físico de la "mecánica newtoniana", que está próxima a las imágenes visuales.

A propósito del método analógico que Maxwell emplea es la investigación, se aprecia un progresivo alejamiento de las representaciones visuales captadas en la observación directa de un fenómeno natural (un líquido en movimiento). A través de las dos primeras versiones del modelo, los objetos materiales son progresivamente trasformados en "entes ideales" y en la última fase, lo que permanece no son las referencias a objetos físicos, sino las *relaciones formales* (matemáticas) que se establecen entre ellos.

Al introducir los principios de la mecánica analítica, se pierde el carácter plástico que tenían las dos versiones anteriores del "fluido ideal" y se imponen las conexiones formales de las ecuaciones que sintetizan la "teoría del campo electromagnético". En el transcurso de la elaboración teórica, las dos versiones anteriores han sido útiles en virtud de la imagen gráfica que aporta un fluido en movimiento y por los principios de la hidrodinámica. Una vez concluido el proceso de construcción de la teoría, los modelos son útiles en la interpretación del lenguaje simbólico de las ecuaciones del campo electromagnético y facilitan la aplicación a casos particulares.

Las ocho ecuaciones del campo electromagnético fueron designadas por Maxwell con una letra mayúscula tomada en orden alfabético, desde la A hasta la H. Las magnitudes que intervienen en dichas ecuaciones recibieron los siguientes nombres: A) "Momento electromagnético"; B) "Intensidad magnética"; C) "Fuerza electromotriz"; D) "Corriente debida a la verdadera conducción"; E) "Desplazamiento eléctrico"; F) "Corriente total" (incluyendo la variación del desplazamiento); G) "Magnitud de electricidad libre"; H) "Potencial eléctrico"[166].

En total resultan veinte variables y a excepción de las dos últimas magnitudes *escalares*, las restantes son *vectoriales*. La notación original adoptada por Maxwell es

---

[166] J. C. Maxwell (2003): vol. 1, p. 561.

más compleja que la actual forma vectorial[167]. En un sistema de referencia tridimensional, a cada ecuación con magnitudes vectoriales corresponden tres igualdades escalares.

Una analogía luminosa

Entre las construcciones intelectuales más admirables figura la "teoría del campo electromagnético". Es una extraordinaria síntesis expresada en lenguaje matemático que albergaba todos los fenómenos eléctricos y magnéticos, entonces conocidos. Fue un gran triunfo científico que contribuyó a un más preciso conocimiento del mundo natural, ensanchó el horizonte tecnológico y culminó con un descubrimiento inesperado. El hallazgo estaba contenido en las mismas ecuaciones del campo electromagnético y desvelaba el mecanismo de propagación de la luz en el espacio. Fue publicado en el artículo *Dynamical Theory of the Electromagnetic Field* [Teoría Dinámica del Campo Electromagnético].

Una vez más, el método analógico podría servir a Maxwell para comprender que la propagación de ondas luminosas es análoga a la de las ondas sonoras. Pero había que comprobar esa hipótesis midiendo la velocidad de propagación de las ondas electromagnéticas. Resultó que el valor experimental de la velocidad de la luz medido en 1849 por el físico francés Fizeau coincidía con el valor obtenido aplicando la teoría de Maxwell. Por tanto, la concordancia entre el resultado de la medida de la velocidad de la luz y el valor teórico, proporcionaba una prueba empírica de la naturaleza electromagnética de la luz. Conclusión que Maxwell hizo constar en la Parte

---

[167] La notación vectorial fue introducida por Heaviside y Gibbs (W. Berkson (1981): 215).

VI ("Teoría Electromagnética de la Luz") del artículo *A Dinamycal Theory of the Electromagnetic Field* [168].

> La concordancia entre los resultados parece mostrar que la luz y el magnetismo son afecciones de la misma sustancia y que la luz es una perturbación propagada a través del campo de acuerdo con las leyes electromagnéticas[169].

El resultado avalaba plenamente la teoría de Maxwell y asignaba a la luz la estructura de una onda electromagnética. En la onda de propagación de la luz en el espacio se alternan campos eléctricos y magnéticos que varían en función del tiempo. Éste era, precisamente, el resultado que podía deducirse de las ecuaciones diferenciales y, por tanto, predichos por la citada teoría. Finalmente, además de los resultados en el plano teórico, Henrich Hertz (1857 – 1894) utilizando circuitos oscilantes, consiguió producir ondas electromagnéticas en el laboratorio, confirmando así la inequívoca validez de la teoría.

Concluía así la investigación que Maxwell había comenzado siguiendo el proceso analógico concebido por él mismo. Se confirmaba la utilidad del modelo de *campo de fuerza* como método para estudiar los fenómenos eléctricos y magnéticos, que se pudieron agrupar bajo la misma teoría, considerados ahora como manifestaciones de un solo fenómeno natural, bajo el término *electromagnetismo*.

Después de la gran síntesis de Newton, en el siglo XVII, la teoría de Maxwell era la construcción formal más conseguida, ya que reúne bajo un pequeño número de ecuaciones diferenciales un gran conjunto de casos

---

[168] J. C. Maxwell (2003): vol. 2, p. 577.
[169] J. C. Maxwell (2003): vol. 1, p. 580.

particulares. Conseguía establecer conexiones lógicas entre una gran variedad de fenómenos, mediante un lenguaje matemático adecuado. Era, por tanto, una teoría que abarcaba diversos hechos eléctricos y magnéticos, de forma similar a la primera unificación mecánica de la ley de "gravitación universal".

Maxwell siguiendo la estela marcada por Galileo, Newton y Leibniz, aspiró a conocer el mundo natural, desde la perspectiva que proporcionaba la "filosofía natural". Pues no se limitó a construir teorías que explicasen fenómenos mecánicos, electromagnéticos y termodinámicos, sino que se planteó cuestiones más profundas, que pertenecían al ámbito de la metodología o de la filosofía de la ciencia. Además de indagar la realidad de las *líneas de fuerza*, trató de comprender el significado profundo de conceptos como "materia" y "fuerza", o bien el valor de las leyes mecánicas y termodinámicas. En cuanto a su dimensión humana, mostró gran consideración por el trabajo científico como medio de progreso personal. Por encima de los avances técnicos y del beneficio natural, apreció los valores morales y teológicos[170]. Su metodología y sus descubrimientos fueron decisivos para impulsar la incipiente física del átomo, siendo el científico del siglo XIX más influyente en el desarrollo de la física del XX.

---

[170] P. M. Harman (1998): 11.

SEGUNDA PARTE

Los ejemplos históricos que hemos analizado en la Primera Parte tienen en común algunos elementos metodológicos. Todos ellos parten de la observación de fenómenos naturales y buscan una explicación racional mediante un lenguaje matemático. En esa búsqueda, se recurre a la construcción de un modelo idealizado que simplifica los hechos reales. A partir de tal representación ideal se definen las magnitudes y se elabora un lenguaje conceptual con un significado empírico. Ese fue el procedimiento seguido por la física desde Galileo a finales del siglo XV hasta Maxwell al finalizar el siglo XIX. La fuente de sus indagaciones era la observación experimental de fenómenos naturales. Al comenzar el siglo XX, se produce un cambio con el comienzo de la investigación de la estructura atómica de la materia y la irrupción de la "mecánica cuántica". Ambos campos de exploración exigen dispositivos de observación más complejos y formulaciones matemáticas más abstractas. Es entonces razonable preguntarse, si el método empleado por la física clásica seguirá siendo válido en la moderna "física teórica" impulsada por los últimos descubrimientos.

En los primeros años del siglo XX, la física experimentó un progreso excepcional. No solo por los avances en el terreno experimental, sino también por las audaces teorías que se construyeron con el fin de explicar los datos empíricos. Unos 200 años después de Newton, las teorías relativistas y "cuántica" fueron protagonistas de esa revolución en física y dieron lugar a profundos cambios metodológicos. Entre las consecuencias derivadas de dichas alteraciones, pueden enumerarse las siguientes: 1) una pérdida del significado original de nociones físicas como *masa, fuerza, tiempo, espacio, energía*; 2) un cambio de interpretación de los datos experimentales, con la aparición de nuevos modelos teóricos. El "modelo atómico", que comenzó siendo una representación inspirada en el sistema planetario, conforme fue avanzando la investigación sobre el átomo y sus propiedades, pierde su sentido original e incorpora elementos extraños que resultan incompatibles con la visión clásica que lo había inspirado.

En consecuencia, se produce un distanciamiento conceptual creciente con la física que estuvo vigente durante trescientos años. Los términos utilizados en el lenguaje de la física clásica tienen su raíz en las percepciones de los sentidos, que se originan en la observación directa de los fenómenos, mientras que los sucesos cuánticos y relativistas no son accesibles a la observación directa, sino que nos llegan a través de complejos dispositivos de detección y medida experimental.

Sin descartar otras razones, cabe pensar que el alejamiento (no ruptura) entre la física anterior al siglo XX y la física teórica actual tiene su raíz en los "principios de equivalencia" establecidos por Einstein en 1905. La adopción de dichos principios impone en la física una nueva visión del mundo, alejada de la perspectiva común de la física clásica. A partir de entonces, las nociones teóricas contenidas en el lenguaje matemático superan a los significados de las magnitudes físicas, y éstas acaban perdiendo su sentido original. Se debilita así la frontera entre la función conceptual de las magnitudes físicas y el papel instrumental de las matemáticas. Éstas, desde Galileo estuvieron al servicio de las descripciones físicas de la naturaleza. Con Einstein, pasan a tener mayor protagonismo y más tarde acaban imponiendo criterios metodológicos ajenos a la física.

Por otra parte, la pretensión de construir una "teoría unitaria", que también exploró Einstein en sus últimos años, ha impulsado un dominio de investigación denominada "física de partículas". Es una actividad intelectual primordialmente teórica en la que el concepto físico queda subsumido en intrincados desarrollos matemáticos. Y así como en la "física clásica" la investigación contaba con una rica y diversa fuente de observación para obtener nuevos datos experimentales, la "física de partículas" sólo dispone de aceleradores como el "Large Hadron Collider" (LHC) del CERN, donde se analizan los resultados de la fragmentación de partículas producidas por colisión.

Este nuevo enfoque ha conducido a los investigadores teóricos a invertir la dirección del proceso metodológico; es decir, las teorías se anticipan a la experimentación. En "física de partículas", primero se construyen teorías que "predicen" determinados resultados, como la "existencia" del "bosón de Higgs", y después se pretenden detectar, diseñando un experimento adecuado. Este costoso método que comienza por formular teorías matemáticas careciendo de datos experimentales, y que trata luego de verificar sus predicciones en la actualidad despierta algunas críticas autorizadas[171]. Entre otras objeciones, algunos científicos se oponen a la ampliación del proyecto impulsado por el CERN, que consistiría en construir un nuevo túnel experimental que supondría una inversión económica cuantiosa con dudosos resultados previsibles.

---

[171]. "El costo del nuevo acelerador se calcula en unos 10 mil millones de dólares." S. Hossenfelder (2019).

La situación actual de la "física teórica" tiene importancia y compromete su futuro. Al día de hoy se comprueba que, en los últimos treinta años no se han recogido los frutos que la física teórica esperaba y algunos físicos han mostrado su inquietud ante tales fracasos continuados. Las teorías surgidas como la "teoría de cuerdas" con su amplia corte de sub-teorías tampoco han contribuido a despejar las dudas, más bien al contrario. No es exagerado, por tanto, hablar de un cierto declive de la física que exige analizar los fallos metodológicos y reorientar la investigación hacia otras regiones más prometedoras. Por lo que queda expuesto en esta breve introducción, se justifica que abordemos en esta Segunda Parte estas cuestiones más relevantes apenas mencionadas.

6. EINSTEIN: EL UNIVERSO RELATIVISTA

6.1. Introducción

Suele entenderse por "física teórica" aquella parte de la física que estudia los componentes atómicos y subatómicos, cuya observación exige la utilización de dispositivos técnicos especializados, como los aceleradores de partículas. Los notables descubrimientos obtenidos sobre la estructura interna de la materia han conducido a elaborar complejas teorías sobre las llamadas "partículas elementales" que proporcionan el fundamento conceptual para la descripción de la estructura de la materia. Uno de los ejemplos recientes más significativos es la identificación del llamado bosón de Higgs cuya predicción teórica -según los investigadores- ha sido corroborada por vía experimental.

En el capítulo anterior hemos expuesto el método que siguió Maxwell en la construcción de la "teoría de campo electromagnético", mediante la analogía de un modelo hidrodinámico basado en los principios de la "física clásica". Sin embargo, con la aparición de la "física teórica" y particularmente a raíz de las teorías relativistas de Einstein, se modifican los planteamientos básicos que sustentaban la física clásica. Pretendemos ahora, siquiera brevemente, analizar algunos aspectos notables del proceso de elaboración de las nuevas teorías. Para ello, nos centramos en el procedimiento seguido por Einstein para concebir sus ideas relativistas. Esta elección se justifica por la importancia que esas formulaciones tienen por sí mismas y por su decisiva influencia metodológica en ulteriores teorías. Entre otras consecuencias, se destaca el continuado esfuerzo por construir un gran marco físico-matemático capaz de unificar todos los fenómenos físicos conocidos[172].

Las nuevas teorías que surgen en los primeros años del siglo pasado comparten como rasgo característico un complejo aparato matemático, acompañado de una paulatina pérdida del significado físico que se asignaba a las magnitudes en la "física clásica". Tal tendencia fue criticada por Rutherford (1871- 1937), uno de los protagonistas de la incipiente física del átomo, en los términos siguientes: "Juegan con los símbolos, pero se alejan de los hechos realmente sólidos de la naturaleza"[173].

Al comienzo del siglo XX, las teorías físicas se encontraban más alejadas de la observación directa, a la vez que las estructuras simbólicas -cada vez más abstractas- adquirían mayor peso en el conjunto de la teoría. Esa mayor formalización simbólica, junto con una pérdida de significado físico, comienza a raíz de las "teorías de la relatividad". Pues, como consecuencia de los "principios de equivalencia"[174] adoptados por Einstein, se produce un predominio de las construcciones matemáticas.

En los siguientes apartados analizaremos cómo se produce el desplazamiento de los significados originales por el lenguaje matemático. Con el fin de encuadrar el ámbito en que nacen las ideas relativistas, debemos referirnos a las dos clases de teorías que el mismo Einstein establece. En primer lugar, las "teorías constructivas" son

---

[172] Tenemos en su autobiografía, un testimonio personal de la preferencia de Einstein por la matemática. Tras recordar la impresión infantil que le produjo el funcionamiento de una brújula, escribe: "A la edad de 12 años experimenté im segundo asombro de naturaleza muy distinta, fue con un librito de sobre geometría euclídea del plano" (A. Einstein (1970): 14-15. Einstein (1970): *Albert Einstein: Notas autobiográficas* Alianza Editorial- Madrid).

[173] Citado en M. Kumar (2011): 124.

[174] Einstein se refiere a estos enunciados como "hipótesis de equivalencia" pero, de hecho, en la construcción de las teorías, desempeñan función de principios o postulados bien asentados.

aquellas cuyos enunciados y leyes se sustentan en datos experimentales probados; es decir, son teorías que se asientan en la solidez de observaciones experimentales.

> Existen varias clases de teoría en la física, la mayoría de ellas está formada por teorías constructivas. Éstas son teorías que intentan construir una imagen de los fenómenos complejos a partir de alguna proposición relativamente sencilla. Por ejemplo, la teoría cinética de gases intenta explicar en términos de movimientos moleculares las propiedades mecánicas, térmicas y de difusión de los gases. Cuando decimos que comprendemos un grupo de fenómenos naturales, lo que queremos decir es que hemos encontrado una teoría constructiva que abarca todos estos fenómenos[175].

Bajo esta categoría se encuadra la mayor parte de las teorías construidas antes del siglo XX, como las de Newton y Maxwell que cumplen los requisitos señalados en el párrafo anterior. La Gravitación universal ("Sistema del Mundo", conforme al título de Newton) se condensa en una ecuación matemática que resume simbólicamente múltiples sucesos naturales, terrestres y celestes. Igualmente, el "campo electromagnético" abarca ordenadamente una gran diversidad de fenómenos eléctricos y magnéticos.

La segunda categoría corresponde a las "teorías de principios", cuya definición es la siguiente:

> Estas teorías no utilizan el método sintético, sino el analítico. Su punto de partida y sus fundamentos no son constituyentes hipotéticos, sino propiedades generales de los fenómenos observados empíricamente, principios, a partir de los cuales se deducen unas

---

[175] Einstein (2005): 129, 130.

fórmulas matemáticas que luego son aplicables a cualquier caso que se presente[176].

Dentro de esa clase, hay que mencionar a la termodinámica, que se construye por deducción a partir de un "principio fundamental", asentado sobre un hecho empírico universalmente reconocido, a partir del cual se deducen el resto de los enunciados teóricos particulares.

El rasgo dominante que diferencia a ambas clases, es el predominio de la capacidad deductiva sustentada en el lenguaje matemático. Salvo los principios fundamentales que deben tener un origen empírico inequívoco, el resto del desarrollo teórico se obtendrá por deducción operativa. Este último era el tipo preferido por Einstein y, aunque había realizado descubrimientos experimentales, como el movimiento browniano o el efecto fotoeléctrico, desde su juventud manifestó una gran admiración por las matemáticas. Es comprensible así su preferencia por las "teorías de principios". Consecuente con esa inclinación intelectual, concibió las teorías especial y general de la relatividad.

6.2. Teorías de Principios

En uno de los artículos más divulgados *Time, Space and Gravitation*[177], Einstein escribió:

> La teoría de la relatividad es una teoría de principios. Para comprenderla, se han de entender los principios en los que se basa. Pero, antes de enunciar estos principios, es necesario señalar que la teoría de la relatividad es como una casa con dos pisos separados: la

---

[176] Einstein (2005): 130.
[177] A. Einstein (1919): 13-14. Citado en A. Einstein (2005): 129.

teoría especial de la relatividad y la teoría general de la relatividad[178].

En este apartado, en primer lugar, vamos a presentar los fundamentos de la "teoría especial" y en segundo lugar la "teoría general". No trataremos de dar una explicación detallada, sino de analizar algunas cuestiones metodológicas y las consecuencias que se derivan de tales teorías. Pretendemos subrayar la importancia de los "principios de equivalencia" sobre los que se sustentan los presupuestos básicos de las ideas relativistas.

Galileo estableció que las leyes de la mecánica no dependen de un sistema de referencia K, siempre que ese sistema se mueva con velocidad constante respecto a otro sistema K'[179]. Es preciso aclarar que este "principio" no procede de ninguna deducción lógica, sino que se adopta libremente con una finalidad metodológica[180]. Con esta estipulación, las leyes mecánicas no dependerán del sistema de referencia. Es decir, esas leyes serán iguales, tanto si se expresan respecto del sistema K, como si se expresan respecto del K'. De esta forma se mantiene la objetividad científica, y así las leyes físicas no dependen del movimiento del sistema de referencia en el que se formulan. Se dice entonces que los sistemas de referencia K y K' cuando se desplazan mutuamente con velocidad constante son "equivalentes" o "simétricos[181]" y las

---

[178] A. Einstein (1919). 13-14. Citado en A. Einstein (2005): 130.

[179] El sistema de referencia es imprescindible para describir con precisión el movimiento de un cuerpo móvil. Así, el alejamiento o acercamiento de un tren se mide respecto de la estación, que se toma como referencia. Se utiliza un sistema de coordenadas cartesianas para definir con precisión el movimiento de un punto en el espacio.

[180] Es un principio básico o axioma, de modo análogo a las *Definiciones* de Galileo o a las *Reglas generales* de Newton.

[181] El término "simetría" no es un concepto físico, sino geométrico. Como criterio meta-científico, la "simetría" tendrá un papel importante como criterio metodológico en "física teórica de partículas".

ecuaciones matemáticas escritas en uno y otro sistema de referencia deben ser iguales.

La "teoría especial de la relatividad" se asienta en dos principios básicos. El primero es el mismo "principio de inercia" galileano que Einstein asumió y amplió para incluir a toda ley física, no sólo las leyes mecánicas. De tal forma "que cualquier ley natural que se cumpla referida a un sistema de coordenadas K debe cumplirse también para cualquier otro sistema K′, siempre que K y K′ estén mutuamente en movimiento de traslación uniforme"[182].

El segundo principio establece que el valor de la velocidad de la luz en el vacío es constante, con independencia del estado de reposo o movimiento del foco emisor[183]. Este principio no procede de una deducción lógica ni se adopta como consecuencia de observaciones experimentales, si bien está confirmado por la experiencia. Sobre la naturaleza de ambos principios, Einstein explica que:

> "Los dos principios que he mencionado han sido objeto de una confirmación experimental rigurosa, pero no parecen ser lógicamente compatibles. La teoría especial de la relatividad logró su reconciliación lógica haciendo un cambio en la cinemática, es decir, en la doctrina de las leyes físicas del espacio y del tiempo[184].

Reconoce Einstein que al definir tales estipulaciones teóricas que sustentan la "teoría de la relatividad", era

---

[182] Toda medida de las magnitudes del movimiento implica adoptar un sistema de referencia espacial, para medir la distancia recorrida. Y un origen temporal, para medir el tiempo trascurrido. A. Einstein (1919). 13-14. Citado en A. Einstein (2005): 131.

[183] "… era necesario elevar al rango de principio, la validez de la ley de la constancia de la velocidad de la luz para todos los sistemas inerciales". Citado en A. Einstein (2005): 260. "Einstein" (Introducción, selección y edición de José Manuel Sánchez Ron). Crítica. Barcelona.

[184] A. Einstein (2005): 131.

obligado adoptar algunos cambios en "la doctrina de las leyes físicas del espacio y del tiempo". Al hacerlo así, sus consecuencias concretas ya no serán compatibles con la experiencia habitual que se adquiere por el sentido natural. Por ejemplo, siguiendo la noción común (no científica) de simultaneidad, dos sucesos distantes son simultáneos, si ocurren al mismo tiempo, según la percepción que tiene un observador de ambos sucesos. Sin embargo, de acuerdo con la teoría de la relatividad, la "simultaneidad" es una noción que depende del "sistema de referencia" desde el que se hacen las observaciones. Entonces, los sucesos que eran simultáneos de acuerdo con la teoría clásica, dejan de serlo en la teoría relativista, cuando se observan desde sistemas de referencia en movimiento. Esto es, dos sucesos simultáneos observados desde un sistema de referencia, no lo son cuando se observan respecto a otro sistema que se mueve respecto al primero.

Teniendo en cuenta la elevada velocidad de la luz, para apreciar las diferencias, uno de los sistemas de referencia debe moverse con una velocidad próxima al valor de la velocidad de la luz y, si se desplaza acercándose al foco luminoso, recibirá antes las imágenes transportadas por el haz luminoso.

Pero además de la "simultaneidad", la relatividad implica consecuencias que afectan a otras magnitudes, como "longitud", "masa" y "tiempo", cuyas medidas dependen del estado de movimiento del sistema de referencia donde se realizan[185]. Es importante subrayar

---

[185] Conviene subrayar que los efectos relativistas se refieren a las *medidas* obtenidas en el sistema de referencia K, de un suceso que ocurre en el otro sistema K′ y viceversa. No se refieren a "cambios físicos" producidos por el movimiento de unos de los sistemas de referencia respecto al otro. Werner Heisenberg en *Physik und Philosophie* escribe: "el observador [en la Tierra de un reloj situado en una nave espacial] comprobará que corre más despacio que los relojes de la Tierra. Pero el viajero espacial, que también mediante las señales

que los efectos relativistas conciernen a las "medidas" experimentales de magnitudes, y que tales medidas se realizan con dispositivos apropiados situados en los sistemas de referencia K y K' que se mueven uno respecto al otro[186].

Principios de Equivalencia

Como hemos señalado más arriba, la teoría especial de la relatividad define como "equivalentes" o "simétricos" a dos sistemas de referencia K y K' que se desplazan uno respecto del otro con velocidad constante. Einstein amplía la noción de "equivalencia" a dos sistemas de referencia no inerciales. Es decir a aquellos sistemas que se desplazan mutuamente con aceleración constante. Por lo cual, las *expresiones matemáticas de las leyes físicas serán formalmente iguales,* es decir, no dependerán del sistema de referencia en el que se mide, aunque se muevan con aceleración[187].

Esta estipulación de "equivalencia", sobre sistemas de referencia en movimiento, bien sea con velocidad o aceleración constante, se incluyen dentro de la noción

---

que le llegan de la Tierra puede comparar la marcha de su reloj con los de la Tierra, llega a la conclusión inversa, esto es, que los relojes de la Tierra andan más despacio que los de su nave". [Citado en W. Heisenberg (1971): 112. Así pues, la diferencia del tiempo medido en los sistemas de referencia es debido al tiempo que tarda la señal luminosa en recorrer la distancia que separa ambos sistemas. No se debe a un cambio interno en el mecanismo de los relojes por efecto de la velocidad.

[186] Por ejemplo, una varilla de longitud L, medida en el sistema K' que se aleja respecto a K, medirá una longitud menor L. Pero la variación de longitud no se produce por un cambio material de la varilla, sino al efecto relativista del movimiento. Por tanto, varían las medidas realizadas en distintos sistemas de referencia, no las características materiales de los objetos en movimiento. Con mayor razón cabe afirmarse cuando se trata de organismos biológicos. Se ha de distinguir el tiempo, como magnitud física mensurable por dispositivos físicos, del tiempo biológico o psicológico.

[187] Es oportuno puntualizar que se trata de medidas, no de simples observaciones indefinidas o de apariencias externas.

einsteniana de "Principio de Equivalencia". Este novedoso recurso metodológico podría equipararse a los supuestos básicos que Galileo define antes de exponer su tratado *Le Mecaniche*, o las *Reglas generales* que enumera Newton en los *Principia*. Todos ellos son marcos conceptuales que se establecen para desarrollar las teorías de modo sistemático y coherente. En efecto, la adopción por Einstein de tales Principios de Equivalencia tendrá consecuencias decisivas en las teorías físicas.

Así, la noción de "equivalencia" aplicada a la mecánica establece que la "masa inercial" y la "masa gravitatoria" son magnitudes equivalentes. Por lo cual, se deduce que también los son, las "fuerzas de gravedad" y las "fuerzas de inercia". Einstein justifica la equiparación de ambas magnitudes, "fuerza inercial" y "fuerza gravitatoria", porque sus efectos sobre la masa son iguales.

> Supongamos el caso de un sistema de coordenadas elegido de tal forma que tiene un movimiento de rotación estable con respecto a un sistema inercial en sentido newtoniano. Las fuerzas que en relación con este sistema son centrífugas, al igual que la fuerza de la gravedad, son proporcionales a las masas de los cuerpos. Entonces, ¿no sería posible considerar que el sistema de coordenadas está en reposo y que las fuerzas centrífugas pueden identificarse con la fuerza gravitatoria? Esta identificación parece obvia, pero la mecánica clásica no lo permite[188].

Como se comprueba en la anterior hipótesis o experimento mental, Einstein propone prescindir de las definiciones originales y tener en cuenta sólo efectos mensurables. Esto es, si la fuerza centrifuga produce el

---

[188] Citado en A. Einstein (2005): 132.

mismo efecto mensurable que la fuerza gravitatoria, ¿por qué no identificar ambas fuerzas? Con ello, equipara las "fuerzas gravitatorias" a las "fuerzas de inercia" (o "fuerzas centrífugas") producidas en el movimiento de rotación de una masa alrededor de un eje fijo. Pero, según la mecánica clásica, el origen de ambas fuerzas es diferente; unas proceden de las propiedades gravitatorias de la materia y otras se producen en el movimiento circular de un cuerpo. Las primeras proceden de la "masa gravitatoria" y operan a través del espacio entre los cuerpos, bien estén en movimiento o en reposo, siempre que haya dos o más masas. Las segundas están vinculadas a la "masa inercial" cuando una porción de materia se mueve con aceleración.

Desde el punto de vista epistemológico, al tomar las dos magnitudes como equivalentes, se simplifica la descripción formal a costa de anular el significado físico genuino de ambas. Desde el punto de vista metodológico, al prescindir del sentido físico y admitir sólo los efectos mensurables (inerciales y gravitatorios), el "Principio de Equivalencia" antepone el formalismo simbólico sobre el significado empírico original[189].

Como ilustración de lo que decimos, supongamos la caída de un cuerpo sometido a la atracción gravitatoria. Aplicando las leyes del movimiento de Newton, (la fuerza debida a la gravedad terrestre) = (masa inercial) x (aceleración de caída). Por otra parte, (la fuerza debida a la gravedad terrestre) = (intensidad del campo gravitatorio terrestre) x (masa gravitatoria). Ahora bien, el valor medido de la "aceleración de caída" es igual a la

---

[189] Para Einstein, sólo la medida es la que decide, no las nociones, ni el origen, ni los significados de las magnitudes. La razón última de la equivalencia entre ambas masas, "gravitatoria" e "inercial", reside en la igualdad de resultados experimentales, prevaleciendo por tanto un criterio puramente operativo.

medida de la "intensidad del campo gravitatorio (g)", por consiguiente: la "masa inercial" y la "masa gravitatoria" deben ser iguales. Nótese que se identifican las magnitudes, ("masa inerte" y "masa gravitatoria") porque son iguales las medidas de la aceleración de caída y las de la intensidad del campo gravitatorio terrestre[190].

Insistimos que son -exclusivamente- las medidas experimentales las que justifican la equivalencia entre ambas masas. El método aplicado por Einstein conduce así a la construcción de teorías que abarcan un gran número de fenómenos distintos, consiguiendo mayor coherencia formal y capacidad deductiva, al coste de trazar una imagen del espacio y del tiempo que se aleja considerablemente de la concepción espacio-temporal de la física newtoniana y, aún más, de la visión común que es propia a la mente no científica[191].

6.3. Teoría general de la relatividad

Admitida la equivalencia entre las fuerzas gravitatoria y centrífuga, Einstein debía aceptar asimismo los corolarios derivados del "Principio de Equivalencia". Y por tanto las leyes newtonianas debían ser modificadas

---

[190] Expresado en forma simbólica, $F = m_i\ a$; $F = m_g\ g$; por tanto, $m_i \times a = m_g \times g$.

[191] Desde el punto de vista de la ontología, la posición mantenida por Nicolai Hartmann se caracteriza por distinguir claramente entre la cantidad y los "sustratos de la cantidad". Pues toda cantidad, lo es de "algo". Por sustratos entiende Hartmann, propiedades o magnitudes físicas, tales como el trabajo, el peso, el tiempo, el espacio, etc. Tales "sustratos se sustraen a todo intento de apresarlos cuantitativamente, porque son supuestos de las relaciones cuantitativas reales". A partir de estas premisas, la teoría de la relatividad "relativiza los sustratos de las posibles relaciones de medida. En vez de preguntar: ¿qué límites de lo matemáticamente formulable responden a la esencia del espacio y del tiempo?, pregunta más bien: ¿qué límites de la esencia del espacio y del tiempo responden a las fórmulas matemáticas?" El resultado final de este modo de proceder que prescinde de identidades y anula las diferencias cualitativas, es a juicio de Hartmann, que "los sustratos de la relación se resuelven en relaciones" (N. Hartmann (1986): 8).

conforme establecía la "teoría general de la relatividad". Ese proceso de ajuste reclamaba a su vez abandonar la geometría euclídea. En la "teoría especial de la relatividad", ya habían sido alterados los conceptos de "simultaneidad", "espacio" y "tiempo", manteniendo la geometría euclídea. Ahora los principios adoptados para la relatividad general, que establecían la equivalencia entre las fuerzas gravitatorias y centrifugas, dejaban de ser compatibles con la geometría euclídea. Es decir, los requisitos de orden físico, derivados del principio de equivalencia, afectaban a la representación geométrica de los fenómenos.

> En la "teoría generalizada de la relatividad", la ciencia del espacio y del tiempo, es decir, la cinemática, ya no forma parte de los fundamentos absolutos de la física general. El estado geométrico de los cuerpos y las velocidades de los relojes dependen en primer lugar de sus campos gravitatorios, que a su vez dependen de los sistemas materiales de que se trate en cada caso[192].

Teniendo en cuenta lo expuesto hasta aquí, es evidente que la aplicación del "principio de equivalencia" a las magnitudes definidas en "física clásica" constituye uno de los recursos metodológicos más audaces que se hayan utilizado en la construcción de una teoría física. Pero además los "principios de equivalencia" no se limitaron a la cinemática y a la dinámica, fueron también aplicados a la noción clásica de "energía".

Pues, el "postulado o principio de equivalencia"[193] recayó sobre la masa inercial de un cuerpo, que ahora se consideraba desde un punto de vista energético, es decir con capacidad de producir efectos sobre otros cuerpos

---

[192] Citado en A. Einstein (2005): 133.
[193] Einstein los llamó "postulados" o "principios" (A. Einstein (2005): 177).

materiales. Tal capacidad fue denominada por Einstein "energía latente", ya que era energía asociada a cada masa en movimiento, cuya interpretación se basaba en la siguiente afirmación del físico Lorentz (1853 – 1928).

> "la radiación electromagnética lleva consigo impulso y energía, al igual que la materia ponderable, y también porque, según la "teoría especial de la relatividad", materia y radiación son sólo formas diferentes de una energía repartida, teniendo en cuenta que la masa ponderable pierde su posición privilegiada y sólo aparece como una forma especial de la energía"[194].

Einstein justificó la equivalencia entre "masa" y "energía" porque toda masa en movimiento lleva una energía cinética asociada. Es decir, ambos conceptos de energía son equivalentes, tanto la energía trasportada en forma de radiación, como la asociada a la masa de un cuerpo en movimiento. Lo cual implica, una vez más, prescindir de los significados originales de la masa y de la energía y admitir sólo su carácter formal, es decir, considerarlos como símbolos útiles para describir los fenómenos físicos conforme a las nuevas leyes relativistas.

Uno de los efectos derivados del "principio de equivalencia" es el de la desviación de la trayectoria de la luz cuando atraviesa campos gravitatorios. Puesto que, del mismo modo que un cuerpo -debido a su masa ponderable- es atraído por el campo gravitatorio terrestre, también lo serán las ondas electromagnéticas cuya trayectoria se curvará al aproximarse a los campos gravitatorios de los planetas[195].

---

[194] Citado en A. Einstein (2005): 140.
[195] Admitiendo que los fotones que forman los haces luminosos son partículas sin masa, no deberían experimentar el efecto de desviación de la trayectoria de la luz,

De modo más explícito, al analizar las consecuencias de las hipótesis de equivalencia aplicadas a un rayo de luz, Einstein justifica la desviación del rayo mediante el razonamiento siguiente: si un rayo de luz se propaga en el vacío en línea recta con una velocidad constante c, respecto a un sistema K, ese mismo rayo se curvará respecto a otro sistema K′, cuando su dirección forme un ángulo con la aceleración del sistema de referencia. "Por lo tanto, *la fuerza de la gravedad hace que se curve el rayo luminoso, como si la luz fuera un cuerpo pesado dotado de una aceleración*"[196].

Aquí cabe preguntarse, si la curvatura del rayo de luz es real o si más bien se trata de la "medida" obtenida en el sistema K′ que se mueve con aceleración. Al establecer la equivalencia entre la fuerza que experimenta una masa inercial acelerada y la fuerza gravitatoria, la curvatura del rayo luminoso podrá suponerse debida a esta última, aunque dicha curvatura sea el resultado de medir desde un sistema de referencia acelerado. Es decir, los datos medidos en el sistema K′ son los que corresponderían a la curvatura efectiva del rayo de luz.

Teniendo en cuenta lo señalado más arriba y desde un enfoque metodológico, analizaremos cuáles son las consecuencias derivadas del "Principio de Equivalencia". Pues, no sólo hay una modificación conceptual de las magnitudes fundamentales que se definen en "física clásica", como las ya mencionadas: "masa inercial", "masa gravitatoria" y "energía", sino que también se alteran las nociones clásicas de las magnitudes espaciales y temporales. Por lo cual, resulta un nuevo modelo del espacio geométrico que se pliega a los requisitos físico-matemáticos.

---

[196] Citado en A. Einstein (2005): 177 [Cursiva añadida].

De acuerdo con Einstein, "la geometría euclídea carece de validez en la teoría general de la relatividad"[197], ya que no se acomoda a los requisitos de la mecánica relativista, pues las medidas de longitud dependen del sistema de referencia en movimiento relativo. Para ilustrar este resultado, Einstein supone un experimento mental[198], que consiste en comparar las medidas del perímetro U de un disco de diámetro D, utilizando como unidad de medida una varilla L. Primero, supone el disco en reposo y un observador situado en el disco que mide el perímetro U[199] y el diámetro D. En ausencia de movimiento, la longitud de la varilla no varía y según la geometría euclídea, el cociente entre ambas medidas (perímetro U y diámetro D) resulta: $U / D = \pi$ (3,14…). Suponiendo ahora, que el disco gira alrededor de un eje que pasa por su centro, entonces el observador (en reposo) situado en K, o sea fuera del disco, vuelve a medir perímetro y diámetro. Por el efecto relativista, se acorta la unidad de medida (la varilla) debido al movimiento[200] y por tanto, la medida del perímetro U´ es mayor, mientras que, la dirección radial no cambia, ya que el movimiento del disco es perpendicular a dicha dirección, resultando: $U´ / D > \pi$.

---

[197] Hay que entender la validez de la geometría, que Einstein echa en falta, por ser inadecuada como ciencia auxiliar. (Citado en A. Einstein (2005): 181).

[198] Damos una versión simplificada del experimento mental descrito en A. Einstein y L. Infeld (1939).

[199] La medida del perímetro U resulta de multiplicar la longitud de la unidad de medida (varilla L) por el número de veces que está contenida en U.

[200] La medida del perímetro se obtiene dividiendo su longitud por la unidad, es decir, la varilla cuya longitud medida es ahora menor; en consecuencia el cociente será mayor. Obsérvese que la medida de la varilla se hace siempre desde el sistema de referencia K, es decir el que está en reposo. Einstein se refiere a la contracción de Lorentz (A. Einstein): (1918-1921): (einsteinpapers.press.princeton.edu/vol7-trans/335?printMode=true Doc. 71 Princeton Lectures, pp. 319, 320.)

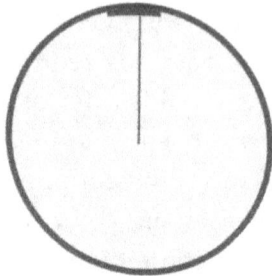

Figura 10. Acortamiento relativista de una varilla en movimiento.

A partir de este resultado "se puede comprender que sobre el disco en rotación y por la hipótesis de equivalencia, *tampoco son válidas las leyes de la geometría euclídea para el desplazamiento relativo de varillas rígidas* en un campo gravitatorio"[201]. Es evidente que, los criterios estrictamente geométricos quedan supeditados a las medidas físicas de la varilla. Se traza así una geometría a concebida bajo requisitos físicos, definidos por los postulados de equivalencia y, por tanto, ajenos a los estrictos principios geométricos. Por tanto, las medidas realizadas en un sistema de referencia permiten diseñar una nueva geometría, que implica nuevos significados conceptuales de "espacio" y "tiempo", resultando así una visión relativista del mundo. En resumen, bajo ese marco relativista de espacio-tiempo, se traza una imagen no euclídea del universo.

Una geometría a la medida de la física

La geometría originariamente fue concebida por Euclides sobre nociones estrictamente ideales prescindiendo del contenido sensible e independiente de

---

[201] Citado en A. Einstein (2005): 182 [Cursiva original].

operaciones mecánicas. Durante siglos, había servido como ciencia auxiliar para describir los fenómenos mecánicos, proporcionando a la física un lenguaje preciso y operativo. A partir de la "relatividad general", la geometría euclídea pierde su función instrumental y se diseña una nueva geometría, siguiendo los enunciados relativistas; se construye una nueva métrica del espacio supeditada a esas exigencias. La geometría euclídea pierde así la capacidad de describir la imagen relativista del espacio.

Además de las consecuencias mencionadas, en el plano metodológico, los "principios o hipótesis de equivalencia" provocan una inversión de papeles al adjudicar a las entidades geométricas el mismo estatus que el de las entidades físicas. El lenguaje geométrico sin perder en parte su función instrumental adquiere un sentido físico. Este nuevo enfoque es posible porque así lo permite el lenguaje formal de los símbolos. Se produce así un mayor distanciamiento entre signos y sus significados; es decir de los objetos del mundo natural. Por ejemplo, en las teorías de la mecánica clásica, la "masa" tiene un significado que remite a una propiedad de la materia apreciable por los sentidos, mensurable experimentalmente. Sin embargo, a partir de la equivalencia relativista entre "masa" y "energía", ambas nociones físicas se identifican. Einstein reconoce que: "el principio de conservación de la masa, junto con el principio de conservación de la energía, han dejado de tener un lugar propio en la física"[202]. Con el desarrollo de la "física teórica", las secuelas de las "hipótesis de equivalencia" producirán hondas modificaciones en el método de investigación y en las formulaciones teóricas.

---

[202] Citado en A. Einstein (2005): 166.

Una de los más importantes cambios tiene que ver con el concepto físico de "éter", al que Maxwell consideraba como una realidad plausible, que servía de soporte en la propagación espacial de las ondas electromagnéticas. Posteriormente, el éter fue suprimido por Einstein, pues no pudo probarse experimentalmente su existencia y además no era compatible con la noción relativista de "simetría"[203]. Ya que supondría la existencia de un "medio absoluto" que estaría inmóvil respecto a uno de los sistemas de referencia K y en movimiento respecto al otro K´. Lo cual sería incompatible con la idea relativista del movimiento; condición suprema de la teoría de Einstein.

No obstante, tiempo después de la enunciación de la "teoría general de la relatividad", su autor se vio obligado a rectificar el anterior planteamiento, en los términos siguientes:

> Opinaba yo en 1905 que no se podía ya de ningún modo hablar de la existencia del éter en la física. Sin embargo, esta decisión era demasiado radical (...). Más bien es cierto que, ahora como antes, sigue estando permitido suponer la existencia de un medio que llena el espacio para poder examinar los campos electromagnéticos (...). Pero no está permitido atribuir a este medio en cada punto un estado de movimiento, por analogía con la materia, que sí es detectable[204].

Paradójicamente, en el continuo espacio-temporal no euclídeo de la "teoría general de la relatividad" se readmite la noción de éter, aunque, sigue sin ser detectable. Recordemos que tampoco lo fueron las *líneas de fuerza*, ni los *vórtices* de Maxwell, lo que viene a

---

[203] Hay "simetría" cuando la expresión de las leyes físicas son equivalentes en ambos sistemas de referencia.
[204] Citado en A. Einstein (2005): 166.

confirmar la tesis a favor de la naturaleza simbólica de esas nociones -no obstante- muy útiles en la descripción de las respectivas teorías.

En su defensa del éter, Einstein admite que resurge sublimado con "la teoría general de la relatividad", como una entidad física inmaterial que no tiene la función de soporte de ningún tipo de movimiento. Además, no es en absoluto homogéneo y su estructura no existe por sí misma sino que depende de la materia generadora de los "campos". *Dado que, dentro de la nueva teoría, las características métricas no se pueden separar de lo que es "verdaderamente" físico, los conceptos de "espacio" y "éter" van ligados entre sí*[205].

El éter queda subsumido en el "espacio" y se identifica con él. Pierde el significado que Einstein y otros científicos le atribuía como soporte tenue (pero material) de las ondas electromagnéticas. Deja de ser considerado un medio natural y pasa a tener una estructura simbólica, en realidad, superada por el nuevo concepto de "espacio", donde se describen los fenómenos físicos.

Son especialmente significativas las últimas líneas en cursiva en las que Einstein admite explícitamente la identificación establecida entre las características "métricas", es decir geométricas y lo que califica de "verdaderamente físico". Dentro de esta concepción en la que predominan las leyes físicas sobre las relaciones puramente geométricas, la materia condiciona la estructura del espacio. Para Einstein "la teoría del espacio

---

[205] La afirmación de Einstein: *las características métricas no se pueden separar de lo que es "verdaderamente" físico,* refuerza nuestra tesis sobre la asimilación de la física por la geometría, que se refleja en la ecuación: $G\mu\nu = 8\pi G/c^4\ T\mu\nu$, escrita en lenguaje tensorial. En ella, el primer miembro de la ecuación simboliza el tensor de curvatura y el tensor de distribución de masa, en el segundo. La igualdad, por tanto, muestra la interacción mutua entre la geometría del espacio y sus propiedades gravitatorias. (Citado en A. Einstein (2005): 190) [Cursiva añadida].

(geometría) y del tiempo no se puede ya anteponer a lo que realmente es física, ni puede interpretarse independientemente de la mecánica y la gravedad"[206]. Las teorías inician una deriva metodológica en la que se aproximan las nociones físicas y las geométricas, con predominio de las segundas sobre las primeras, las cuales cada vez son más dependientes de las estipulaciones geométricas.

Einstein pudo comprobar las consecuencias de tal deriva, que llevaría a la absorción de la física por la geometría. Un ejemplo de este hecho nos lo brinda el matemático alemán Hermann Weyl (1885 - 1955). Weyl había desarrollado una teoría que despertó el interés de Einstein y aunque no creyese en ella como teoría física, la elogió en los términos siguientes: "En cualquier caso y, salvo su [no] coincidencia con la realidad, constituye una soberbia construcción intelectual"[207].

El elogio de Einstein se justificaba por la coherencia formal de la teoría de Weyl y su capacidad de unificar fenómenos dispares. Y de hecho abrió una nueva senda metodológica que condujo a la denominada "teoría de cuerdas". A su poder de integración, se sumó el logro de Theodor Kaluza que consiguió unir formalmente gravedad y electromagnetismo bajo la "teoría general de la relatividad" mediante un complejo entramado teórico que incluía la singular idea de una "nueva dimensión".

Una de las consecuencias del predominio de la matemática fue la existencia de un mundo dotado de "cinco dimensiones", en lugar de las tres dimensiones del espacio físico real. Se superaba así la imagen natural de un mundo tridimensional congruente con la percepción sensorial común. A cambio de esa cesión de la realidad

---

[206] Citado en A. Einstein (2005): 190.
[207] Citado en L. Smolin (2007): 84.

sensible, que consistía en admitir la existencia de cinco dimensiones, la "física teórica" consiguió deducir la "teoría del campo electromagnético" de Maxwell, siguiendo un camino exclusivamente matemático.

Es obligado señalar que el concepto de "dimensión" se utiliza como una noción geométrica y no es una propiedad física apreciable por los sentidos. Por lo que, ampliar el número de dimensiones para lograr una teoría integradora de diversos fenómenos físicos, lleva consigo adjudicar un significado físico a entidades geométricas, en contra de los datos empíricos. Por lo cual, se imponen los requisitos y principios matemáticos sobre las observaciones experimentales. No es extrañar, que al alejarse del mundo empírico y, pese a su éxito en el campo de la lógica matemática, la teoría de Kaluza fuese incapaz de confirmar sus predicciones, hasta el punto que su estructura formal también llegó a perder coherencia interna. Precisamente, este resultado negativo condujo a Einstein a perder su primer entusiasmo por la teoría, como manifestó a su amigo Paul Ehrenfest (1880 – 1933), en los términos siguientes:

> Es anormal reemplazar el continuo 4-dimensional por uno 5-dimensional, y a continuación fijar artificialmente una de estas dimensiones para justificar el hecho de que no se manifieste[208].

En otras palabras, no es admisible -por falta de rigor- invocar una "dimensión invisible" para justificar la validez del conjunto de la teoría.

---

[208] Citado en Lee Smolin (2007): 8.

6.4. La unificación pendiente

Einstein pasó los últimos años de su vida en Princeton (Estados Unidos), como investigador del "Instituto de Estudios Avanzados". Allí centró su trabajo en la construcción de una concepción global capaz de albergar a todas las teorías. Es decir, una superestructura físico-matemática que pudiese explicar de modo coherente todos los fenómenos incluidos en las diversas teorías existentes, sobre el campo gravitatorio, el electromagnético y la física del átomo. A partir de esa iniciativa, gran parte de la investigación desarrollada por la comunidad científica se orientó hacia la construcción de la llamada "teoría de campos unificados".

A partir de esa primera tentativa de gran unificación conceptual, los intentos por conseguir una superteoría se han multiplicado a un ritmo creciente. Durante los últimos cuarenta años, los trabajos de investigación han sido numerosos, pero a pesar de algunas investigaciones imaginativas, no se ha recogido el fruto deseado. Una de las teorías más notables, que cuenta con mayor inversión económica procedente de diversos organismos, y que ha concitado más ingenio y esfuerzo intelectual, es la llamada "teoría de cuerdas". Entre muchos destacados investigadores en esta materia cabe nombrar a Lee Smolin, cofundador del Centro de investigación canadiense *Perimeter Institute for Theoretical Physics*. En el libro titulado "Las dudas de la física en el siglo XXI" recoge sus inquietudes acerca del porvenir de las teorías físicas de unificación. Se trata de una crítica sincera sobre los dudosos proyectos encaminados a lograr una grandiosa construcción mental que explique todos los fenómenos físicos conocidos hasta hoy. Es decir, los hechos naturales empíricos que se refieren básicamente a la estructura y composición de la materia y al origen, naturaleza y evolución del universo.

Ese tipo de meta-teoría unificadora, se suele conocer como "Teoría del Todo". Sin duda, constituye un gran desafío para la ciencia, descubrir el modo de formular una superestructura lógica que, incluyendo todos los fenómenos naturales, permita deducir consecuencias que sean experimentalmente verificables. Pero, siguiendo los comentarios de Smolin y sin descender a detalles técnicos, se llega a la conclusión de que la excesiva formalización matemática ha llevado a la física teórica al alejamiento progresivo de la experimentación. Así como, a una pérdida de significado de los conceptos por una creciente especulación sin contar con suficiente respaldo empírico. Una de las consecuencias ha sido afirmar la existencia de enigmáticas "realidades" naturales, que de hecho no han sido detectadas experimentalmente.

Después de más de tres décadas de trabajo en este campo -reconoce Smolin- los resultados continúan sin dar respuesta a cinco grandes problemas, cuyos enunciados transcribimos en cursiva, resumiendo su comentario explicativo[209].

Problema de la gravedad cuántica:

"Problema 1: combinar la teoría de la relatividad general y la teoría cuántica en una única teoría que pueda ser una teoría completa de la naturaleza".

A pesar de más de un siglo desde el descubrimiento de la ecuación de Planck sobre la radiación del "cuerpo negro", la teoría cuántica recurre a explicaciones paradójicas, como la doble naturaleza (ondulatoria y corpuscular) que atribuye a partículas como el electrón y

---

[209] L. Smolin (2007): 35-50.

sólo puede hacer predicciones estadísticas sobre fenómenos subatómicos. El "principio de incertidumbre"[210] restringe la capacidad informativa, puesto que niega la posibilidad de medir simultáneamente la *posición y la cantidad de movimiento* de una partícula. Por lo cual, es imposible integrar en una misma estructura formal la "teoría cuántica" y la "teoría de la relatividad general".

"Problema 2: resolver los problemas de los fundamentos de la mecánica cuántica, sea haciendo que la teoría tenga sentido en su formulación actual, sea inventando una nueva teoría que tenga sentido".

La actual formulación cuántica debe ser modificada o sustituida por otra que la haga comprensible con los mismos esquemas mentales que sirven para captar las realidades ordinarias y utilizando la lógica natural; algo que hoy día es incompatible con las paradojas que se derivan de la actual teoría cuántica.

"Problema 3: determinar si las diversas partículas e interacciones pueden unificarse en una teoría que las explique a todas como la manifestación de una única entidad fundamental".

El llamado "Modelo Estándar" de Weinberg proporciona una teoría sobre los doce tipos de partículas (seis clases de "quarks" y 6 clases de "leptones"), junto

---

[210] Se ha querido encontrar razones más profundas, incluso de índole filosófico. Con referencia al significado de la relación de incertidumbre, Erwin Schrödinger escribe: "Otra manera de llegar al resultado es analizar el procedimiento experimental para determinar la posición o la velocidad. Cada uno de estos medios de medición implica una transferencia de energía entre la partícula y algún instrumento de medición, a la postre el observador mismo (…). Esto significa una *verdadera interferencia física con la partícula*". En consecuencia, la restricción de la capacidad informativa es atribuible a la inevitable interacción entre el dispositivo de medida y el objeto que se mide. [Cursiva añadida] (E. Schrödinger (1975): 171).

con las cuatro fuerzas o interacciones (gravitatoria, electromagnética, nuclear fuerte y nuclear débil), que pretenden explicar el conjunto de fenómenos físicos conocidos. Este modelo fue formulado a principios de la década de los setenta del siglo pasado. Ahora plantea un problema estructural al exigir la inclusión de un elevado número de constantes ajustables para especificar las propiedades de las partículas. En consecuencia, la teoría que lo sustenta admite un grado de ambigüedad que no parece admisible, si se quiere tener una información fiable (o sea verificable experimentalmente) de los sucesos del mundo subatómico.

"Problema 4: explicar cómo determina la naturaleza los valores de las constantes libres del modelo estándar de la física de partículas".

Así formulado, este problema invierte los términos al suponer que la naturaleza debe adaptarse al modelo físico para determinar las constantes ya definidas por la propia teoría. De todos modos, el enunciado evidencia el desajuste entre el modelo y los datos experimentales y señala que sigue pendiente una unificación conceptual coherente que dé cabida a todos los fenómenos físicos.

"Problema 5: explicar la materia oscura y la energía oscura. O, si no existen, determinar en qué modo y por qué la gravedad se modifica a grandes escalas. Y, de manera más general, explicar por qué las constantes del modelo estándar de cosmología, entre ellas la energía oscura, tienen los valores que tienen".

Algunos investigadores especializados en la estructura del universo intentan vislumbrar una salida a la cuestión anterior, invocando una existencia de dos supuestas entidades, llamadas "materia oscura" y "energía oscura". Ambas presuntas realidades físicas tratarían de explicar algunas observaciones astronómicas, cuyos resultados no concuerdan con la actual teoría sobre la distribución y velocidad de alejamiento de las galaxias y que no se ajustarían a las predicciones de la ley de la gravedad de Newton.

Parece que, antes de modificar la ley de Newton, algunos astrónomos prefieren admitir la existencia de esa enigmática "materia oscura" cuya detección hasta ahora no ha sido efectiva, ni parece fácil que lo sea, teniendo en cuenta que no emite energía radiante, como lo hace el resto de la materia distribuida en el espacio. El marco general en el que se desenvuelve este ambicioso planteamiento teórico es el llamado "Modelo Estándar Cosmológico" (MEC), análogo al "Modelo Estándar de Partículas" (MEP) y que, también cómo éste, introduce una serie de constantes especificables que "explicarían" el valor de la densidad de los diferentes tipos de materia, de energía y del ritmo de expansión del universo. Al igual que sucede con la física de partículas, el valor de esas constantes, cuyo significado permanece desconocido, tendría que determinarse a partir de datos empíricos. Según L. Smolin, todas esas conjeturas enumeradas llevarían a plantear el quinto problema ya enunciado.

En resumen, los cinco problemas encierran las grandes incógnitas que debe resolver la ciencia actual. Y señalan cinco objetivos que durante las últimas décadas han motivado la investigación teórica. Durante más de medio siglo, varias teorías han tratado de alcanzar las metas señaladas. Una de las más creativas es la "teoría de cuerdas". Desde un enfoque metodológico, ese tipo de investigación teórica de vanguardia es especialmente útil para analizar los recursos simbólicos que la ciencia actual despliega para describir los sucesos físicos más complejos de la naturaleza.

7. "FÍSICA TEÓRICA": ¿CONTRA LA LÓGICA?

7.1. Introducción

En su conocido ensayo "La teoría física", Pierre Duhem afirma: "Una teoría física no es una explicación, sino un sistema de proposiciones matemáticas deducidas de un pequeño número de principios, cuyo objeto es representar de la manera más simple, más completa y más exacta posible un conjunto de leyes experimentales". Teniendo en cuenta esta definición y en sentido estricto, no podría decirse que las teorías físicas explican íntegramente los fenómenos, tal como se observan, puesto que son construcciones fisicomatemáticas incapaces de incorporar a sus enunciados una realidad compleja. Tan sólo puede decirse que la teoría es una representación verdadera, en la medida en que sus enunciados pueden ser verificados dentro del rango de precisión que permiten los dispositivos experimentales utilizados.

La definición anterior de Duhem se entiende dentro de un contexto filosófico y por el término "explicación" habría que admitir que las ciencias experimentales no dan una explicación radical o esencialista acerca de la realidad constitutiva de los entes naturales. Sin embargo, en un sentido más amplio, menos restrictivo, está justificado referirse a la "explicación" por analogía con una narración ordenada que cuenta un suceso concreto.

Desde esta perspectiva, las teorías científicas tienen un valor de verdad contextual, que reside en la coherencia interna del conjunto de sus proposiciones avaladas por la experiencia. Así la "teoría newtoniana de la gravitación universal" es una construcción racional que describe con rigor matemático el movimiento de los planetas alrededor del Sol, sustentada por datos extraídos de la observación experimental. La eficacia de la teoría newtoniana reside en su coherencia interna y en la capacidad predictiva verificable empíricamente, sin aludir en ningún momento a nociones metafísicas.

La anterior concepción de teoría científica es aplicable, tanto a los fenómenos complejos, como a los más sencillos. En uno y otro caso, la formulación teórica revela un intento de profundizar en la realidad material y de conocer su estructura interna. Así, la luz que atraviesa un prisma de vidrio se descompone en haces luminosos que vemos como una serie de diferentes colores, es decir, recibimos sensaciones visuales que a su vez pueden evocar recuerdos, emociones u otros efectos subjetivos. Esos hechos, así contemplados, sin ninguna pretensión de investigación y análisis, se califican como "hechos brutos".

Para obtener una explicación de tales impresiones sensoriales, la física comienza definiendo magnitudes como la "masa", el "tiempo", o la "carga eléctrica", en función de sus características mensurables. Cuando se estudia por ejemplo la propagación de la luz, se definen nociones como "longitud de onda" y "frecuencia de vibración" y a partir de esas definiciones se pueden realizar medidas, analizar resultados y finalmente construir una teoría que describa de forma coherente cómo se realiza la transmisión de la luz en el espacio. Por tanto, en este caso, gracias a la teoría, las sensaciones cromáticas se "traducen" en vibraciones luminosas a cuyas frecuencias se les asignan los valores numéricos resultantes de las medidas experimentales.

De este modo, las percepciones recibidas por los sentidos se transforman en datos aplicando operaciones matemáticas y criterios teóricos, con las que se superan apariencias externas y se desvela parte de la estructura interna de la realidad material. Así, Einstein se refiere al proceso mental por el cual se forman los conceptos científicos.

> Las imágenes de la memoria que emergen cuando recibimos impresiones sensoriales no constituyen todavía ningún "pensamiento"; tampoco se puede hablar de "pensamiento" al encadenamiento de dichas imágenes en secuencia que evocan otras imágenes; pero cuando una imagen concreta reaparece en numerosas secuencias, precisamente por ser recurrente, funciona como elemento ordenador que relaciona secuencias que, en principio, eran inconexas. Este elemento se convierte en herramienta, en concepto[211].

Los anteriores comentarios de Einstein son fruto de su experiencia personal y confirman la importancia de las operaciones mentales en combinación con la observación y formación de imágenes que retenidas en la memoria, seleccionadas y sometidas a reflexión se incorporan al modelo idealizado. A propósito de la correspondencia entre experimentación y razonamiento, la prolongada construcción del modelo atómico constituye un ejemplo metodológico de gran interés. Es un ejemplo histórico notable en el que confluyen las teorías y los descubrimientos experimentales que marcarán el itinerario seguido por la física teórica en las primeras décadas del siglo XX. Por lo cual, parece oportuno exponer brevemente la evolución del modelo atómico, subrayando los aspectos metodológicos junto con la transición de la "física clásica" a la "física teórica".

---

[211] Citado en Einstein (2005): 45. Einstein, A. (2005): *Albert Einstein. Obra esencial.* Ed. Crítica. Barcelona. Introducción, Selección y Edición de José Manuel Sánchez Ron.

7.2. Cuantización del átomo

Las actividades experimental y teórica son inseparables y se influyen mutuamente. Por un lado, los descubrimientos empíricos incorporan nuevos conceptos a las teorías y por otro los datos empíricos se han de interpretar a la luz de la teoría. Esta recíproca influencia se ha puesto de relieve al comentar los *Principios matemáticos de Filosofía natural*, donde se combinan datos astronómicos y operaciones geométricas.

> Por consiguiente, la geometría está basada en la práctica mecánica, no es sino aquella parte de la mecánica universal que propone y demuestra con exactitud el arte de medir. Pero como las artes manuales se emplean principalmente en el movimiento de los cuerpos, resulta que la geometría se refiere habitualmente a la magnitud, y la mecánica a su movimiento[212].

El mismo título de la obra newtoniana destaca el proceso matemático por encima de la teoría mecánica propiamente dicha. La descripción de los movimientos de los planetas, es decir, el problema mecánico sirve de orientación para encontrar la construcción geométrica que describa con precisión el movimiento. Newton encuentra así el lenguaje preciso que hace comprensible tales fenómenos naturales.

Trascurridos dos siglos desde la ley newtoniana, encontramos de nuevo el modelo planetario, pero ahora cómo imagen metafórica o representación visual utilizada para describir la estructura atómica de la materia. La evolución histórica de este modelo manifiesta con claridad su adaptación a los datos experimentales que se

---

[212] I. Newton (1687): 6.

suceden desde el comienzo. Proporciona una muestra evidente del proceso que siguió la investigación física a través de las nuevas versiones del modelo que fueron surgiendo a medida que los datos empíricos lo requerían. Es además, un caso especialmente notable porque en un momento concreto del desarrollo confluyen las leyes clásicas de la mecánica y las nuevas teorías cuánticas. Veremos que en ese largo proceso de construcción del "modelo atómico", las imágenes facilitarán la interpretación correcta de los resultados experimentales, mostrando una vez más el papel de los símbolos en la elaboración de la física.

Hacia el año 1900, William Thomson (Lord Kelvin) (1824 – 1907) ideó un primer modelo, que consistía en una esfera en cuyo interior había cierta cantidad de materia dotada de carga eléctrica positiva, que a su vez contenía pequeños corpúsculos[213] (electrones) de carga negativa. En conjunto, esa incipiente versión del átomo ofrecía el aspecto de una masa uniforme donde se alojaban los electrones distribuidos a modo de "pudín".

La primera versión se modificó en 1911, a tenor de los descubrimientos realizados por Hans Geiger y Ernest Marsden en 1908, cuando trabajaban bajo la dirección de Ernest Rutherford, en un experimento que consistía en lanzar a modo de proyectiles un haz de "partículas alfa" procedentes de una fuente radiactiva contra láminas de diferentes metales. Las partículas incidentes se desviaban con ángulos distintos, incluso algunas rebotaban al chocar con la lámina. Los resultados obtenidos obligaron a sustituir la imagen inicial del átomo por otra que pudiese explicar por qué se producían las desviaciones de las partículas alfa incidentes.

---

[213] Los electrones había sido descubiertos tres años antes por Sir Joseph John Thomson.

En marzo de 1911, en una reunión de la *Manchester Literary and Philosophical Society*, Rutherford dio a conocer su propuesta. La nueva versión del modelo el átomo consistía en una esfera en cuyo centro había un núcleo de carga positiva, alrededor del cual giraban electrones siguiendo órbitas concéntricas. La imagen visual ofrecida por este modelo era más compleja ya que dejaba atrás la apariencia estática inicial y adoptaba un esquema dinámico análogo al modelo planetario de la mecánica clásica.

La siguiente reforma del modelo atómico fue originada por los experimentos que realizó Niels Bohr (1885 – 1962) en relación con la carga nuclear de los átomos y el "peso atómico" correspondiente. Entre ambas magnitudes había una relación precisa que determinaba el lugar que cada elemento químico debía ocupar en la Tabla Periódica de Mendeléyev. Niels Bohr comprendió que el origen de la emisión radiactiva residía en el núcleo atómico y, por tanto, en él estaba la razón que explicaba la variación de la carga eléctrica nuclear. Además, era el factor decisivo que permitía asignar la posición correcta de cada elemento químico en la Tabla Periódica. Posteriormente, descubrió que la semejanza de propiedades químicas que existía entre los elementos de dicha Tabla Periódica reside en el número de electrones situados en la capa superior del átomo.

En 1922, en *Zeitschrift für Physik*, Bohr describió la estructura de los átomos y las propiedades físicas y químicas a partir de la distribución en capas de los electrones atómicos de los elementos de la Tabla Periódica. Una clasificación adecuada de propiedades químicas demandaba una remodelación del átomo, en el que la estructura electrónica consistía en una distribución en capas orbitales, de forma que, pudiera establecerse una correspondencia entre el modelo atómico y los resultados experimentales.

> Según esta idea, la mayor parte de la masa atómica está concentrada en un núcleo, de carga positiva, cuyas dimensiones son muy pequeñas comparadas con las del átomo. Alrededor de este núcleo se mueven un cierto número de electrones, de masa mucho menor y carga negativa. De esta manera, el problema de la estructura atómica toma un aspecto parecido a los problemas de la mecánica celeste. Sin embargo, un examen más detallado revela de inmediato que existe una diferencia fundamental entre un átomo y un sistema planetario[214].

En efecto, el modelo de Bohr era similar al sistema planetario en cuanto a la disposición geométrica de las partículas que forman el átomo. El núcleo (donde se concentra la mayor cantidad de masa del conjunto) juega un papel equivalente al Sol como centro del sistema solar. Existe también una equivalencia formal entre los electrones que giran alrededor del núcleo y los planetas del modelo heliocéntrico.

Pero esta última imagen no podía ser definitiva, pues surgía una discordancia con la mecánica clásica que señalaba el primer desvío respecto a la "física clásica". Según la teoría electromagnética de Maxwell, los electrones cuando giraban debían emitir radiación y con ello perderían energía y se irían acercando al núcleo produciendo el colapso del átomo. Por tanto, esa inestabilidad, inevitable siguiendo las leyes mecánicas de Newton y la electrodinámica de Maxwell, obligó a Bohr a realizar un cambio más radical, que le llevó a incorporar la nueva teoría de los *cuantos*, descubierta por Planck y confirmada experimentalmente por Einstein.

---

[214] N. Bohr (1988): 77.

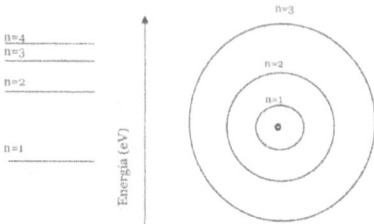

Figura 11. Niveles de energía del átomo de hidrógeno

La *cuantización* restringía el movimiento de los electrones a determinadas órbitas ("estados estacionarios"), donde no existía emisión continua de radiación. Se prescindía así de la noción de continuidad de los procesos, que había estado vigente en el desarrollo de la física clásica.

Es oportuno señalar que la *cuantización* del átomo introducida por Bohr no es consecuencia de nuevos datos empíricos, sino de la noción teórica de *cuanto de acción*, que estipula la discontinuidad de los procesos de emisión de energía. Pero, los conceptos mecánicos no serán abandonados definitivamente, sino que serán adaptados a la *cuantización*. Así, la magnitud clásica del *momento angular* L = mvr, función de la masa, de la velocidad y del radio de giro, se designa ahora como *momento angular cuántico* y sólo podrá tomar valores que sea múltiplos enteros de $h/2\pi$ (es decir, n $h/2\pi$, con n =1, 2, 3,…), siendo h la constante de Planck (h = 6.62 10^{-34} Joule-segundo).

En trece años, desde la aportación clásica de W. Thomson en 1900 a la adaptación cuántica de Bohr en 1913, el modelo atómico ofreció una imagen híbrida, con propiedades mecánicas y cuánticas. Según este modelo, el átomo de cualquier elemento químico tenía una forma esférica, en cuyo centro se situaba el núcleo rodeado por electrones que recorrían circunferencias concéntricas de radios crecientes al alejarse del centro. Cada una de las órbitas representaba un nivel de energía, siendo -13.6 eV[215] el mínimo valor, correspondiente al círculo más próximo al núcleo. Al resto de las órbitas, se asocian energías crecientes conforme se alejan del núcleo.

Líneas espectrales

El siguiente ajuste al modelo atómico, ahora ya cuantizado, fue motivado por el descubrimiento de las "líneas espectrales". Desde el siglo XIX se sabía que un elemento químico que podía emitir radiación produce un conjunto único de "líneas espectrales", o sea franjas luminosas registradas en una pantalla. El "número de líneas", "separación" entre ellas y "longitud de onda" forman un grupo de parámetros que es único para cada elemento químico y lo identifica de modo similar a una "huella digital" o un "código de barras".

Han Hansen, amigo de N. Bohr, al investigar las "líneas espectrales" comprendió que tales emisiones debían estar en correspondencia con la configuración atómica de los elementos emisores. Es decir, la estructura atómica debía ser tal que pudiera dar razón de las características de las líneas del espectro, ya que las "líneas espectrales" eran emitidas por átomos. Para lo cual, había que elaborar una expresión matemática de la "longitud de onda" λ en función de su "disposición" relativa en el conjunto. Fue un profesor de matemáticas, Johan Balmer

---

[215] "Electrón Voltio" (eV) es una unidad de energía equivalente a la energía que adquiere un electrón sometido a una diferencia de potencial de 1 Voltio.

quien llegó a la solución analizando las cuatro líneas del espectro del hidrógeno[216].

Teniendo en cuenta la energía asociada a la emisión, Bohr descubrió que la radiación emitida para producir "las líneas espectrales", se debía asociar a saltos de electrones entre órbitas; tanto hacia órbitas superiores, como hacia las inferiores. En el primer caso, el electrón recibe energía radiante y la emite, en el segundo caso. Por ejemplo, un átomo de hidrógeno situado en el "estado fundamental" (n = 1), al absorber suficiente energía, salta a una órbita superior (n = 2) y, cuando la emite, vuelve a la orbita anterior. Debido a las hipótesis cuánticas, la emisión de energía no puede ser continua y sus variaciones se producen por "saltos cuánticos". De tal forma, que la emisión de un *cuanto de energía* (10.2 eV) equivale a la diferencia entre dos niveles, siendo la "longitud de onda" de la radiación emitida la expresada por la fórmula de Planck-Einstein E = *h* c/λ; donde c simboliza la velocidad de la luz en el vacío.

Después de este último "retoque cuántico", el modelo atómico original perdía el sentido simbólico dentro de la física clásica y se integraba en la moderna concepción cuántica. A pesar de todo, el modelo aún conserva la imagen corpuscular de los electrones, considerados como diminutas esferas dotadas de masa y carga eléctrica, que giraban en torno al núcleo. Pero, aún no había llegado la versión definitiva del modelo atómico y, lejos de quedar terminado, ganó en complejidad debido a hallazgos

---

[216] La formula de Balmer es λ = b [m^2 / ($m^2 - n^2$)], siendo m y n números enteros y b es una constante cuyo valor es 364,56 nm, obtenida experimentalmente[216]. Así, por ejemplo, fijando el valor n = 2, cuando m es igual a los números enteros: 3, 4, 5 y 6. Sustituyendo en la fórmula de Ångström, se obtienen las cuatro longitudes de onda de la línea alfa roja. De forma análoga, se procede, dando a n el valor 3, y a m valores enteros superiores; es decir, 4, 5, 6, etc. Balmer predijo la serie de líneas del infrarrojo que fueron descubiertas en 1908 por Friedrich Paschen.

experimentales sobre la estructura de la materia y al notable avance de la física cuántica.

Un análisis más profundo de las "líneas espectrales", revelaron que de hecho eran más complejas de lo que en un principio parecía. Pues, se comprobó que cada una de las líneas ya descubiertas por Balmer (como las líneas roja, azul y violeta) estaba compuesta de dos líneas diferentes, llamados "dobletes". Este resultado, un tanto sorprendente, obligaba a recomponer el modelo atómico para ajustarlo a los datos experimentales.

Afortunadamente, en aquellos años de la primera mitad del siglo XX, en Europa abundaba el talento físico y matemático. En 1916, un profesor de física teórica de la Universidad de Múnich, Arnold Sommerfeld propuso una modificación del tipo de órbitas de los electrones, que consistía en admitir curvas elípticas, además de las circulares. El número de parámetros atómicos disponibles aumentó para justificar la detección experimental de "dobletes" en la serie de líneas espectrales (el efecto se llamó "estructura fina"). Por consiguiente, al primer "número cuántico" (n) se añadió un segundo parámetro (k)[217] haciendo referencia a la "excentricidad"; propiedad geométrica de las órbitas.

No fue ese el último efecto anómalo que surgió en el análisis de las "líneas espectrales" y nuevos datos experimentales obligaban a remodelar el ahora conocido como modelo Bohr-Sommerfeld. Así, un físico holandés Pieter Zeeman descubrió que en presencia de un campo magnético se producía el desdoblamiento de una sola línea espectral en varias componentes. Este resultado,

---

[217] Los valores de k corresponden a órbitas elípticas de diferente excentricidad o forma geométrica, incluyendo la circunferencia como elipse de excentricidad nula. Los parámetros n y k están relacionados. Por ejemplo, para n = 1, el valor de k =1; para n = 2, los valores pueden ser k =1 y 2; para n= 3, k = 1, 2 y 3.

llamado efecto Zeeman, obligaba a añadir un tercer "número cuántico, denominado "número cuántico magnético" (m), se asociaba con la *orientación* de las órbitas elípticas y justificaba la multiplicidad de las líneas espectrales cuando los átomos se exponían a la acción de un campo magnético[218].

El modelo atómico seguía evolucionando al ritmo de los hallazgos que iban revelando las líneas espectrales. Se comprobó que cuando el campo magnético era muy intenso, las líneas espectrales se desdoblaban en más de tres. Era el "efecto Zeeman anómalo" que desbordaba las previsiones del modelo Bohr-Sommerfeld y demandaba un nuevo ajuste al modelo cuántico, que proporcionó el físico vienés Wolfgang Pauli, incluyendo otro número cuántico denominado "duplicidad"; pues sólo admitía dos valores. Es decir, para un determinado estado de energía con tres "números cuánticos" (n, k, m), sólo podían existir dos estados (A y B). En 1925, Pauli lo enunció como "principio de exclusión", pues, un mismo átomo no podía albergar dos electrones que tuviesen iguales los cuatro "números cuánticos".

El "número cuántico" de Pauli explicaba los datos experimentales de las líneas espectrales y daba cuenta de las propiedades de los elementos químicos de la Tabla Periódica. Sin embargo, algunos científicos se preguntaban por su significado físico como componente dentro del modelo atómico. Entonces, dos estudiantes neerlandeses, Samuel Goudsmit y George Uhlenbeck, sugirieron vincular el "cuarto número cuántico" con una propiedad inédita del electrón, que recibió el nombre de "spin". El cual se asignó a un giro alrededor del eje del electrón en dos sentidos opuestos y valores: +1/2 y -1/2.

---

[218] Ahora, los valores posibles de m, dependen del número cuántico principal n. Por ejemplo si n = 2, los posibles valores son -2, -1, 0, 1, 2.

Resumiendo, las últimas aportaciones cuánticas, tenemos el primer número cuántico (n) alude a la forma geométrica de la órbita del electrón en su giro alrededor del núcleo. El segundo número cuántico (k) se refiere a la excentricidad de las órbitas. El cuarto (m) está vinculado a la orientación orbital en el espacio. Estos tres números cuánticos responden a conceptos definidos en física clásica, no así el cuarto número cuántico, el "spin", cuyo fundamento obedece a criterios cuánticos. Sin embargo, aún la imagen del electrón dentro del modelo atómico seguía siendo la de un corpúsculo o pequeña esfera que giraba alrededor del núcleo en las condiciones señaladas.

Onda-partícula

A las anteriores modificaciones del modelo atómico motivadas para dar un significado teórico a los descubrimientos experimentales, se sumó una última variación que afectó a la misma imagen del electrón. Pues, conforme a la noción clásica los electrones eran partículas con masa y carga eléctrica que giraban en órbitas circulares como los planetas del sistema solar. Bohr les asignó la capacidad de ganar o perder energía realizando saltos cuánticos entre órbitas, pero seguían siendo corpúsculos, hasta que Louis de Broglie, joven físico francés, propuso la inusual idea de adjudicarles un comportamiento ondulatorio. La audaz hipótesis intercambiaba los papeles que desempeñaban las partículas y la radiación. El "efecto Compton"[219] había puesto de manifiesto que la radiación podía actuar como una partícula y a la inversa las partículas podrían comportarse como ondas. En 1924, partiendo de esa

---

[219] El "efecto Compton" mostraba que la radiación que incidía en átomos de Carbono producía una "radiación secundaria", cuya longitud de onda era mayor que la radiación incidente. Lo cual se interpretó como una *colisión* entre partículas.

hipótesis, De Broglie defendió con éxito la idea de asociar a cada electrón una "onda ficticia" que se extendía por la órbita, a modo de *ondas estacionarias*.

Se producen *ondas estacionarias* cuando se somete a vibración una cuerda de longitud L que tiene los extremos fijos. El movimiento ondulatorio, que estudia la mecánica clásica, se caracteriza porque las "longitudes de onda" originadas sólo pueden tener valores múltiplos de la longitud L de la cuerda[220]. Este resultado permite hablar de "longitudes de onda" "cuantizadas", ya que la cuerda vibrará formando longitudes de onda con "determinados" valores enteros. Este resultado que, en principio, sólo expresa una conocida propiedad de la mecánica clásica, fue transferido idealmente al modelo atómico. Esta transposición por analogía[221] completaba la imagen precedente del átomo que describía los "estados cuánticos" de Bohr.

A partir de la aportación teórica de De Broglie, los electrones del átomo dejaban de ser considerados como partículas que giraban alrededor del núcleo, para convertirse en ondas estacionarias que vibran a lo largo de las órbitas electrónicas. La hipótesis, un tanto arriesgada al principio, fue confirmada experimentalmente en 1925 cuando Clinton Davisson, investigador de la Western Electric Company, observó que los cristales producidos por oxidación de una placa de Níquel difractaban un haz de electrones. En 1927 se midió el valor de la longitud de onda asociada a los electrones, comprobando que dicho valor coincidía con el predicho por la teoría propugnada por De Broglie. Desde

---

[220] Las valores posibles de las longitudes de onda son: $\lambda = 2L/n$, siendo n = 1, 2, 3,..

[221] Recordemos el proceso análogo de Maxwell (Capítulo 5) utilizado en el modelo del campo electromagnético.

los fenómenos de radiación atómica y de líneas de los espectros de emisión, a la teoría onda-corpúsculo[222].

En resumen, la construcción del modelo atómico fue un largo proceso que se desarrolló durante el primer tercio del siglo XX. Comenzó con W. Thomson y siguió con Rutherford, Bohr, Sommerfeld y Pauli, De Broglie. Es un ejemplo extraordinario de ingenio y perseverancia compartida entre físicos de diferentes países unidos en un mismo esfuerzo intelectual por comprender la estructura interna de la materia. Una muestra muy destacada de colaboración entre la actividad teórica y experimental, que revela, en primer lugar, la construcción del "modelo idealizado" en fase sucesivas ciñéndose a los resultados experimentales. En segundo lugar, se comprueba la utilidad del modelo atómico como medio de análisis y de interpretación de los nuevos descubrimientos.

El mismo proceso de construcción del modelo sirve para confirmar que esa representación no puede considerarse como una especie de fotografía de la realidad material; cualquiera que ésta sea. Puesto que, más bien, es una composición de varias piezas que se van encajando dentro del esquema general, sin conseguir nunca la imagen completa de la realidad. Las teorías confirmadas por los datos experimentales son válidas, aunque no den una información completa de las estructuras naturales. Tampoco, es posible afirmar que los entes físicos construidos para acomodarlos a los datos experimentales tengan la misma "existencia" real, que los seres materiales que percibimos directamente por los sentidos. Aquellos entes son resultado de idealizaciones, fruto del ingenio y de la experimentación.

---

[222] Habría que añadir el efecto de las ondas gravitatorias que Einstein ya había mencionado. Pues el electrón dotado de masa y en movimiento tendría asociado un campo gravitatorio variable. Citado en Jim Baggott (2013): pos. 2862.

Otra consecuencia reseñable del proceso estudiado en este apartado se refiere a los conceptos cuánticos. La nueva noción de *cuantización* se opone a la idea de continuidad en la que residen los diversos procesos que estudia la física clásica. A partir del pensamiento cuántico hay que admitir una doble identidad asociada a una partícula individual. Así, al electrón se le asignará una doble naturaleza ondulatoria y corpuscular, cuyo significado se opone a los requisitos de la lógica natural, pero cumple su función como entidad simbólica.

7.3. *Complementariedad*: dualidad de contrarios

A partir del año 1925, Max Jammer reconoce que el estado de la física "era, desde el punto de vista metodológico, una deplorable combinación de hipótesis, principios, teoremas y recetas operativas que distaba mucho de configurar una teoría lógica coherente[223]. Entre las desconcertantes situaciones que planteaba la "mecánica cuántica" figuraba la paradójica dualidad "onda-corpúsculo", que asignaba dos propiedades contrarias a la misma individualidad. Tal imagen implicaba atribuir una doble identidad a partículas como los *fotones*, que era incompatible con la experiencia común que proporcionan los objetos macroscópicos ordinarios.

En 1927, Niels Bohr quiso resolver tal incoherencia semántica postulando el "Principio de Complementariedad". Con el fin de que los resultados experimentales fueran interpretados como manifestación de la totalidad de la naturaleza, debía admitirse la idea de "descripción complementaria". Evidentemente, era una solución pragmática que se imponía de forma categórica entre dos significados antitéticos y con una finalidad

---

[223] Citado en M. Kumar (2011): 242.

conciliadora[224]. Al parecer, la idea fue incorporada a la terminología física bajo la inspiración del aforismo: *Nur die Fülle führt zur Klarheit* ["Únicamente, la descripción completa conduce a la claridad"], cuya fuente provenía del filósofo y poeta alemán Friedrich Schiller. Bohr pretendía superar las descripciones contradictorias y conseguir una información completa de un problema complejo. En este caso, en contra de la lógica ordinaria, no científica[225], la descripción plena consistía en superponer dos propiedades, claramente antitéticas, en un mismo individuo.

> La misma naturaleza de la teoría cuántica nos fuerza a considerar la coordinación espacio-temporal y la expresión de la causalidad, cuya unión caracteriza a la teoría clásica, como características complementarias pero excluyentes de la descripción, *simbolizando*, respectivamente, la idealización de la observación y la definición[226].

En opinión de Max Jammer esta afirmación contiene la esencia de lo que más tarde se llamó "interpretación de Copenhague" de la mecánica cuántica. De hecho, la dificultad de conciliar tales imágenes antitéticas ("corpuscular" y "ondulatoria") de una misma entidad

---

[224] Para De Broglie, la noción de "complementariedad" reside en una limitación conceptual, cuya raíz última es la "idealización": "A la complementariedad en el sentido de Bohr, está estrechamente unida la limitación de los conceptos. Imágenes simples como las de corpúsculo, de onda, de punto bien localizado en el espacio, de estado de movimiento perfectamente definido, son en suma abstracciones, idealizaciones. En numerosos casos estas idealizaciones se encuentran realizadas aproximadamente en la naturaleza, pero tienen sin embargo sus límites de aplicación; la validez de cada una de esas idealizaciones está limitada por la validez de la idealización, "complementaria" (L. De Broglie (1965): 13).

[225] G. Holton (1982): 122. [cursiva añadida]

[226] Citado por G. Holton (1982): 122. Nota 4.

física, había sido puesta de manifiesto de forma crítica por Einstein en 1924, en los términos siguientes:

> Tenemos actualmente dos teorías de la luz, ambas indispensables, pero, hay que reconocerlo, sin ninguna conexión lógica entre ellas a pesar de veinte años de enormes esfuerzos de los físicos teóricos[227].

La contradicción lógica es inconcebible en el mundo de la materia y de sus manifestaciones naturales. Pero son admisibles si se aceptan como *entidades simbólicas* construidas con el fin de integrar ambas nociones en una misma entidad, por razones teóricas, sin intención de describir la realidad observada. Desde luego, es patente que Bohr recurre al lenguaje simbólico para evitar la contradicción y no se refiere a entidades reales. Si el electrón fuera algo real, como, por ejemplo, un "haya", es decir un individuo que pertenece a determinada especie botánica, no podría a la vez manifestarse como un "cedro". El "Principio de Complementariedad" es un recurso imaginativo para mantener la coherencia del lenguaje descriptivo y la vinculación con los datos experimentales. Pero no tiene un significado lógico en el lenguaje natural, no existe un correlato en el mundo no científico, salvo en la literatura de ficción.

En esta misma línea de pensamiento, Heisenberg reconoce la necesidad de recurrir a imágenes, ante la imposibilidad de verter al lenguaje ordinario el concepto de "complementariedad" y sus consecuencias.

> A causa de esta situación de complementariedad, los físicos, al hablar de átomos, suelen conformarse con un lenguaje impreciso lleno de comparaciones, y pretenden, como los poetas, despertar en el alma de los

---
[227] Citado en Holton (1982): 121.

oyentes, mediante imágenes y símiles, determinadas impresiones, que orienten en la dirección deseada, sin que pretendan llegar los físicos, por medio de formulaciones claras, a conclusiones precisas, dentro de determinado razonamiento[228].

De esta autorizada opinión de Heisenberg deducimos que, el término ideado por Bohr es válido como lenguaje artificial. Y aunque incompatible con el sentido común, es necesario para mantener la consistencia formal de la teoría en sintonía con los resultados experimentales.

Se comprueba así que en física, las construcciones simbólicas no surgen impuestas por la percepción de imágenes reales, sino que proceden de la elaboración mental de un modelo idealizado; puesto que, todo símbolo tiene un significado convencional adoptado para representar objetos. Así, el término compuesto onda-corpúsculo (u onda-partícula) desempeña la función de simbolizar una entidad física híbrida, que actúa unas veces como onda y otras como partícula, pero sin que se refiera a ninguna existencia real del mundo natural.

Desde el punto de vista epistemológico, la idea de "complementariedad" introducida por Bohr en el lenguaje de la mecánica cuántica, nos autoriza a hablar de lenguaje simbólico. Entendido como construcciones mentales no reales con la utilidad de interpretar los datos experimentales y que desempeñan la función de representar entidades físicas. Así, cabe incluir en esta categoría de símbolo algunas de las magnitudes ideadas por Galileo, como el *momento mecánico*; un recurso conceptual y operativo que utilizó con éxito en el estudio de las máquinas simples. Asimismo, las *líneas y el campo de fuerza* ideados por Faraday y Maxwell con el fin de describir los fenómenos electromagnéticos.

---

[228] W. Heisenberg (1971): 117, 118.

Cuanto más difícil es la observación directa, las representaciones se hacen más complejas y se alejan de las percepciones naturales. Así Niels Bohr, haciendo referencia al modelo atómico de Rutherford, señala que al concebir los "estados cuánticos" en contra de la teoría electromagnética de Maxwell se "acentúa de la manera más clara posible el carácter *simbólico* de esas imágenes"[229], Es decir, las imágenes mecánicas del movimiento de los electrones alrededor del núcleo atómico no *representan movimientos reales*. Por lo cual, el "modelo planetario" es un esquema simbólico de la disposición de los átomos, construido a partir de datos experimentales.

7.4. Materia invisible y Ondas gravitatorias

Muchas de las *partículas elementales* que estudia la "física teórica" han tenido su origen en experimentos realizados en grandes "aceleradores" como el Large Hadron Collider (LHC) del Centro Europeo de Investigación Nuclear (CERN). Los fragmentos resultantes de las colisiones se analizan en dispositivos muy precisos. Algunos de esos experimentos como los proyectados por Murray Gell-Mann del Caltech y George Zweig del CERN condujeron a descubrir las estructuras del protón y del neutrón.

Para realizar la compleja tarea de interpretar los resultados hay que recurrir a conceptos teóricos, cuya significación trasciende el ámbito físico. Así ocurre, por ejemplo, con la idea de "principio *gauge*", que se asienta en la noción geométrica de *simetría*[230] y forma parte del

---

[229] N. Bohr (1988): 82.

[230] En este contexto el término de "simetría" designa la propiedad de realizar un intercambio sin alterar el resultado, Así, cuando dos tipos de partículas pueden ser sometidas a las mismas condiciones experimentales sin

formalismo físico-matemático que condujo a predecir la "existencia" del bosón de Higgs.

El bosón de Higgs

Partiendo del "Modelo Estándar de Partículas", el descubrimiento efectivo del bosón de Higgs se produjo en el transcurso de la búsqueda de una teoría unitaria capaz de integrar las cuatro interacciones físicas fundamentales: *fuerza gravitatoria, fuerza electromagnética, interacción fuerte* y *electro-débil*. Se idearon términos específicos, como "ruptura de la simetría", cuya interpretación en física clásica correspondería a "pérdida de equilibrio"[231]. La teoría que pretendiese unificar todos los fenómenos físicos conocidos, junto con el "principio de *simetría*", debía admitir un nuevo mecanismo formal llamado "principio de ruptura espontánea de la simetría", cuya finalidad pretende explicar las modificaciones de las propiedades de las fuerzas que actúan. Es decir, si antes de la "ruptura de la simetría" el alcance de las fuerzas fundamentales era infinito y sus respectivas acciones podían ejercerse en cualquier punto del espacio, después de la "ruptura de la simetría", el alcance de alguna de ellas deja de ser infinito.

En el año 1962, como resultado de los trabajos de François Englert y Robert Brout (Bruselas) y meses más tarde de Peter Higgs, investigador de la Universidad Edimburgo, se predijo la aparición de una nueva partícula. Algún tiempo después, a partir de la hipótesis que combina la "ruptura espontánea de la simetría" y las teorías "gauge", se llegó a la detección del anunciado

---

variar los resultados, entonces, la sustitución de partículas de un tipo por las del otro tipo, es una operación de simetría.

[231] En física clásica la "pérdida de simetría" equivale a una pérdida de estabilidad. Por ejemplo, un cilindro que está en posición vertical, pierde la simetría cuando abandona esa posición al actuar una fuerza sobre él.

"bosón de Higgs". El descubrimiento ocurrió en 2012, al comprobar que, de acuerdo con las previsiones teóricas, la masa de la partícula detectada era 120 superior a la masa del protón.

Con el fin de confirmar las predicciones, se realizaron numerosos experimentos consistentes en provocar la colisión de protones acelerados en el LHC en el Centro Europeo de Investigación Nuclear. El análisis de los productos de la colisión se realizó en analizadores anejos al acelerador. Su descripción y funcionamiento rebasa nuestro particular objetivo. Tan sólo será preciso aludir brevemente a algunos aspectos del trabajo experimental.

De acuerdo con la teoría (inseparable del análisis de los resultados experimentales), sólo es posible calcular la probabilidad con la que ocurre un determinado "suceso"[232]; en este caso, la formación del bosón de Higgs[233]. En la colisión de dos protones acelerados se producen gran número de sucesos, lo que exige analizar millones de ellos. Además, hay que tener en cuenta, que el pretendido bosón se desintegra rápidamente dando lugar a otras partículas, entre ellas, un par de fotones, siendo precisamente estas partículas las que se toman como base (o indicio) para realizar los cálculos posteriores. Así resulta, que la detección del bosón -al

---

[232] En este contexto, se suele llamar "suceso" al conjunto de partículas detectadas como productos de una colisión, que son objeto de análisis. Por tanto, éste es un sentido más restrictivo que el usado en los apartados anteriores.

[233] "En los primeros años de su funcionamiento, el LHC detectó dócilmente una partícula llamada bosón de Higgs, cuya existencia se había predicho en la década de 1960. Mis colegas y yo teníamos grandes esperanza de que este proyecto de mil millones de dólares haría más que simplemente confirmar lo que nadie dudaba. Habíamos encontrado algunas grietas prometedoras en los cimientos que nos convencieron de que el LHC también crearía otras partículas hasta ahora no descubiertas. Nos equivocamos. El LHC no ha visto nada que respalde nuestros leyes naturales recién inventadas". (S. Hossenfelder (2018): 4, 5; pos. 153-157).

menos- es doblemente indirecta, ya que se hace a través del examen de dos fotones (a su vez, procedentes de la desintegración de otras partículas intermedias). Además, no todos los fotones que se originan son válidos, sino aquellos que tienen determinada energía. Y sólo por la detección de estos últimos se puede afirmar que proceden del bosón de Higgs. Pero, discriminar esto con precisión tampoco es sencillo, pues existen fotones con energías parecidas que sin embargo no proceden del mencionado bosón de Higgs. Estos últimos fotones, cuyas energías tienen un valor próximo a los anteriores, forman el llamado "fondo irreductible", del cual deben ser diferenciados los fotones válidos midiendo sus masas con el fin de ser finalmente separados del resto.

En definitiva, los resultados publicados en el año 2012 en la revista *Physics Letters* muestran que existe base científica para afirmar la detección del "bosón de Higgs". Tales resultados se representaron en un diagrama, en cuyo eje vertical se lee el número de sucesos analizados y en el horizontal se recoge la masa de los dos *fotones* ($m\gamma\gamma$). En dicha gráfica se observa un aumento del número de *fotones,* en torno a un valor comprendido entre 100 y 160 Gev (Giga electrón-voltios), que fue detectado por el analizador Compact Muon Solenoid (CMS).

Finalmente, como resultado de los experimentos, los investigadores aseguran haber detectado la partícula conocida como bosón de Higgs. A. Casas y T. Rodrigo, autores del "El bosón de Higgs" publicado en 2012 por el Consejo Superior de Investigaciones Científicas (CSIC), así lo afirman en los siguientes términos:

> En este momento, se tiene una seguridad enorme de que se ha descubierto una partícula de masa 125-126 GeV con características consistentes con la del bosón de Higgs. (…). Aunque aún no se pueda confirmar que se

trate del bosón de Higgs del ME [Modelo Estándar], parece evidente que esta partícula está relacionada con el mecanismo de generación de masa (mecanismo de Higgs o alguna variación del mismo), lo que supone un descubrimiento trascendental[234].

En definitiva, surgida como una entidad hipotética dentro del marco teórico del "Modelo Estándar de Partículas" y detectada como producto de una colisión de dos protones acelerados en el LHC del CERN, la física actual define el "bosón de Higgs" como un campo asociado a una partícula.

Materia y energía oscura: búsqueda a ciegas

Una de las cuestiones suscitada por la investigación más reciente, es el de la supuesta existencia de "materia oscura". En 1933, un astrónomo Fritz Zwicky observó que las velocidades orbitales de las galaxias en los "cúmulos" no correspondían a los valores previstos. Pensó entonces que esas anomalías serían ocasionadas por un tipo de "masa no visible". Como explicación, propuso que existiría cierta materia que llamó "materia oscura" (*dunkle Materie*). Transcurridos casi 40 años desde las observaciones de Zwicky, a finales de los años 1960, Vera Rubin, astrónoma del Departamento de Magnetismo Terrestre del Carnegie Institution of Washington, obtuvo nuevos resultados utilizando un espectrógrafo que medía la velocidad de las "galaxias espirales" con un grado de precisión mayor que los anteriores. Vera Rubin y Kent Ford, tras medir la velocidad del gas que orbitaba alrededor de la galaxia Andrómeda, pensaron que debía contener grandes cantidades de "materia oscura".

---

[234] A. Casas y T. Rodrigo (2012): 82.

Aplicando para las galaxias un razonamiento análogo al que se emplea para nuestro sistema planetario, es posible estimar el valor de la masa del centro de una galaxia, conocida la velocidad de las estrellas más alejadas del centro (situadas en el límite exterior). Y se han observado cúmulos estelares muy lejos del disco galáctico que giran alrededor de la galaxia a cientos de miles de años luz de su centro.

Los resultados de las velocidades medidas, tanto de estrellas alejadas del centro de la galaxia, como de cúmulos exteriores, indican que las *velocidades son mucho mayores que los resultados previstos aplicando la ley de Newton*. Por ejemplo, las velocidades de las estrellas que se hallan más alejadas del centro de la Vía Láctea, son del mismo orden de magnitud que la del Sol, cuando debían de ser mucho menor, puesto que allí la gravedad será menor y debían haber abandonado la galaxia, teniendo en cuenta su velocidad de giro.

En virtud de esas observaciones, los astrónomos deducen que si a pesar de su gran velocidad y de su gran distancia al centro de la galaxia esas estrellas siguen atrapadas por la gravedad, será debido a la existencia de campos gravitatorios que tienen su origen en enormes cantidades de masa, denominada "materia oscura" y que no es posible observar directamente por los medios técnicos disponibles.

Es oportuno comentar que según esa interpretación la hipotética "materia oscura" tendría una naturaleza en parte del mismo tipo que la materia visible, puesto que se supone capaz de generar campos gravitatorios. A pesar de las especulaciones en torno a su estructura, no existe ninguna prueba de cuál sea su composición, aunque conforme a algunas hipótesis, podría estar integrada por estrellas, planetas; o bien, partículas elementales desconocidas que darían lugar a un nuevo tipo de materia[235].

En 1929, el astrónomo inglés Hubble publicó un estudio de la velocidad radial de las nebulosas, medida respecto a la Tierra. Algunas de ellas tenían espectros luminosos que indicaban que se acercaban a la Tierra, pero la gran mayoría se alejaba. Además, descubrió que hay una relación directa entre la distancia de una nebulosa y su velocidad de alejamiento. De sus observaciones, concluyó que el propio universo, incluido el espacio entre galaxias, estaba en expansión. Este hecho fue comprobado mereciendo se recogido en la llamada "ley de Hubble".

Más recientemente, en 1990 se comprobó que la expansión del universo continuaba, a pesar del efecto contrario ejercido por las fuerzas gravitatorias de las galaxias y de otros objetos celestes. En 1998, mediante el telescopio espacial Hubble (HST) se detectó que la velocidad de expansión del universo tiempo atrás había sido menor que en la actualidad. Por tanto, la fuerza de la gravedad no fue suficiente para evitar el incremento de velocidad (aceleración) de expansión.

¿A qué se debía ese sorprendente efecto? Las teorías que se han aventurado a explicarlo se clasifican en dos grupos. Uno de ellos, pretende que la "teoría general de la relatividad" debía modificarse para poder explicar tal resultado anómalo. El otro grupo, supone que existe una nueva clase de energía, a la que llaman "energía oscura", que a semejanza de la "materia oscura" podría explicar el fenómeno de la aceleración del universo en expansión.

Sin embargo, hasta la fecha sólo puede hablarse de conjeturas o hipótesis, carentes de un fundamento

---

[235] Los astrónomos se refieren a la primera categoría, como *massive compact halo objects*. La segunda categoría recibe el nombre de *weakly interacting massive particle*.

empírico sólido. Parece pues sensato, antes de disponer de datos experimentales fiables, no admitir presuntas realidades materiales. Desde 1980, se han realizado docenas de experimentos sin ningún éxito con el fin de detectar "hipotéticas partículas de materia oscura". Incluso algunos cosmólogos han tratado en vano de explicar por qué la expansión del universo se produce cada vez a mayor velocidad, atribuyendo el efecto a la "energía oscura".

Para Sabine Hossenfelder, investigadora alemana en el "Frankfurt Institute for Advanced Studies", es incoherente invertir el orden metodológico dando por segura la existencia de ambas supuestas entidades: "materia oscura" y "energía oscura".

> Los físicos, con las matemáticas, pueden mostrar que este extraño substrato no es otra cosa que la energía que trasporta el espacio vacío y sin embargo, no pueden calcular la cantidad de energía. Es una de las fracturas fundamentales, el que los físicos anhelen ver más allá, pero tan lejos que no acierten a ver qué es lo que sostiene a las nuevas teorías que ellos diseñan tratando de explicar la "energía oscura"[236].

Es extraño que las teorías puedan pronunciarse sobre la composición y efectos de una entidad material no visible, ni tampoco detectada indirectamente, antes de tener las pruebas experimentales de su existencia.

Ondas gravitatorias: ¿reales o teóricas?

En 1915, Albert Einstein anunció la existencia de unos "pliegues" producidos en la "curvatura del *espaciotiempo*", que calificó como "ondas gravitatorias". Cien años después, en 2015 los investigadores de National

---

[236] S. Hossenfelder (2018): 5, 6: pos. 164-167.

Science Foundation (NSF) informaron que habían detectado las primeras ondas gravitatorias por interferencias utilizando la luz emitida por laser, en el observatorio "Laser Interferometer Gravitacional-wave Observatory" (LIGO). Por las señales recibidas del espacio, la fuente emisora procedía de la fusión de dos "agujeros negros", ocurrida hace 1300 millones de años y cuyas masas superaban treinta veces la masa del Sol[237]. Los dos "agujeros negros" se aproximaron, giraban alrededor de un centro común con velocidades próximas a la mitad de la velocidad de la luz, hasta fundirse en un solo objeto cuya masa duplicó cada uno de sus componentes, alcanzando un valor total del triple de la masa del Sol. En una fracción de segundo, se emitieron "ondas gravitatorias" transfiriendo al espacio una energía proporcional a la masa, según la ecuación relativista $E = mc^2$.

De las informaciones difundidas por los investigadores sobre el origen, magnitud de la fuente emisora y su localización en espacio y tiempo, hay que situarse en el marco conceptual del espacio-tiempo, instaurado por la "teoría de la relatividad general". De tal forma, que tales "ondas gravitatorias" sólo son comprensibles como alteraciones (vibraciones) del *espacio-tiempo*, o bien, tomando la descripción de Einstein, son como "pliegues" de su curvatura.

Es evidente la analogía con las ondas mecánicas u ondas sonoras que se trasmiten en todas las direcciones a través de un medio material, como el aire o el agua. Pero, aparte del paralelismo formal, es razonable preguntarse cuál es el *medio* en el que se transmiten las ondas gravitatorias. Las "ondas electromagnéticas" se propagan en el espacio sin necesidad de medio material y la teoría

---

[237] No ha trascendido cómo se detectó la identidad de la fuente emisora.

del campo de Maxwell nos ofrece un recurso matemático para conocer su velocidad de propagación y demás propiedades, sin recurrir a una imagen sensible. En este caso, las "ondas gravitatorias" sólo son concebibles dentro de ese constructo matemático de cuatro dimensiones, que es el espacio-tiempo, siendo, al parecer, compatible con su detección mediante dispositivos materiales. Se plantea así la cuestión sobre la auténtica naturaleza del *espacio-tiempo*. ¿Se trata de una *forma simbólica*, como lo fue el *éter*, a modo de sustrato ideal que es útil para describir tales fenómenos relativistas que se producen en el universo?

Teniendo en cuenta el origen histórico, las "ondas gravitatorias" no fueron un descubrimiento experimental, sino teórico. En el primer artículo que publicó Einstein en 1916 aseguró que la idea originaria provenía de una analogía formal[238] con las "ondas electromagnéticas". De hecho, ante tal similitud simbólica entre ecuaciones de fenómenos diferentes, concluyó su artículo científico, preguntándose si tales "ondas de gravitación" eran reales o ficticias. Al fin y al cabo, se trataba de una combinación de signos matemáticos con un sentido diferente al de las ecuaciones del campo electromagnético. Sin embargo, el paralelismo debía considerase ya que existían ejemplos de analogía en la física clásica; como por ejemplo, las ondas acústicas y electromagnéticas, que formalmente se rigen por las mismas ecuaciones diferenciales.

---

[238] Entre dos ecuaciones hay analogía formal, cuando las magnitudes de una y otra tienen significado físico diferente, pero las operaciones indicadas en las ecuaciones son las mismas. [véase https://einsteinpapers.press.princeton.edu A. Einstein (1916): 209. *Approximative Integration of the Field Equations of Gravitation*. Doc. 32 June 22, 1916] Al final del artículo Einstein escribe: "*Supplement*. Hay una forma simple de aclarar el extraño resultado de que puedan existir ondas gravitatorias (tipos a, b, c) que no transportan energía. La razón es que no sean ondas "reales", sino "aparentes" originadas por el uso de un sistema de referencia cuyo origen de coordenadas está sujeto a una especie de vibración ondulatoria".

En todo caso, el reciente descubrimiento experimental resolvería la duda de Einstein a favor de la detección de las "ondas gravitatorias". Si bien, no es fácil obtener una explicación plausible sobre su naturaleza, como cuestión de hecho, debemos admitir que la estructura formal del *espacio-tiempo* es un recurso físico-matemático utilizado para interpretar los datos experimentales. Puesto que los conceptos relativistas (aunque sin traducción al lenguaje común) no debieran considerarse vacíos, sino vinculados a la experiencia. En carta dirigida a Hans Reichenbach (1891 – 1953) fechada el 30 de junio de 1929, Einstein se pronunciaba en este sentido:

> Los conceptos son simplemente vacios cuando dejan de estar firmemente conectados a los experimentos. Parecen advenedizos que se avergüenzan de sus orígenes y quieren desconocerlos[239].

7.5. Teoría de cuerdas: ¿física o geometría?

Desde hace varias décadas los "aceleradores de partículas" convertidos en los medios de experimentación por excelencia, proveen los datos necesarios para analizar la estructura interna de la materia. Las colisiones entre partículas impulsadas a grandes velocidades originan fragmentos elementales cuyas propiedades se estudian a la luz de un modelo teórico. Especialmente, entre las décadas comprendidas entre 1930 y 1960 se obtuvo abundante información experimental.

En 1968, analizando algunos de esos resultados, Gabriel Veneziano, investigador del CERN, descubrió una fórmula matemática que permitía calcular la probabilidad de un suceso subatómico en función del ángulo que forman dos partículas después de su colisión. Este

---
[239] A. Einstein (1920): vol. 10.

hallazgo fue recibido con gran interés por la comunidad científica especializada y en 1970, partiendo de tales resultados cuantitativos, algunos físicos sustituyeron la imagen de una "partícula" –ampliamente utilizada en el pasado- por la de una "cuerda elástica". Desde luego, en uno y otro caso, se trata de imágenes o representaciones idealizadas que se refieren a entes materiales. Ambas construcciones mentales (partículas y cuerdas) actúan como símbolos que por su carácter geométrico reúnen las condiciones necesarias para ser sometidos a operaciones matemáticas.

Por tanto la génesis de la "cuerda elástica" no reside en la observación experimental, sino en una interpretación teórica. Los resultados numéricos, procedentes del examen de las interacciones, condujeron a una formulación que se puso en correspondencia con imágenes de "cuerdas elásticas" o "bandas", es decir, con objetos materiales ordinarios. No puede haber comprobación empírica de tales "entidades", pues es una atribución de imágenes a los resultados experimentales analizados mediante una compleja estructura matemática[240].

Este nuevo símbolo no posee la configuración puntual que tenía la partícula en dinámica clásica, sino que se le adjudica una figura unidimensional. Es la imagen idealizada de una cuerda real, material, dotada de propiedades elásticas, que como todo cuerpo elástico podrá cambiar de forma al adquirir o ceder energía.

Sin un antecedente parecido en la historia de la física, tal entidad fue primero acogida con escepticismo por la comunidad científica y, tras un tiempo de expectación, logró ser aceptada cuando se desarrolló un formalismo

---

[240] P. Di Vecchia (2008).

matemático capaz de albergar las teorías mecánica y relativista.

Desde un punto de vista metodológico, la inclusión de la noción de "cuerda elástica" en la estructura físico-matemática supone la construcción mental de un modelo por idealización de una simple cuerda; un objeto material longitudinal con propiedades elásticas. Se tiene así un "símbolo" de carácter geométrico, unidimensional, al que se asigna propiedades elásticas, privado de toda existencia material y por tanto no observable. Como símbolo, la noción de "cuerda elástica" cumple en física teórica un papel análogo al del "momento mecánico" en la mecánica galileana o al de cualquier otro modelo ideal, como las "líneas de fuerza". Estos últimos proceden de idealizaciones generadas a partir de entes materiales, mientras que las "cuerdas" obedecen a una finalidad meramente teórica.

El lenguaje de las cuerdas

La flexibilidad del lenguaje simbólico permite usarlo para referirse a muy diferentes fenómenos, por ejemplo, las nociones mecánicas son aplicables a otras secciones de la física adaptando su significado. Por analogía, en "teoría de cuerdas" se han incorporado algunos conceptos de física clásica, como los de "movimiento" y "fuerza". A pesar del significado que le asigna la definición original, los términos físicos se trasladan al contexto de la "teoría de cuerdas" donde reciben sentidos diferentes. En efecto, los "movimientos" se definen ahora siguiendo leyes que rigen interacciones puramente teóricas, derivadas de un principio formulado *ad hoc* conocido como "ley de ruptura y unión". Es decir, a partir de la imagen visual que ofrece una cuerda material, esta teoría define ciertas operaciones, como la "ruptura de cuerdas" y "unión de cuerdas" y mediante complejos desarrollos matemáticos, llega a deducir la teoría cuántica y relativista. Estos inéditos resultados son posibles -comenta L. Smolin- porque "fuerza y movimiento se unifican de forma que habría resultado imposible en una teoría donde las partículas son puntos"[241] y además ponen de manifiesto la versatilidad de los símbolos cuando se desvinculan de los significados originales.

Sin duda, la compleja densidad de los artificios matemáticos de la "teoría de cuerdas" oscurece el significado físico que debiera remitir al mundo observable. Al sustituir la noción de "partícula" por el de "cuerda elástica" aumenta el número de combinaciones posibles entre cuerdas diferentes[242]. Por ejemplo, cuando dos cuerdas se unen entre sí por un extremo dan lugar a una tercera; o bien si una cuerda abierta se une por sus extremos, se transformará en otra cuerda cerrada, también si dos cuerdas separadas se funden en una de mayor longitud.

Además, a las "cuerdas elásticas" se les asigna una serie de valores numéricos o parámetros, estipulando que las interacciones sean controladas por dos constantes fundamentales. Una de ellas, llamada "tensión de cuerda", describe la cantidad de energía por unidad de longitud asociada a la cuerda. La "constante de acoplamiento de la cuerda" indica la probabilidad de ruptura, dando lugar a otras dos cuerdas.

En conjunto, la "teoría de cuerdas" no puede describir los hechos físicos observables como ocurren en la realidad. Sus posibilidades son más modestas y a nuestro juicio se desenvuelve en el terreno de la elucubración matemática carente de aplicación experimental. En sus inicios, la teoría se desplegó asignando libremente

---

[241] L. Smolin (2007): 164.
[242] Nótese que se ha tomado un sencillo esquema simbólico dentro del dominio de la geometría euclídea.

parámetros "ad hoc" y realizando deducciones matemáticas inspiradas en las propiedades mecánicas de cuerdas elásticas.

El dominio de los símbolos

En los últimos cuarenta años la proliferación de ideas originales en física teórica ha sido extraordinaria, pero contrasta con la escasez de resultados efectivos. Es de subrayar que las construcciones simbólicas sin una sólida verificación experimental no contribuyen al conocimiento de la naturaleza. El mero desarrollo teórico ha llevado a predecir la existencia de partículas que nunca han sido detectadas en observaciones experimentales. En ocasiones, algunos autores incluyen términos sin fundamento físico, como el de *dimensión*, pretendiendo así mantener la coherencia formal de sus construcciones teóricas. El número de *dimensiones* incorporadas debe ser cada vez mayor para sustentar el entramado teórico y, en algunos casos, son necesarias decenas de *dimensiones* para conservar la teoría en pie. En su búsqueda por alcanzar la deseada "superteoría unitaria", se recurre a criterios formales de índole geométrica, como la *simetría*, y *super-simetría*, incluso, se importan criterios extra-científicos[243]. Sin embargo, los datos experimentales, que son fundamento de la ciencia empírica, se relegan o se omiten.

Por ello, la llamada "teoría de cuerdas" sobresale como ejemplo que ilustra el extravío del método científico. Un ambicioso proyecto que durante varias décadas ha concitado el trabajo de miles de investigadores cualificados y ha requerido considerables inversiones por parte de solventes instituciones públicas y privadas. Sin embargo, teniendo en cuenta la opinión de

---

[243] S. Hossenfelder (2018).

uno de sus destacados investigadores, la situación ofrece algunas dudas acerca de sus auténticos logros[244].

> Lo que me gustaría valorar es hasta qué punto la teoría de cuerdas ha cumplido su promesa inicial de llegar a ser la teoría que unifique la teoría cuántica, la gravedad y la física de partículas elementales. La teoría de cuerdas es, o no es, la culminación de la revolución científica iniciada por Einstein en 1905. Este tipo de valoración no puede fundamentarse en hipótesis no comprobadas, ni en conjeturas no confirmadas, ni en las esperanzas albergadas por sus seguidores. Esto es ciencia así que la veracidad de una teoría únicamente puede ser valorada apoyándonos en resultados divulgados en las publicaciones científicas especializadas; por tanto debemos ser muy cuidadosos en distinguir entre conjetura, prueba y confirmación[245].

A pesar del ingente trabajo teórico realizado en las últimas décadas, es un hecho que la "teoría de cuerdas" no ha conseguido verificación experimental, ni puede afirmarse que exista una formulación completa. Tampoco hay una decidida aceptación por la comunidad científica sobre cuáles son sus principios básicos, ni sus ecuaciones principales. En realidad el cúmulo de hipótesis y conjeturas desborda las pretensiones de todo formalismo

---

[244] La teoría de cuerdas parece haber alimentado algunas publicaciones, cuyo contenido se aleja de la precisión científica y se interna en el género de "ciencia ficción". Los autores combinan el género de ficción con conocimientos técnicos de los que carecen los autores literarios. Greene afirma que según la teoría de cuerdas "si pudiéramos examinar estas partículas [las elementales del Modelo Estándar] con una precisión aún mayor –una precisión que estuviera en muchos grados de magnitud más allá de nuestra capacidad tecnológica actual- descubriríamos que ninguna es como un punto, sino que cada una de ellas está formada por un diminuto *bucle* unidimensional. Cada partícula tiene un filamento que vibra, oscila y baila como elástico de goma infinitamente delgado que los físicos han denominado *cuerda*, porque no tienen el talento literario de Gell-Mann" (B. Greene (2011): 21- 22).

[245] L. Smolin (2007): 256.

que, a pesar de su complejidad, no debiera perder su coherencia lógica. Por ello, algunos teóricos persistentes han sugerido que toda esa serie de elaboraciones teóricas podrían unificarse a su vez en una gran superteoría que se conoce como "teoría M", según la cual, todas las actuales serían soluciones parciales de M. Lo cual parece más bien un intento desesperado, trascurridas más de tres décadas de esforzadas pesquisas, por llegar a toda costa la ansiada unificación sin conseguir el fruto pretendido. Ante esta situación, se comprende que el físico y filósofo de la ciencia Mario Bunge se haya mostrado crítico con la "teoría de cuerdas", por su resistencia a la confirmación experimental y por el fácil recurso de introducir múltiples dimensiones imposibles de observar[246].

7.6. Atrapados por la matemática

El camino emprendido por la física teórica y en particular la "teoría de cuerdas" ha conducido a modificar el método científico concediendo a las matemáticas mayor protagonismo y autonomía en la investigación. En los casos más críticos algunas teorías han dejado de lado la experimentación y han recurrido a criterios ajenos a la ciencia, incluso a la matemática, para explorar inciertos

---

[246246] A juicio de Mario Bunge (2006) "la "teoría de cuerdas" es sospechosa (de pseudociencia). Parece científica porque aborda un problema abierto que es a la vez importante y difícil, el de construir una teoría cuántica de la gravitación. Pero la teoría postula que el espacio físico tiene seis o siete dimensiones, en lugar de tres, simplemente para asegurarse consistencia matemática. Puesto que estas dimensiones extra son inobservables, y puesto que la teoría se ha resistido a la confirmación experimental durante más de tres décadas, parece ciencia ficción, o al menos, ciencia fallida. La física de partículas está inflada con sofisticadas teorías matemáticas que postulan la existencia de entidades extrañas que no interactúan de forma apreciable, o para nada en absoluto, con la materia ordinaria, y como consecuencia, quedan a salvo al ser indetectables. Puesto que estas teorías se encuentran en discrepancia con el conjunto de la Física, y violan el requerimiento de falsacionismo, pueden calificarse de pseudocientíficas, incluso aunque lleven pululando un cuarto de siglo y se sigan publicando en las revistas científicas más prestigiosas".

territorios como el "estético": evidente extravío metodológico y síntoma del declive de la física teórica. No es de extrañar que se oigan algunas opiniones discrepantes. El certero diagnóstico de Sabine Hossenfelder, investigadora en el *Frankfurt Institute for Advanced Studies,* es que la física actual se halla "perdida en la matemática".

> En el siglo veinte, la nota estética, de un añadido de las teorías científicas, pasó a ser una guía de su construcción hasta que, finalmente, los principios estéticos se transformaron en requisitos matemáticos. Hoy día, los argumentos ya no reflejan la belleza, sus orígenes no científicos se hallan perdidos en la matemática[247].

Criterios tan extravagantes para incorporar al método científico, como el de "belleza" o "naturalidad", se han convertido para algunos físicos en guías que marcan el largo camino hacia la deseada "teoría unificada", donde se pueda encontrar una explicación al complejo mundo de los fenómenos naturales. La situación de incertidumbre se prolonga demasiado tiempo. Es oportuno recordar que, desde el mismo nacimiento del método, para Galileo, Newton, Faraday, Maxwell y tantos otros, los valores experimentales precedían sin excepción a la construcción teórica. Los éxitos de las teorías así construidas son inequívocos. También la observación y medida de los sucesos del cosmos respetaron ese mismo criterio.

El origen histórico de la desviación metodológica provocada en física cabe situarlo con motivo de la aparición de tres factores, hasta entonces, inéditos: "cuantización", "incertidumbre" y "complementariedad". Conceptos a los que se debe añadir el giro metodológico

---

[247] S. Hossenfelder (2018): 17; pos. 358.

provocado por las "hipótesis de equivalencia" de Einstein. Pues, tales hipótesis de hecho fueron elevadas a la categoría de "principios", concediendo así supremacía al formalismo matemático sobre el significado físico de los conceptos.

Por otra parte, la inasequible búsqueda de la unificación ha llevado a la elaboración del "Modelo Estándar de Partículas", que transfiere las propiedades matemáticas de "grupos de simetría" a un conjunto de entidades fundamentales. A pesar de su pretensión de unificar las cuatro fuerzas (gravitatoria, electromagnética, nuclear fuerte y nuclear débil), J. Baggot señala que no ha sido capaz de explicar "de dónde provienen esas fuerzas, o por qué tienen la intensidad que se les asigna. Y tampoco explican por qué las partículas elementales sobre las que operan y las que son portadoras de estas fuerzas, tienen las masas que tienen"[248].

En esta etapa del camino iniciado por Galileo en el siglo XVI, posteriormente seguido por Newton, Maxwell, Einstein y tantos otros científicos, la física parece encontrarse desorientada. El desconcierto actual se advierte en muchos teóricos que impulsados por una fértil imaginación y dotados de gran habilidad matemática construyen teorías especulativas con nuevas entidades ajenas a la experiencia, como "universos paralelos", presuntas "partículas", regiones de "materia y energía oscura". Alojadas en complejas estructuras matemáticas, esas creaciones teóricas "reclaman su existencia" y han de ser detectadas analizando los productos derivados de colisiones de partículas aceleradas en el Large Hadron Collider del CERN. Se quiere predecir así mediante teorías físico-matemáticas partículas que al parecer "debieran" existir en la

---

[248] J. Baggott (2013): pos. 3045-3047.

naturaleza. Sin embargo, es legítimo preguntarse, si los resultados obtenidos en la fragmentación existen en la realidad o más bien son productos artificiales concebidos previamente en construcciones teóricas. Es oportuno preguntarse, si la intromisión indiscriminada de artificios matemáticos que se equiparan a "objetos físicos", podrán ser vislumbrados mediante experimentos de alta energía. ¿No es acaso como pretender "detectar" el número π utilizando métodos experimentales?

El desconcierto metodológico alimentado por algunos teóricos ha estimulado la imaginación extra-científica. El filósofo austriaco Richard Dawid defiende la idea de "comprobación teórica no empírica"[249] y conforme a este inusitado criterio, la observación no debe ser el único juicio para calificar el nivel de solvencia de una teoría y propone otros sustitutos válidos (según él) por ser "filosóficamente aceptables". Opina Dawid que lo deseable del método científico es un medio que valorase las hipótesis basándose en motivos puramente teóricos.

---

[249] Citado en S. Hossenfelder (2018): 33; pos. 607-611.

8. ¿SÍMBOLOS O REALIDADES?

8.1 Introducción

El dibujo de la trayectoria de un cohete lanzado al espacio es una sencilla representación gráfica, que cumple una función simbólica. Al examinarlo surge en la memoria el hecho real con mayor detalle e intensidad que en el esquema gráfico. A diferencia del simbolismo estético, el científico no pretende suscitar sentimientos o emociones, sino describir fenómenos naturales que aporten una explicación lógica. Esa finalidad se consigue en parte elaborando mentalmente un modelo idealizado del fenómeno y analizando los vínculos que existen entre los elementos que forman el modelo.

A partir de la observación y de la aplicación de principios y operaciones matemáticas se construye un lenguaje formal que a diferencia del lenguaje literario no pretende persuadir, sino interpretar los datos procedentes de la experimentación. Al contrario que en la literatura, la metáfora científica quizá no parezca apropiada en el lenguaje científico, sin embargo, demostró su eficacia cuando Maxwell supo utilizarla en la construcción de la teoría electromagnética. Pues, la "metáfora científica" no tiene una finalidad ornamental, sino un recurso intelectual que actúa como transmisor de ideas, desde un ámbito de conocimiento a otro diferente.

8.2. Teoría como metáfora

El contexto histórico nos permite mostrar cómo la metáfora cumple este papel no estrictamente literario. Al referirse a la *metáfora* es inevitable mencionar los tratados aristotélicos titulados *Retórica* y *Poética*. El primero alude a la dimensión filosófica del lenguaje, como paso previo al estudio de la oratoria griega. La teoría contemporánea reconoce el rico contenido de la metáfora aristotélica y recupera el significado genuino que su autor le atribuyó. La filóloga M. Vega Rodríguez, en *Aristóteles y la Metáfora*[250] recuerda que el verbo μεταφέρειυ tiene el significado de "trasladar de un lugar a otro", es decir, el mismo sentido que recibe en el tratado aristotélico de *Física*.

Conforme con esta definición, la metáfora actúa trasfiriendo o trasvasando significados con el fin de "poner ante los ojos" o mostrar de modo plástico determinado pensamiento. Cuando, por ejemplo, Aristóteles afirma: "Aquiles es un león" expresa de forma gráfica, sin pretensión de describir o definir, sino para subrayar determinada faceta o carácter de Aquiles. Con ello realizamos una traslación de significado desde un género determinado a otro distinto, por medio de una analogía impropia[251]. En este sentido, la metáfora se emplea en el lenguaje científico, al hacer de puente entre dos secciones distintas de la misma ciencia, o bien entre ciencias diferentes. Así, el modelo hidrodinámico de Maxwell trasfiere conceptos extraídos de la mecánica a la electricidad, o bien el modelo atómico, cuya imagen visual del sistema planetario sirve de esquema representativo en la estructura interna de la materia.

Hoy día, el reconocimiento de los valores cognitivos de la metáfora y su función en la ciencia se manifiesta en una amplia bibliografía[252]. Así, por ejemplo, David Locke escribe:

---

[250] M. Vega Rodríguez (2004): 26.

[251] M. Vega Rodríguez (2004): 32.

[252] E. Bustos (1991); G. Corradi (1995); M. Hesse (1965); M. Hesse (1988a); M. Hesse (1988b); M. Hesse (1995); J. Hintikka (1994); G. Holton (1995); K. Knorr Cetina (1995); S. Maasen, P. Weingart and E. Mendelsohn (eds.) (1995); J. Martin Soskice and R. Harré (1995); E. Montuschi (1995); A. Ortony (ed.) (1979); E. C. Way (1991); F. Suppe (1989) (Referencias citadas en A. Marcos (1997): 123). También, J. Cat (2001); A. Rivadulla (2006).

> Cada vez que la ciencia emplea un modelo, hace una metáfora; la sangre "circula" porque el corazón la "bombea". La explicación científica (excepto la del tipo más obvio y simple) no puede ser otra cosa sino una metáfora. Probablemente sea una metáfora hablar de un continuum espacio-temporal de cuatro dimensiones. ¿Puede un átomo tener una "estructura" si no es en sentido metafórico? ¿Puede alguien decir en sentido literal lo que es un "campo"? [253]

Una vez expuesto en el Capítulo 5, el método seguido por Maxwell para construir la teoría del *campo electromagnético*, veamos ahora, bajo otra perspectiva, el pensamiento de Maxwell en torno a la "analogía científica". En unas de sus reflexiones metodológicas, el físico escocés alude a la conocida alegoría galileana sobre el "libro de la naturaleza".

> Quizá el "libro" de la naturaleza, como ha sido llamado, tiene sus páginas bien numeradas. Si es así, no hay duda de que sus primeros capítulos deben ser tomados y utilizados como ilustraciones para las secciones más avanzadas del curso; pero, si no es en absoluto un "libro" sino un magazine, nada sería más inútil que suponer que una parte puede arrojar luz sobre otra[254].

El texto citado señala la diferencia entre un libro que desarrolla un tema en una sucesión de capítulos y el contenido variado y discontinuo de una revista de actualidad o "magazine", que no mantiene una línea

---

[253] Citado en D. Locke (1997): 161. Locke D. (1997): *La ciencia como escritura* Frónesis. Cátedra. Universidad de Valencia.

[254] J. C. Maxwell (1990): vol. 1, p. 382 [Cursiva y comillas en el original].

argumental. La diferencia reside en la continuidad temática del primero, de la que carece la segunda.

En el transcurso de los siglos, la ciencia empírica se caracteriza por respetar una línea de continuidad. Por ello, las descripciones del libro de la ciencia en los primeros capítulos forman parte de un proyecto unitario que procede de una fuente común: la naturaleza. Los primeros capítulos del "Gran Libro mantienen la misma línea argumental del conjunto. De hecho, las teorías mecánicas de los primeros siglos de la ciencia han servido después como metáforas para el estudio de los fenómenos térmicos y electromagnéticos, e incluso en la física del átomo.

La terminología usada en la teoría electromagnética proviene de la mecánica. Al referirse al fluido electromagnético se evidencia la alusión al flujo de un líquido que discurre por una conducción. Las *líneas de corriente* de las partículas de un fluido en movimiento o bien los *torbellinos o vórtices* se incorporan al lenguaje eléctrico delatando su procedencia de la mecánica de fluidos. Igualmente, la *resistencia eléctrica* expresa la dificultad que han de vencer las cargas eléctricas en su movimiento, de modo análogo al paso del agua que circula por el cauce de un río.

El modelo mecánico ideado por Maxwell se adapta a los requisitos exigidos para la metáfora prescrita en la teoría aristotélica. Entre ellos, el de presentar mediante figuras visuales las acciones de origen físico que son inmateriales o al menos inapreciables para los sentidos. Por tanto, es una forma de "poner ante los ojos", haciendo así más fácil la comprensión de fenómenos no mecánicos, al tiempo que facilita la investigación. Sin duda, el "fluido ideal" del modelo hidrodinámico, al recurrir a imágenes, en lugar de emplear únicamente abstracciones, constituye un soporte visual efectivo en el razonamiento.

También es obligado poner de manifiesto la capacidad heurística de la metáfora científica, tan vinculada al ingenio e intuición personal, ya que detecta los paralelismos que existen en la naturaleza. Por otra parte, aquí se pone de manifiesto la limitación de la ciencia para agotar la realidad que investiga. Pues, el conocimiento metafórico o por analogía alcanza sólo a determinados rasgos donde existe similitud, no es posible captar plenamente la realidad. Ningún caso proporciona una transcripción literal de las entidades naturales ni de sus interacciones.

La metáfora científica presta su mayor utilidad en el campo de la física teórica, facilitando mediante imágenes que proporciona la física clásica, los complejos mecanismos de la estructura atómica y subatómica. Es un recurso eficaz también en la descripción relativista y cuántica, al referirse a las consecuencias del principio de complementariedad y en la teoría de cuerdas.

8.3. Objetos reales y simbólicos

Las magnitudes científicas que significan conceptos básicos, tales como *tiempo, fuerza, campo, núcleo atómico, electrón* o *bosón* simbolizan objetos idealizados definidos, no entidades reales. Con la evolución de las teorías tales conceptos se adaptan a los nuevos fenómenos que se estudian. Así, la noción de *energía*, definida inicialmente en mecánica, amplía su campo de significación en termodinámica o en electricidad. Teniendo en cuenta que las teorías científicas deben ser verificables, las magnitudes empleadas han de ser susceptibles de medida experimental.

Esas características peculiares de los símbolos y en general del lenguaje científico son idóneas para el progreso de la ciencia, puesto que adaptan su significado a nuevos fenómenos sin romper la continuidad con teorías anteriores. El conjunto de los conceptos básicos y de los desarrollos posteriores forman una estructura simbólica que permite describir los fenómenos naturales mediante modelos idealizados.

La física teórica, por la complejidad de su estructura simbólica y los desarrollos matemáticos, se aleja de la realidad material observada. Sin embargo, su validez reside en la coherencia interna y en la verificabilidad de las predicciones. Aunque, a través de la teoría física no sea posible captar la experiencia sensible ordinaria e incluso a pesar de que sus enunciados sean incompatibles con la experiencia común, el lenguaje simbólico mantiene una trama coherente asentada en la realidad experimental. En ese sentido las teorías físicas son útiles por sus aplicaciones, y también permiten conocer por vía metafórica los hechos naturales. El lenguaje simbólico vincula las medidas experimentales (datos numéricos) con los términos teóricos. Partiendo de estructuras formales, mediante operaciones físico-matemáticas, captamos por la vía indirecta de los modelos, las estructuras naturales de los fenómenos. Pero no siempre es posible obtener una traducción que tenga una significación comprensible en el lenguaje ordinario.

Un ejemplo ilustrativo nos lo proporciona, una vez más, el principio de *complementariedad*, postulado por Bohr. El físico danés adoptó una actitud pragmática, para superar la antítesis que planteaba la doble identidad onda-corpúsculo. Admitió la necesidad de contar con ambas identidades (contradictorias para la lógica común) que, sin embargo, proporcionan una imagen comprehensiva de la realidad física experimental. No hay en esa decisión ninguna justificación lógica y sólo cabe admitirla por su eficacia como símbolo. El "principio de *complementariedad*" no tiene un significado literal que refleje la realidad en ese ámbito de la microfísica, no nos muestra de modo literal cómo suceden los hechos, ni se refiere directamente al comportamiento de entes reales, sino que, es una representación artificial que capta, parcialmente, y en sentido figurado, la "realidad" natural en dimensión microscópica. Por lo cual se justifica el comentario del filósofo Evandro Agazzi, al referirse al modelo atómico:

> [Cuando un científico] habla del átomo como de un pequeño sistema planetario con los electrones que recorren órbitas cuantificadas en torno al núcleo, no pretende sostener con ello que las cosas ocurran efectivamente de este modo en *rerum natura*[255].

En resumen, la naturaleza simbólica del lenguaje físico se impone, desde los primeros pasos de la ciencia experimental con Galileo y de forma abrumadora con el complejo formalismo actual de la "física teórica". Como queda dicho, a nuestro modo de ver, Einstein sienta las bases de este desarrollo simbólico cuando prescribe las "hipótesis de equivalencia", equiparando los significados de los pares de magnitudes diferentes: *masa inercial* y *masa gravitatoria*; *masa* y *energía*; *atracción gravitatoria* y *movimiento acelerado*; *dimensión temporal* y *dimensión espacial*.

Finito e Infinito

El concepto de *infinito* en matemáticas no es el mismo que en física. La sucesión infinita de números enteros proporciona una idea intuitiva de un infinito potencial, al pensar en ese conjunto ordenado que crece indefinidamente sin alcanzar un límite. Por su parte, en física el concepto de infinito referido a la materia o al

---

[255] E. Agazzi (1978): 58.

movimiento de un objeto material, en sentido estricto, no es aplicable pues la materia no puede ser dividida en "infinitas" partes, aunque pueda ser pensada como infinitamente divisible. Cuando, por ejemplo, la ciencia se refiere a la *densidad* de materia o a la *energía* "infinita" de un supuesto "agujero negro" o de cualquier otro lugar del universo, no debe entenderse lo mismo que cuando se habla del "infinito matemático".

Los conceptos matemáticos tienen un papel auxiliar en la elaboración de teorías físicas, como lenguaje preciso en la descripción de los fenómenos físicos y se asocian a las magnitudes físicas. Así, en lenguaje geométrico, la trayectoria de un cuerpo sólido se define como la curva que describiría un punto en movimiento. La función de la matemática en física clásica es operacional, imprimiendo precisión y rigor deductivo a las teorías físicas.

Como se hemos señalado más arriba, los planteamientos de la física teórica han alterado el papel de la matemática. En especial al adoptar los "principios de equivalencia" einstenianos, que identifican los significados de los términos: *gravitación* y *aceleración*, y los de *tiempo* y *espacio*, se han propiciado situaciones paradójicas, como las que L. Smolin refiere.

> Los infinitos plantean un problema a la relatividad general, porque en el interior de un agujero negro la densidad de la materia y la fuerza del campo gravitatorio se convierten rápidamente en infinitos, algo que, según parece, debió de ocurrir también en los inicios de la historia del Universo. Por lo menos, si creemos que la relatividad general describe la infancia del Universo. En el punto en el cual la densidad se convierte en infinita, las ecuaciones de la relatividad general dejan de funcionar. Hay quien entiende que en este punto el tiempo se detiene, aunque una

interpretación más sobria reconoce que la teoría no es adecuada[256].

Es evidente que en el caso descrito, la noción de *infinito matemático*, como tal, no es aplicable. En situaciones límite como la del "agujero negro" no cabe equiparar la materia, siempre finita, al "infinito potencial" de la matemática, desafiando así la validez de las ecuaciones de la relatividad general. En sentido estricto, los símbolos matemáticos no se identifican con los hechos naturales.

El ejemplo anterior planteado en el contexto teórico de la cosmología física muestra que las teorías se refieren al mundo real a través de un lenguaje simbólico y por tanto están sometidas a los límites que marca la significación. Los enunciados teóricos y las leyes científicas no se refieren a entidades materiales en toda su extensión, sino a los modelos idealizados construidos a partir de esas entidades. Desde los casos más sencillos en mecánica, con el *momento mecánico* a los más complejos, como el *modelo atómico* o el *campo de fuerza*, las construcciones simbólicas no pueden identificarse con los objetos materiales del universo. No son, en ningún caso, copias exactas de la realidad, sino entes simbólicos que adquieren su significado físico dentro de la teoría correspondiente. Las magnitudes físicas: *masa, fuerza, partículas*, etc., sean sencillas o complejas, forman parte del lenguaje científico cuya validez y utilidad reside en la verificación experimental.

El físico alemán Werner Heisenberg corrobora estas ideas y se pronuncia a favor del papel del lenguaje simbólico en la física. Se trata de un testimonio especialmente valioso teniendo en cuenta su amplia

---

[256] L. Smolin (2007): 36.

experiencia en la investigación teórica de la física de principios del siglo XX. En 1960, durante la sesión de la Academia Bávara de Bellas Artes, abordó el problema de la simbolización en física atómica en los siguientes términos:

> De acuerdo con lo que aconseja la naturaleza de cada tipo de experimento, se habla de ondas o de partículas, de trayectorias de electrones o de estados estacionarios, pero siempre teniendo muy presente que estas *imágenes son tan sólo analogías inexactas*, expresiones gráficas con las que intentamos acercarnos a lo que realmente sucede. En caso de ser necesaria una explicación exacta, hay que recurrir al lenguaje matemático[257].

A través de ese lenguaje se conoce el carácter físico de los hechos naturales. Entendemos que las teorías físicas son descripciones precisas, narraciones de los fenómenos observables, que "ponen ante los ojos" o desvelan las estructuras internas del mundo real escondidas bajo apariencias sensibles. En especial, la física teórica actual describe sucesos microscópicos utilizando complejos modelos, como el "Modelo Estándar de Partículas" o el "Modelo Cosmológico", junto con principios de física cuántica y teorías relativistas.

Con un panorama tan complejo como el que representa la física teórica actual, parece lógico que algunos filósofos de la ciencia se pregunten por la *naturaleza* de las teorías científicas. Si son construcciones meramente *instrumentales*, o si junto a esa función instrumental, es admisible un cierto conocimiento real, a través del lenguaje simbólico. ¿Es la ciencia empírica

---

[257] W. Heisenberg (1974): 117. [cursiva añadida]

únicamente una construcción mental o, además, puede hacer inteligible el mundo empírico?

8.4. ¿Ficciones o realidades?

En la mayoría de los casos, el camino que hay que recorrer hasta la formulación teórica exige un dilatado esfuerzo, generalmente compartido por varios investigadores. En su conjunto la teoría científica no puede considerarse una mera acumulación de datos o de mera información, sino que es resultado de una elaboración racional singularmente creativa. Una teoría física posee una estructura orgánica cuyas partes se integran siguiendo un proyecto común. Este sistema conceptual es fruto del pensamiento innovador y de la aplicación del método científico.

Es oportuno ahora plantearnos, qué tipo de conocimiento es posible obtener mediante este sistema coherente de símbolos que conforman la teoría. Cabe preguntarse cómo es posible alcanzar algún tipo de conocimiento verdadero a través de esos símbolos científicos. Abordaremos estas cuestiones, tratando de aclarar cuál es la finalidad de la ciencia empírica en general. Veremos si es posible conseguir un verdadero conocimiento del mundo material y hasta qué punto las leyes científicas contribuyen a dar una comprensión definitiva de los fenómenos naturales sobre los que pretenden legislar.

Antes de preguntarnos qué tipo de conocimiento es capaz de lograr la ciencia experimental, veamos cuál es la naturaleza de los entes científicos. Es decir, cuál es la consistencia de los entidades como: *átomos*, *moléculas*, *partículas elementales;* o bien otros más básicos como, *espacio, tiempo, energía*, etc. Esas nociones se adquieren por definiciones realizadas en consonancia con la experimentación y con los enunciados teóricos correspondientes. No han surgido de modo arbitrario, sino que han sido definidos ante la conveniencia de agrupar bajo el mismo término elementos observables que comparten ciertas propiedades. Así, la definición de *momento mecánico* resulta de una elección -no completamente arbitraria- que combina dos magnitudes diferentes: *longitud* y *fuerza*. Es evidente que tales objetos, así construidos, no son observables, pues no se reciben como impresiones sensibles. Por tanto, no es posible detectarlos como tales objetos materiales; no forman parte del mundo que percibimos por los sentidos, sino que son fruto de la razón científica concertada con la observación sensible.

Ernst Cassirer considera que los entes físicos tales como *átomos, electrones, células,* etc., que constituyen los fundamentos teóricos de las ciencias experimentales, son construcciones del pensamiento realizadas con un fundamento experimental.

> Los conceptos con los que opera [el físico], los conceptos espacio y tiempo, masa y fuerza, punto material y energía, átomo y éter, son meras "ficciones" ideadas por el conocimiento para dominar el mundo de la experiencia sensible y considerarlo como un mundo legalmente ordenado[258].

Precisamos, por nuestra parte, que esas "ficciones" no pueden tomarse como productos de la simple imaginación, pues se han formado a partir del sustrato que brindan las sensaciones procedentes del mundo empírico. Las entidades que manejan las teorías científicas son fruto de una atenta reflexión que indaga y examina los hechos percibidos. Descartada su exclusiva constitución material, es razonable preguntarse si es

---

[258] E. Cassirer (1998): vol. 1, pag. 26.

posible atribuir a dichas entidades algún tipo de "existencia" real. Desde luego, como productos del pensamiento hay que calificarlos de *entes abstractos*. Las idealizaciones propias de la ciencia, por ejemplo, el *cuerpo rígido* de la dinámica; el *gas perfecto* de la termodinámica, el *cuerpo negro* de la radiación o el *agente racional* de la teoría económica. Todos ellos, así como aquellos que nacen de una definición, son abstracciones o idealizaciones científicas útiles y construidas a partir de la observación experimental[259]. Por tanto, los objetos idealizados, como tales, no poseen el mismo tipo de existencia que comparten los seres que observamos directamente en el mundo real, como los árboles o las nubes.

Pero de las ideaciones científicas se deriva cierto grado de conocimiento, al menos, de carácter práctico u operativo y de hecho los desarrollos teóricos basados en esas entidades conducen a aplicaciones técnicas que prueban una conexión con la realidad experimental. No son meras ficciones producidas por la imaginación, como las creaciones literarias legendarias o míticas. Los objetos científicos son elaboraciones abstractas de la razón de clase diferente al de las narraciones imaginadas. La ciencia extrae información de la naturaleza y la expresa gracias a la construcción de un lenguaje simbólico riguroso.

A este respecto, es oportuno mencionar al premio Nobel de física Erwin Schrödinger (1887 – 1961), que se

---

[259] A este respecto J. Arana ha escrito: "razón y experiencia se han fecundado mutuamente a través de su forzosa convivencia, y así han podido surgir teorías que conjugan la facultad humana más indiscutible para adquirir conocimientos (la intuición sensible), con el mejor medio que conocemos para encadenarlos sistemáticamente (la razón basada en la lógica de la identidad) (J. Arana (2001): 42).

refiere a la naturaleza simbólica de las "partículas" y de las "ondas de probabilidad", en los siguientes términos:

> Sin duda es útil recordar de vez en cuando que todos los modelos cuantitativos o imágenes de la física son, epistemológicamente, tan sólo construcciones matemáticas para computar los hechos perceptibles; pero yo no veo que esto se aplique más a las ondas de la luz que, por ejemplo, a las moléculas de oxígeno[260].

Admitida la vinculación entre los objetos matemáticos y los entes físicos definidos por vía experimental, es preciso preguntarse con Nicolai Hartmann (1882 – 1950) por la naturaleza del "ser matemático". La respuesta, dentro del contexto propio de su ontología, se basa en el análisis de las relaciones matemáticas. Éstas tienen el carácter de juicios lógicos que se refieren a entes. Pero esos enunciados no recaen de forma exclusiva sobre objetos producidos por la mera imaginación, ya que un ente matemático es un "ser ideal" que no tiene su origen únicamente en el pensamiento. Por esto, las proposiciones de la matemática se refieren a un modo de "ser así"; independiente del pensamiento.

> Fácil es de ver que en los ejemplos más simples: "3^6 es = 729"; "$a^0 = 1$"; la suma de los ángulos de un polígono es = $(n-2)\pi$"; "π es = 3,14159...". Con el "es" se mienta en estos juicios que el objeto está constituido así efectivamente, es decir, en sí, o bien que la respectiva constitución es ente[261].

En los ejemplos mencionados se habla en abstracto de números y de los ángulos de un polígono cualquiera. Esos

---

[260] E. Schrödinger (1975): 169.
[261] N. Hartmann (1986): 284. La expresión $(n-2)\pi$ indica el valor de la suma de los ángulos internos de un polígono, siendo n el número de lados.

juicios, en cuanto tales, se dan sólo en el pensamiento. Por esto se puede afirmar que sólo en el pensamiento se encuentran las relaciones mentadas y lo mismo sucede con los juicios sobre cosas reales, aunque de hecho, en este caso, se refieran a algo concreto. Por ejemplo, cuando se afirma que "el peso atómico del hidrógeno es igual a 1", no es legítimo concluir que ese gas natural "sea" sólo en el pensamiento. La química ha confirmado que el hidrógeno "es" un componente "real" del aire. Es decir, los enunciados que tratan de objetos científicos se dan en la mente, pero no son fruto de una libre decisión, sino que su formulación tiene fundamento en el modo de ser de los entes científicos a los que se refieren.

Podrían citarse múltiples ejemplos como el anterior que muestran que los objetos que construye la ciencia experimental están dotados de una cierta entidad. ¿Cuál?, aquélla que corresponde al "ser ideal". Esto es, no son objetos reales como los que percibimos directamente por los sentidos, ni tampoco son productos de la fantasía. Son entidades abstractas fruto de la observación y de la idealización de seres naturales; por tanto, vinculados al mundo empírico[262].

Los mismos entes geométricos son también abstracciones idealizadas que proceden de objetos

---

[262] Desde otra perspectiva filosófica, la fenomenología ha admitido la realidad de estas construcciones científicas fruto del pensamiento en concurso con la observación empírica. Las entidades dependientes de los hechos y de las cosas exteriores tienen para Franz Brentano -en consonancia con el sentido analógico del ser aristotélico-, una realidad de naturaleza intencional, coincidiendo así con el significado de realidad intencional de Husserl y Meinong. Además, según el pensamiento de Brentano puede decirse que un objeto abstracto tiene una realidad como noema en virtud de su referente. El cual debe satisfacer los criterios de realidad impuestos por la teoría o por su ámbito propio donde se define un "mundo de referentes". Éstos, aunque sean objetos abstractos, encierran en sí una serie de propiedades generales que son concretadas en instancias singulares verificables (Véase, E. Agazzi (1997): 42 y J. Alonso García (1997): vol. 7, p. 228).

materiales que poseen figuras de tipo geométrico. Unos y otros, una vez aislados mentalmente de lo sensible, pierden su concreción al prescindir de la materia que les constituye, pero mantienen su identidad y sus propiedades derivadas de la forma que poseen. Por eso, las proposiciones geométricas referidas a esos entes son susceptibles de verdad o falsedad dependiendo de lo que afirmen o nieguen. Por ejemplo, una vez sentada la definición de la figura geométrica que llamamos "triángulo", no podemos imponer arbitrariamente las propiedades que se derivan de esa definición, e independientemente de nuestra razón, la suma de sus ángulos tiene un valor determinado que está prescrito e implícitamente contenido en la noción de triángulo.

En consecuencia, el enunciado del teorema anterior no recae sobre un concepto formado por nuestro pensamiento, sino sobre la figura geométrica tomada en abstracto. Por lo tanto, el resultado no es sólo aplicable a un triángulo singular, sino a cualquier otro objeto de forma triangular que pertenezca al conjunto de los "seres matemáticos ideales" y que se halla especificado por la definición de triángulo.

De este modo, los objetos matemáticos representan a múltiples individuos que pertenecen a la esfera del pensamiento geométrico. En forma análoga es legítimo admitir otro tanto para los "objetos idealizados", con los que trabaja la ciencia experimental. Lo dicho anteriormente para los entes matemáticos es aplicable también a los que forman parte de las teorías científicas y, a través de ellas, mantienen su vinculación con el mundo natural.

Conceptos y objetos

Hartmann ha advertido sobre los excesos logicistas, que llevan a ocultar la precisa demarcación entre *concepto* y *objeto*. "Conceptos" y "objetos" se diferencian fácilmente cuando se refieren a cosas reales, pero no ocurre así cuando se trata de los objetos ideales que tienen su origen en las teorías científicas.

Pues en el campo del ser real no es tan peligrosa la confusión del concepto y la cosa, aquí trabaja en contra de ella la poderosa conciencia natural de la realidad[263]. Por ello es conveniente subrayar la existencia de un modo de ser distinto del modo de ser real, calificado por Hartmann de "ser así", según el cual los objetos matemáticos tales como las figuras geométricas adquieren una determinada identidad con independencia del veredicto de la razón. Análogamente, cabe atribuir este mismo tipo de existencia a los objetos idealizados de la ciencia que son susceptibles de consideración matemática. Los entes matemáticos y los de la ciencia experimental nacen a ese tipo de existencia peculiar que es el "ser así" en virtud de la definición, quedando entonces constituidos como objetos cuyas características son independientes de la razón. Es decir, han sido conformados mediante la teoría con un modo de ser propio y se hallan dotados de propiedades que les hacen autónomos del pensamiento, permaneciendo ya únicamente sometidos a las leyes establecidas por la misma ciencia que les ha dado el ser.

Precisamente la existencia autónoma que poseen los "seres ideales" confiere a los juicios lógicos que versan sobre ellos la capacidad de ser verdaderos o falsos, a tenor del resultado que se obtenga en su verificación experimental.

> Pues la verdad significa el ajuste de la enunciación a algo que es tal cual e independiente de ella, y la falsedad la falta de ajuste. Si no hay un ser de la cosa

---

[263] N. Hartmann (1986): 287.

más allá del concepto, tampoco hay nada a lo que puedan ajustarse el concepto y el juicio, y caduca la distinción de verdadero y falso. Pero como justamente en la matemática hay una muy determinada pretensión de verdad, precisamente con ésta se supone de una manera tácita en aquélla el ser de los objetos con los que trata en sus juicios. Y como con sus objetos no puede tratarse sin más de un ser real, tiene que convenirles un ser de otra especie. Este ser de otra especie es el mentado con la expresión "ser ideal"[264].

La conclusión expresada en el párrafo anterior para los objetos matemáticos es válida para los objetos idealizados de la ciencia experimental. Además, en los juicios de la ciencia empírica los objetos idealizados tienen su referente en el mundo de los fenómenos empíricos. Por ejemplo, un juicio científico tal como el siguiente: "el cloruro sódico se disuelve en agua bajo ciertas condiciones conocidas", es un enunciado que se refiere a cosas reales. Es decir, a pesar de la generalidad de su formulación, se refiere a objetos que son perceptibles por los sentidos, puesto que hace mención a dos compuestos químicos (el cloruro sódico y el agua). Ambos, por un lado, son "objetos científicos", ya que han surgido de sendas definiciones teóricas y como tales figuran consignados en el juicio afirmativo anterior. Pero, por otro lado, también son sustancias reales capaces de apreciación sensorial; sustancias materiales que se encuentran combinadas en la naturaleza, formando parte de compuestos reales. Por todo lo cual, se concluye que el enunciado aludido, y en general, cualquier otra proposición científica, no sólo podrá ser formalmente verdadera o falsa, sino que también será capaz de

---

[264] N. Hartmann (1986): 288.

proporcionar un conocimiento verdadero; esto es, será verificable por vía experimental.

De este modo, mediante las proposiciones que se predican de los objetos idealizados, la ciencia nos aproxima a los fenómenos que estudia. Gracias a su autonomía respecto a la razón, a través de esos objetos ideales captamos con rigor y fiabilidad algunos de los rasgos característicos del modo de "ser real". Tal cosa es posible, afirma Hartmann, porque "el carácter de ser en sí es el que comparte el ser ideal con el real. En él no se diferencian las dos maneras de ser; y esta es la razón por la cual ontológicamente es necesario coordinarlas y evitar toda precipitada reducción de una a la otra –como se ha intentado frecuentemente"[265].

Advertimos aquí otro punto en común entre el modo de conocer natural y el proporcionado por la ciencia. En el primero, percibimos por los sentidos las cosas sensibles que tenemos presentes. Por el conocimiento científico, la razón ayudada por la imaginación creativa elabora "objetos científicos" a partir de la realidad percibida. Una vez formados, esos objetos adquieren un modo de ser propio y en parte independiente de nosotros, análogamente al que poseen las cosas materiales.

8.5. Entre lo real y lo ideal

Como hemos señalado, una teoría científica es un proceso creativo, que tiene su fundamento en la experimentación. En las primeras fases de la investigación predominan las imágenes de origen sensible, las observaciones y los datos medidos. Posteriormente, la construcción de la teoría se aleja de las imágenes y se aproxima al mundo de las ideas abstractas y de las relaciones matemáticas. De este modo, los principios y

---

[265] N. Hartmann (1986): 290.

operaciones que rigen las relaciones cuantitativas gobiernan los "objetos físicos". En particular, la lógica deductiva que es válida en matemáticas, también lo es cuando se aplica a las magnitudes físicas, sin que pierdan por ello su significación.

En las primeras etapas de la investigación, la observación experimental recoge fenómenos físicos que se presentan de forma natural, es decir como "hechos brutos", los cuales, al ser idealizados y analizados se transforman en "hechos científicos". Así, los hechos particulares adquieren un carácter general y los enunciados acerca de ellos tendrán valor universal. Se trata de una mutación calificada de "sublimación creativa" por el matemático francés Henri Poincaré y considerada la raíz del proceso constructivo de las teorías.

> Es evidente, sin duda alguna, el hecho de que todo principio físico debe su nacimiento a una sugestión tomada de la experiencia. Lo que ya no puede derivarse de aquí solamente es el grado de generalidad que le atribuimos. Esta elevación a principio general es, en todo caso, un acto libre de nuestro pensamiento físico[266].

En efecto, esa elevación transformadora desde la observación experimental hasta la teoría está confirmada por la historia de la ciencia. En el conjunto del desarrollo de la física a través de los siglos, existe una paulatina evolución desde el frecuente recurso a las imágenes de la mecánica clásica, hasta la escasa utilización de representaciones eidéticas de la actual física teórica.

> La física moderna renuncia cada vez más a este método [el de la física clásica]: deja de ser una física de imágenes, para convertirse en una "física de

---

[266]. Citado en E. Cassirer (1948): 136.

principios". La trayectoria de la física en el siglo XIX se caracteriza por el descubrimiento y la formulación cada vez más precisa de una serie de "principios": el principio de Carnot, el principio de la conservación de la energía, el principio de la acción mínima, etcétera[267].

De hecho, en el siglo XIX, tanto la mecánica, como la termodinámica se desarrollan a partir de algunos principios como el de conservación de la energía o el de "mínima acción", donde son frecuentes, entre otros, los conceptos de *energía cinética* y *energía potencial*, *calor*, *temperatura*, que no precisan de imágenes para su aplicación.

De acuerdo con el pensamiento de Poincaré, estos principios teóricos no han sido impuestos por la experiencia, sino que son el fruto de una libre decisión de la razón científica y de la intuición familiarizada con los hechos experimentales. Los conceptos libremente definidos (no arbitrarios) y las relaciones teóricas están sujetos a comprobación experimental y en virtud de esa verificación cobran validez objetiva.

> Es este carácter simbólico, según subraya Duhem, el que le autoriza a afirmar que ninguna tesis de las que forman el edificio doctrinal de la física, "pueda concebirse como la descripción del contenido de una observación directa". Y sin embargo, "el juicio acerca de los "hechos" es inseparable de los principios, por su significación y por su valor de verdad, pues no existe una sola afirmación de hecho que no encierre al mismo tiempo, implícitamente, una afirmación de principio"[268].

---

[267] E. Cassirer (1948): 137.
[268] E. Cassirer (1948): 138.

El método científico conduce así a una simbolización creciente, cada vez menos dependiente de las imágenes, más alejada del mundo sensible. Cuanto mayor es el grado de abstracción de los símbolos, mayor es su capacidad de establecer vínculos entre fenómenos diferentes. A este respecto, Cassirer comparte el pensamiento del científico alemán Heinrich Hertz (1857-1894), en el texto siguiente.

> Lo que el físico busca en los fenómenos es una descripción de sus conexiones necesarias. Pero esta descripción no puede llevarse a cabo de otro modo que dejando atrás el mundo inmediato de las impresiones sensibles, abandonándolas aparentemente por completo[269].

Así, con el fin de captar "conexiones necesarias" que se producen en la naturaleza, la ciencia construye objetos idealizados, los cuales se expresan mediante enunciados teóricos. Así, podemos afirmar que las leyes de la ciencia son el resultado de un proceso de decantación de las impresiones sensoriales, que se inicia en la observación. La estructura de la naturaleza y su actividad es independiente del pensamiento, sin embargo el pensamiento logra construir leyes que reflejan en parte el modo de operar de la naturaleza.

Pero ¿cómo se explica que las leyes que rigen el pensar matemático sean también válidas en el mundo de los fenómenos reales que estudia la ciencia experimental? Esta semejanza no buscada, entre pensamiento simbólico y sucesos físicos, no ha pasado desapercibida a científicos como H. Hertz, quien en su introducción a los *Principios de la Mecánica*, escribe:

---

[269] E. Cassirer (1998): vol. 1, p. 26.

> La más importante tarea de nuestro conocimiento de la naturaleza, que nos capacitaría para prever experiencias futuras (…), consistiría en que formáramos "imágenes virtuales internas o símbolos" de los objetos exteriores de tal modo que las consecuencias lógicamente necesarias de las imágenes sean siempre las imágenes de las consecuencias naturalmente necesarias de los objetos reproducidos[270].

Entre las formulaciones simbólicas y las cosas materiales existe una correspondencia que es independiente del observador, por la cual los símbolos son las imágenes de los objetos materiales. Pero lo sorprendente es que, una vez establecidos tales símbolos, ambas entidades sigan concordando en los desarrollos teóricos posteriores, manteniendo su paralelismo hasta el punto de que las deducciones teóricas, son válidas al aplicarlos al mundo físico, es decir, se ajustan a los hechos experimentales. Y es aún más sorprendente esa concordancia, entre las entidades simbólicas de la física teórica y los resultados experimentales, teniendo en cuenta que son conexiones obtenidas por vía indirecta. La cuestión no pasó inadvertida para Heisenberg quien, en un texto transcrito por E. Cassirer, nos previene contra todo intento de realismo ingenuo.

> El espacio de la física moderna -subraya Heisenberg- sólo puede simbolizarse, por el momento, mediante una ecuación diferencial parcial dentro de un espacio pluridimensional abstracto… Para el átomo de la física moderna, *todas* las cualidades son cualidades derivadas, pues *directamente* no poseen cualidad material alguna; esto quiere decir que cualquier clase de imagen que nuestra imaginación pueda trazarse del átomo es, *eo ipso*, defectuosa. Para el mundo de los

---

[270] Citado por E. Cassirer (1998): vol. 1, p. 14.

átomos es imposible una comprensión "de primera clase"[271].

De hecho, los descubrimientos de comienzo del siglo pasado, suscitaron el estudio de insospechados fenómenos cuánticos y relativistas que obligaron a construir un lenguaje muy diferente al de la física clásica y la visión física de la naturaleza resultaba incoherente comparada con la del lenguaje ordinario.

A pesar de chocar con el sentido común y con el significado del lenguaje ordinario, la validez científica de este simbolismo no consiste en la semejanza entre objetos físicos y representaciones simbólicas, sino en la correspondencia que se mantiene entre la lógica de los símbolos y la "lógica interna" que rige los hechos naturales. Se da, por tanto, una situación que, a juicio de Nicolai Hartmann, "es y será totalmente paradójica mientras se entiendan las leyes lógicas como meras leyes del pensar. Pero no es nada paradójica cuando se ve que son originalmente leyes del ser"[272].

Son, por tanto, leyes cuyo ámbito de validez excede la esfera del pensamiento lógico y lo trascienden, ya que no surgen del arbitrio de la razón, sino que son exigidas por el "ser ideal", es decir por los principios que rigen el mundo de los objetos matemáticos y que Hartmann resume como sigue:

> Lo peculiar de lo lógico es, según esto, que los pensamientos, al seguir las leyes lógicas, no siguen sus propias leyes, sino unas leyes ónticas esenciales, cuyo carácter de ser en sí ideal se muestra justo en que son la

---

[271] E. Cassirer (1948): 144.
[272] N. Hartmann (1986): 348.

común estructura constitutiva de lo real y de los pensamientos[273].

Si las leyes científicas fuesen sólo resultado de libres procesos mentales, elaboradas sin base experimental, sus previsiones no se cumplirían y se pondría en evidencia su falsedad. La tarea de la ciencia empírica puede definirse como traducción del orden y regularidad manifestados en los fenómenos naturales a la lógica de las relaciones matemáticas (algebraicas, geométricas, etc.). La ciencia elabora así teorías que la capacitan para comprender en parte la estructura de los hechos naturales. Ahora bien, esa estructura no puede ser expresada en los mismos términos que se dan en la materia; como una copia fotográfica. Podrá conseguirse un bosquejo o esquema del conjunto, que describa la realidad de los hechos, ya que la lógica del pensamiento progresa en paralelo a la "lógica" de los procesos naturales.

> Lo lógico, entendido como conjunto de estas leyes (…) está por un lado contenido como estructura esencial de lo real, pero a la vez es determinante, como estructura esencial de los pensamientos, en la conciencia. O también: es, como cuerpo ontológico-ideal de leyes fundamentales, lo determinante en dos direcciones: en la del pensar, y en la del ser real. Y así sólo es comprensible que el pensar, mientras sigue las leyes lógicas, no se aleje de lo real en sus raciocinios desde lo dado a lo no dado, sino que aprehenda siempre de lo nuevo a lo real[274].

En esta cuestión, el enfoque ontológico de Hartmann nos conduce a la conclusión de que las *teorías científicas*

---

[273] N. Hartmann (1986): 348.
[274] N. Hartmann (1986): 349.

son un medio de captar estructuras reales, más que de aprehender entidades reales. Gracias a las leyes físicas conocemos la estructura interna de la realidad material, mediante la obtención de relaciones cuantitativas. La lógica aplicada a los seres idealizados reproduce en un lenguaje científico los procesos internos que no somos capaces de aprehender directamente por insuficiencia de nuestra percepción. Los sentidos guiados por la razón nos proporcionan los datos necesarios para que la idealización no sea una mera ideación desligada de los hechos observados. Y, puesto que el modelo idealizado se construye a partir de una porción de la realidad, no puede aportar una imagen completa. La teoría científica sólo proporciona un conocimiento limitado y circunscrito de acuerdo con las hipótesis establecidas. Por lo cual, la ciencia ofrece una imagen del mundo natural que no es definitiva ni tiene carácter de totalidad, sin embargo, nos permite reconocer la existencia de un orden natural que abarca diversos ámbitos del mundo material.

Mediante la ciencia empírica conocemos el mundo de forma analógica y cada rama de la ciencia proporciona una visión en consonancia con su particular dominio. Pero no sería lícito tomar los objetos y las teorías científicas como explicaciones últimas de la realidad. La teoría especial de la relatividad, por ejemplo, parte de un principio que estipula como un hecho cierto que el valor de la velocidad de la luz no puede ser superado por cualquier objeto[275]. Se trata de una hipótesis básica introducida a propósito por Einstein, un requisito formal impuesto por la teoría, cuya utilidad ha sido avalada por los resultados experimentales. Pero no parece admisible

---

[275] Einstein postula la constancia de la velocidad de la luz y la independencia de las leyes respecto a la elección del sistema inercial. Véase en Einstein (1984): 55 y en Einstein (2005): 153, donde este enunciado se califica de "Ley de la constancia de la velocidad de la luz".

afirmar que: "La luz determina el límite de la velocidad tope en la *realidad*[276]". El intento de atribuir íntegramente a *toda* la *realidad* un modelo físico idealizado es rebasar los límites impuestos por las mismas hipótesis de partida.

Como hemos visto en las páginas anteriores, la función simbólica en la ciencia se pone de manifiesto en la construcción de las teorías. Podría afirmarse que en buena parte la actividad de la ciencia consiste en la formación de símbolos a partir de datos experimentales. Así, por ejemplo, en mecánica, las magnitudes que se definen para referirse a distintos tipos de energía: *energía cinética* y *energía potencial*, o bien el *campo de fuerza* y *línea de fuerza*. En unos casos, los símbolos son figurativos y guardan cierta similitud con las observaciones, como ocurre con las *líneas de fuerza*, que tienen la forma de la distribución de las partículas de hierro sometidas a un campo magnético. En ese caso, el origen del símbolo viene sugerido por una imagen visual, como indicamos en el Capítulo 5 al referirnos al *campo electromagnético*. Peor ese recurso simbólico visual pierde su naturaleza sensible y adquiere un carácter puramente formal en las ecuaciones diferenciales. Hasta el punto que Hertz afirma que: "la teoría electromagnética de la luz de Maxwell no es otra cosa que el sistema maxwelliano de las ecuaciones diferenciales y que no había para qué pararse a investigar otro contenido objetivo que el expresado en estas ecuaciones"[277]. Es decir, el núcleo conceptual de la teoría se identifica con las ecuaciones matemáticas formuladas

---

[276] X. Zubiri, al describir el espacio físico, se refiere a los factores físicos que determinan su estructura. "Esencialmente tres: la luz, la gravitación y la acción. La luz, que determina precisamente el límite de la velocidad tope en la realidad" (X. Zubiri (1995): 116). Pero la identificación del "espacio físico" con toda la realidad, supone su reificación y es incompatible con la tesis que aquí defendemos. El espacio físico es un modelo conceptual construido a propósito para describir los fenómenos que caen dentro del rango de la física.

[277] E. Cassirer (1948): 129.

mediante símbolos que expresan operaciones entre magnitudes físicas. Las imágenes del modelo inicial, después de servir como recurso sensible en la deducción dan paso a los símbolos formales de las nociones matemáticas. Al subrayar el papel de simbolización en la ciencia, es oportuno citar el ejemplo paradigmático que brinda el *cuanto de acción* introducido en 1900 por Max Planck.

El cuanto *en busca de sentido*

El origen del *cuanto* procede de las investigaciones sobre la emisión del *cuerpo negro*. Tras diversos intentos fallidos para encontrar una ecuación que se ajustase a la distribución de la energía de emisión en función de la frecuencia de la radiación térmica, la fórmula matemática obtenida por Planck fue la primera que concordaba con los resultados experimentales. Mediante su expresión matemática era posible calcular la porción de energía emitida correspondiente a cada frecuencia. Al encontrar una función matemática que podía describir mediante valores numéricos los datos medidos, el siguiente problema que había que resolver es el de su interpretación física. Lo reconoció el mismo Planck, que puso toda su atención en "dar un sentido físico" a ese resultado meramente cuantitativo, según explica en los términos siguientes:

> "El mismo día", dice Planck, que formulé por primera vez esta [nueva] ley [de distribución], comencé a dedicarme a la tarea de *dotarle de un significado físico real*, tema que de por sí me llevó a considerar la relación entre entropía y probabilidad y por consiguiente a la línea de pensamiento de Boltzmann[278].

---

[278] T. S. Kuhn (1987): 123 [cursiva añadida].

De acuerdo con la teoría de Ludwig Boltzmann, para obtener la expresión correcta, una de las constantes debía tener el valor de 6.55x10^{-27} ergios segundo. Es decir, los cálculos matemáticos efectuados precedían a las interpretaciones físicas. Planck, al principio *no era consciente del significado de la nueva magnitud* que recibiría el nombre de *cuanto de acción*, por lo que él mismo se pregunta:

> Si el *cuanto de acción* era una cantidad ficticia, en cuyo caso todas las deducciones de la teoría de la radiación serían ampliamente artificiales y no eran más que artificios matemáticos. O bien, la teoría de la radiación está fundada en ideas físicas reales y, entonces, el cuanto de acción debía jugar un papel fundamental en física, y se proclamaba a sí mismo como algo completamente nuevo y nunca oído, obligándonos a reconsiderar nuestras ideas físicas, puesto que la fundación del cálculo infinitesimal por Leibniz y Newton fue construida sobre el supuesto de continuidad de todas las relaciones causales[279].

No se trataba de simples cálculos artificiales, pues se encontró un significado coherente con la teoría general y obtuvieron una confirmación experimental. Además, las investigaciones llevadas a cabo por Einstein sobre emisión de electrones y sobre ionización de gases confirmaron la hipótesis de los *cuantos* de energía. Fueron considerados cantidades elementales -no divisibles- de energía que se ajustaban a la noción definida por Planck sobre el *cuanto de acción*.

Por tanto, como las expresiones matemáticas de Planck basadas en la teoría termodinámica de Boltzmann concordaban con los resultados experimentales, es lícito

---

[279] M. Planck (1960): 109 [traducción del autor].

afirmar que la "interpretación física" del llamado *cuanto de acción* se asienta en una elaboración de matemática combinatoria. En concreto, tiene su fundamento en una serie de "números enteros" (excluyendo, por tanto, números fraccionarios y decimales) incluida en la ecuación obtenida por Planck[280].

Precisamente, la discontinuidad de la serie de números enteros sugiere la discontinuidad física manifestada en "paquetes de energía" o *cuantos*. En definitiva, la interpretación del significado físico del *cuanto de acción* encaja con los hechos experimentales, de acuerdo con las previsiones teóricas de la termodinámica estadística y es inseparable de ella. Y puede hablarse de una propiedad intrínseca de la materia o quizá de la limitada capacidad de la física para describir el fenómeno de emisión de radiación del *cuerpo negro*[281].

Como tantos otros que podrían citarse, este ejemplo muestra cómo las teorías científicas consiguen desvelar la estructura interna de los fenómenos naturales pero sin llegar a agotar su complejidad. También proporciona una idea de la versatilidad de los métodos matemáticos, junto con el ingenio aplicado a la construcción de relaciones simbólicas significativas susceptibles de ser avaladas por la experiencia[282].

---

[280] La expresión matemática que se ajusta a la distribución de los valores de la energía emitida, en función de la frecuencia de los "osciladores".

[281] El *cuerpo negro* es una constructo, o bien un objeto idealizado, como el *sólido rígido* de mecánica, las *líneas de fuerza* del campo eléctrico, etc. Tales artificios, como mediadores, facilitan el análisis matemático, a costa de interponerse entre la teoría y la realidad material.

[282] ¿Pero qué son los cuantos? ¿cuál es su naturaleza? Durante algún tiempo Einstein quiso saberlo, pero no pudo contestar a esas preguntas. En carta a su amigo Michele Besso, admitió: "Ya no me pregunto por la existencia real de los cuantos. Y tampoco insisto en ese punto, porque sé que mi cerebro no puede por ese camino llegar hasta el final". En lugar de ello, trataría de entender sus consecuencias. Como Newton con la *gravedad* y Maxwell con los *vórtices*, Einstein se sirve de esas magnitudes sin entrar en su supuesta

Formalismo cuántico

A partir de su invención el *cuanto* se convirtió en objetivo preferido, tanto de la investigación experimental, como de la especulación teórica. Una de las más notables teorías fue la *Wellenmechanik* ("mecánica ondulatoria) de Erwin Schrödinger. La cual proporcionaba un formalismo apropiado para describir las "ondas de materia" ideadas por De Broglie. De este modo, no sólo se tenía una noción cualitativa de la dualidad onda-partícula, sino también una ecuación matemática válida para las ondas asociadas a las partículas. Las ecuaciones de la mecánica ondulatoria suponían una vuelta a la física clásica, pues recordaban a las ecuaciones de movimiento vibratorio de una cuerda, o las ondas producidas en la superficie de un líquido, o bien a las ondas electromagnéticas. Por lo cual, este lenguaje simbólico no concordaba con el que requería la interpretación de Max Born sobre la mecánica cuántica. La noción de *cuanto* implicaban las ideas de discontinuidad y de probabilidad, las cuales estaban en consonancia con la naturaleza corpuscular y no ondulatoria. Se enfrentaban en el plano del formalismo matemático dos posiciones contrapuestas, por un lado, la "función de onda" $\Psi(x, t)$ y por otro la mecánica cuántica corpuscular. Las partículas se pueden localizar en un lugar definido y es posible medir su velocidad. Por el contrario, las ondas son extensas, no admiten ser acotadas en una zona limitada ni obtener un valor único de la velocidad. Para resolver este inconveniente, Schrödinger recurrió a un artificio matemático que consistió en asociar el valor de una magnitud concreta con el módulo al cuadrado de la función de onda $|\Psi(x, t)|^2$, que es un numero real. De esta forma, los múltiples valores de las

---

existencia y, de hecho, sin poder demostrarla. Por lo cual confirman que nacen como definiciones que tienen una función simbólica dentro de la teoría.

posiciones y del tiempo de la "función de onda" quedan representado por su módulo, es decir por un único valor, calculado en un instante y en un punto concreto del espacio.

La "función de onda" (Ψ) es un artificio matemático que puede expresarse como un número complejo. Por ejemplo 3+2i, siendo i^2 = -1 y además tiene una interpretación probabilística. Pues, la probabilidad de encontrar una partícula determinada viene dada por el valor numérico correspondiente al cuadrado del módulo (en el ejemplo anterior es 13). Cuanto mayor es el valor del módulo de la "función de onda" (Ψ), mayor será la probabilidad de encontrar una partícula determinada en el lugar del espacio que definen sus coordenadas.

Por consiguiente, para estudiar el mundo atómico donde se manejan conjuntos de partículas, es necesario abandonar el determinismo que es válido en el mundo clásico y recurrir al cálculo de probabilidades. Ya no será posible conocer con detalle los complejos movimientos microscópicos de infinidad de partículas. La física atómica se sitúa entre la certidumbre experimental de la física clásica y el azar.

La nueva metodología basada en principios probabilísticos, junto con las nociones cuánticas y ondulatorias, suscitó diferentes interpretaciones de los resultados experimentales. Existían dos enfoques opuestos: ondulatorio y corpuscular, defendidos, respectivamente, Schrödinger y Born y que se asentaban en concepciones antitéticas de la materia. El primero, al contrario que el segundo, propugnaba una estructura ondulatoria y negaba la estructura corpuscular. Se comprende que ambas opiniones implicaban las ideas contrapuestas de *continuidad* y *discontinuidad*; en consonancia con la noción de onda y la de "saltos cuánticos", respectivamente.

En el fondo se trataba de dos posiciones antagónicas sobre el lenguaje que era más apropiado para describir los fenómenos cuánticos. La confrontación creció hasta convertirse en una polémica que dividió en dos grupos a la comunidad científica de la época. Uno de ellos se negaba a admitir los "saltos cuánticos" y el otro, encabezado por Niels Bohr, los defendía. La gravedad de los debates, puede apreciarse en el siguiente párrafo:

> Durante una discusión, Schrödinger calificó como "pura fantasía el concepto mismo de salto cuántico". "¿Pero acaso demuestra eso la inexistencia de los saltos cuánticos?" - contestó Bohr -. Lo único que demuestra es nuestra imposibilidad de imaginárnoslo"[283].

Aunque, uno y otro grupo mantuvo sus respectivas posiciones de fondo, las diferencias no impidieron que Bohr reconociese a su oponente, Schrödinger, su contribución positiva a la mecánica ondulatoria, "·aportando claridad y simplicidad matemática", lo cual representaba "un avance gigantesco sobre todas las versiones anteriores de mecánica cuántica"[284]

Considerado desde el punto de vista metodológico, el anterior incidente histórico, parece muy significativo al comprobar que en física lo decisivo no es la interpretación (en este caso, ondulatoria o corpuscular), sino los resultados experimentales, a los que se puede revestir de un formalismo u otro. Importa aún menos conocer cuál pueda ser la naturaleza de las entidades físicas que se manejan. Lo importante es encontrar una formulación bien construida que sea útil para describir lo mejor posible las observaciones experimentales, utilizando un lenguaje simbólico coherente. En conclusión, la "mecánica

---

[283] M. Kumar (2011): 299.
[284] Citado en M. Kumar: 299.

ondulatoria", inspirada en la mecánica analítica clásica y generada por una supuesta "realidad ondulatoria", resultó ser válida en mecánica cuántica.

Esas paradojas, que desconcertaban a los científicos de los primeros años del siglo veinte, influyeron en algunos de ellos hasta provocar ciertas especulaciones filosóficas. Uno de los más destacados pensadores, que contaba con una considerable base humanística, fue Niels Bohr, impulsor de la interpretación de Copenhague de la mecánica cuántica. De acuerdo con su posición intelectual "un *objeto microscópico como un electrón no existe hasta el momento que hacemos una observación o hacemos una medida.* Entre una medida y la siguiente no existe más allá de las probabilidades abstractas de la función de onda. Sólo cuando se lleva a cabo una observación o medida, 'la función de onda se colapsa', uno de los estados "posibles" del electrón se convierte en el estado "real" y la probabilidad del resto de las alternativas pasa a ser cero"[285].

Acerca de lo cual cabe distinguir, por un lado, el plano del formalismo matemático, utilizando la función de onda a la que se asocia la probabilidad; y por otro lado, el plano de los hechos experimentales. La interpretación subjetivista de Bohr confunde ambos planos cuando niega la "existencia" del electrón o de cualquier objeto microscópico, mientras no se mida. Pues, la "existencia" es una noción metafísica, no es una propiedad física que pueda ser sometida a medición experimental, tanto en física clásica, como en física atómica; ningún resultado experimental lo prueba.

Desde luego, en el entorno de la física clásica, donde rigen las leyes de la mecánica newtoniana, suponiendo una moneda lanzada al aire, se conserva su existencia

---

[285] M. Kumar (2011): 295 [Cursiva añadida].

material durante toda su trayectoria. En ningún momento, está justificado afirmar que la moneda esté en dos estados a la vez (posiciones de cara y cruz). Cuando llega al suelo, de los dos estados posibles, sólo uno permanece. Podrá hablarse del "colapso de la moneda", pero su estado final en el suelo no puede atribuirse al observador, sino a una infinidad de factores mecánicos que influyen durante la caída.

La polémica en torno a la interpretación de Copenhague creció y absorbió mentalmente a un buen número de los físicos más destacados. Entre ellos, desde luego a Einstein que se puso del lado Schrödinger y en contra de Bohr y de Heisenberg, entre otros. Inmerso en tan fascinante discusión, en 1935 Schrödinger escribió un ensayo que constaba de tres partes y que publicó entre el 29 de noviembre y el 13 de diciembre. En ese escrito incluyó un sugerente experimento mental que serviría para ilustrar la posición intelectual de Bohr y de sus partidarios sobre el llamado "colapso de la función de onda".

> Supongamos el caso de un gato encerrado en una cámara de acero, junto al cual hay el siguiente dispositivo diabólico (que debe estar convenientemente protegido para impedir cualquier interferencia directa del gato). Junto al gato hay un contador Geiger con una partícula radiactiva con una probabilidad de desintegración del 50% y que *quizás*, en consecuencia, al cabo de una hora, se desintegre o quizás no. Si tal cosa ocurre, el contador Geiger emitirá una descarga que, a través de un relé, mueva un martillo que rompa un pequeño frasco de ácido cianhídrico. Si uno deja sólo el sistema durante una hora, podrá decir que el gato todavía vive, *siempre y cuando* ningún átomo se haya desintegrado. La primera desintegración atómica podría haberlo envenenado. Esto es algo que la función de

onda del sistema expresaría diciendo (y perdone la expresión) que el gato está medio vivo y medio muerto a partes iguales[286].

El texto ilustra en tono irónico la consecuencia absurda que se deduce de tomar como algo real una descripción puramente formal de la función de onda. Al admitir al mismo tiempo la existencia de dos estados contradictorios de un mismo objeto material (gato), resulta incongruente para el sentido común por negar de hecho el principio lógico de no contradicción. Por otro lado, también es inconcebible atribuir a la mera observación el llamado colapso de la "función de onda del gato". Hasta entonces, el animal permanecería en una situación cuántica ambigua como producto de una superposición de estados contrarios (vivo y muerto). Por otra parte, el "colapso de la función de onda" hace referencia a la discontinuidad que se produce al pasar de estados microscópicos regidos por leyes probabilísticas, a la medida registrada mediante un dispositivo macroscópico.

El experimento ideal concebido por Schrödinger convenció a Einstein, hasta el punto de ver en él una confirmación de su propia tesis sobre la incapacidad de la mecánica cuántica para ofrecer una completa descripción de los fenómenos. Es decir, el argumento expuesto por vía de ilustración sirvió para confirmar la opinión de que la función de onda no podía "describir estados reales". Y, tiempo después, en diciembre de 1950, Einstein envió una carta a Schrödinger lamentando la imposibilidad de describir la realidad de forma *completa*, a la vez que critica a sus oponentes y elogia la prueba aportada por Schrödinger, frente a la interpretación de Bohr.

---

[286] Citado en M. Kumar (2011): 414.

> De alguna manera creen [sus adversarios] que la teoría cuántica proporciona una descripción de la realidad, e incluso una descripción completa, esta interpretación es, no obstante, elegantemente refutada por su sistema de átomo radiactivo + contador Geiger + amplificador + barril de pólvora + gato en una caja, en el que la función de onda del sistema se refiere a un gato que se halla simultáneamente vivo y muerto"[287]

¿Verdad aproximada?

A la vista de los últimos ejemplos históricos, es obligado preguntarse por la verdad científica, o bien si los enunciados y leyes de las teorías científicas son capaces de proporcionar un conocimiento verdadero sobre el mundo real. Es un problema que se identifica con la posición que defiende el realismo científico afirmando que la ciencia es capaz de captar la realidad, si bien no de modo absoluto.

Desde la epistemología se han dado diferentes respuestas. Por ejemplo, Mario Bunge (es partidario del valor del método científico para conocer la realidad y sobre la verdad científica afirma que:

> Ni la verdad ni la utilidad son propiedades intrínsecas y eternas: son contextuales y cambiantes. Como dijo von Uexküll, la verdad científica es un proceso que va desde el error grande al pequeño[288]

Por otra parte, algunos filósofos niegan que a través de la ciencia experimental se llegue a poseer un conocimiento verdadero de los fenómenos naturales. Karl Popper ha defendido la tesis de *la aproximación a la verdad*,

---
[287] Citado en M. Kumar (2011): 415.
[288] Citado en M. Artigas (1989): 297.

según la cual, las teorías científicas no llegarían nunca a captar la verdad sobre el mundo físico real, ya que los enunciados teóricos que son de carácter universal no tienen una correspondencia con los hechos. Es decir, no existiría el modo de encontrar una explicación para admitir la correspondencia entre enunciados y hechos observados. Este parece ser el problema fundamental que debe afrontar la teoría epistemológica que defiende la verdad como correspondencia con los hechos.

El planteamiento de Popper arranca de una idea logicista de las teorías científicas donde pretende encontrar una correspondencia unívoca entre el lenguaje y las observaciones experimentales. Por lo cual la ciencia nunca conseguiría describir la realidad y sólo podría aproximarse a ella, construyendo una teoría sobre la verosimilitud o aproximación a la verdad[289].

Ante esta posición sobre el carácter verdadero del conocimiento científico, Evandro Agazzi se pregunta:

> ¿Cómo es posible hablar de *aproximación* a algo que no conocemos? ¿A algo que permanecerá *siempre* y en sí mismo escondido e inalcanzable? Es aquí donde se puede constatar que Popper no es un auténtico realista: un realismo correcto debe, ciertamente, distinguir la realidad de la pura construcción mental pero, por otro lado, debe admitir que lo que nuestro intelecto conoce es *realidad*, y no algo distinto y permanentemente separado de ella. En otros términos: no se puede ser un realista correcto sin admitir que nuestro conocimiento, incluso el científico, es capaz de lograr la *verdad*[290].

En sintonía con estas afirmaciones, cabe matizar que la ciencia es un modo de conocimiento de la realidad,

---

[289] M. Artigas (1989): 299.
[290] Citado en J. Alonso (1995): cap. II, p. 63.

pero no construye "representaciones exactas". El método científico impone ciertas restricciones que impiden el conocimiento completo de los fenómenos que estudia. Su aprehensión del mundo empírico es indirecta, pues se realiza a través de "objetos ideales" y de un lenguaje simbólico apropiado. Además, debe admitirse desde el primer momento el contexto en el que se construye el "objeto científico" mediante idealización a partir de la realidad observada. Por esto, hay que hablar de "verdad contextual" o condicionada a factores convencionales que impone la investigación experimental. Eso descarta la pretensión de reducir la verdad de las teorías científicas a comprobaciones estrictamente lógicas de los enunciados.

Los enunciados teóricos de contenido científico que versan sobre los "objetos ideales" (matemáticos o científicos) serán verdaderos o falsos, en virtud de su existencia autónoma, es decir, dependiendo de su coherencia dentro del marco teórico en el que se han definido. Los juicios referidos a objetos científicos son verificables por contrastación experimental y, en virtud de su doble dimensión (teórica y experimental) proporcionan conocimiento cuando captan con fiabilidad y rigor propiedades de objetos materiales. Es legítimo, por tanto, admitir que las proposiciones científicas reflejan los rasgos propios del "ser real", en su propio contexto simbólico. Suscribimos el planteamiento realista, pero no ingenuo, de Agazzi que atribuye a las teorías científicas cuatro rasgos básicos. Primero, *fiabilidad* de la ciencia empírica, avalada por la verificación experimental. Segundo, la *intersubjetividad*, es decir, la independencia del sujeto que garantiza su objetividad. Tercero, el *control empírico*, inseparable de los principios teóricos que permiten la correcta interpretación de los resultados experimentales. Y cuarto, la *predictibilidad* o capacidad implícita de la teoría para predecir consecuencias futuras no contempladas inicialmente.

En el contexto delimitado por esos cuatro rasgos, admitimos que la ciencia experimental proporciona un conocimiento fiable, aproximado y perfectible de la realidad física, que se expresa mediante un lenguaje simbólico, cuya correcta interpretación reside en la teoría. Es ahí, dentro del marco teórico establecido y experimentalmente comprobado, donde en rigor se puede hablar de una realidad contextual. Con ello no se incurre "en el *conceptualismo*, esto es, en el error idealista de confundir la realidad con los conceptos, en lugar de ver en ellos creaciones de la mente que necesitan ser validadas por la experiencia"[291].

Una vez más, el modelo atómico ilustra la vinculación que existe entre la realidad observada en sí misma y el lenguaje simbólico con el que se describe. A ello se refiere Heisenberg en el siguiente texto.

> (...) el instrumento de medición ha sido construido por el observador; y debemos recordar que lo *que observamos no es la naturaleza en sí misma, sino la naturaleza presentada a nuestro método de investigación*. Nuestro trabajo científico en física consiste en hacer preguntas acerca de la naturaleza con el lenguaje que tenemos, y en tratar de obtener respuestas de la experimentación, con los métodos que están a nuestra disposición. De este modo, la teoría cuántica nos recuerda, como dice Bohr, la vieja sabiduría que aconseja no olvidar, al buscar la armonía de la vida, que en el drama de la existencia somos al mismo tiempo actores y espectadores[292].

---

[291] J. Arana (2012): 285.
[292] W. Heisenberg (1959): 42.

Estas afirmaciones, fruto de la experiencia de uno de los más notables científicos en física teórica, nos sitúan en la posición de aceptar un realismo "no ingenuo", sino supeditado a verificación experimental y a la interpretación de los resultados. Admitimos así la existencia de un mundo real, independiente y anterior a toda experimentación, que es objeto de conocimiento científico y medio de verificación de las teorías.

En nuestros días, algunos científicos teóricos se lamentan de la imposibilidad de atrapar la realidad y conseguir manifestar su "misma imagen".

> La relación entre la realidad y el formalismo constituye un problema que ha acosado a la teoría desde su nacimiento. Los físicos han supuesto tradicionalmente que la ciencia debería informar de cómo sería la realidad en nuestra ausencia. La física debería consistir en algo más que un conjunto de fórmulas que predicen lo que observaremos en un experimento, debería ofrecernos la imagen de lo que "es" la realidad[293].

A esta crítica por la insuficiente capacidad de la ciencia para captar la realidad en su integridad, cabe responder que la situación propia de la ciencia empírica es intermedia entre dos posiciones extremas. Por un lado, hay un "realismo ingenuo" que pretende conseguir una imagen especular de los fenómenos naturales, y por otro, un "instrumentalismo" que afirma la total insolvencia de la ciencia empírica para conocer la naturaleza. A lo cual, cabe sostener que, aunque a través de lenguaje científico no sea posible abarcar por completo la realidad natural[294],

---

[293] L. Smolin (2007): 37.
[294] L. De Broglie aludiendo a la *idealización* comparte la opinión de que el conocimiento científico de la realidad sólo puede ser parcial, relativo a determinados aspectos: "Las idealizaciones más o menos esquemáticos que

sin embargo, se consigue un conocimiento contextual y perfectible. De acuerdo con Pierre Duhem, está justificado afirmar que la *verdad* de las teorías físicas no reside en la explicación exhaustiva de la realidad material, sino en la construcción de *representaciones idealizadas* de los fenómenos naturales, expresadas en lenguaje simbólico, coherente y verificable empíricamente.

---

construye nuestro espíritu son susceptibles de representar ciertos aspectos de las cosas, pero entrañan limitaciones y no pueden contener en sus marcos rígidos toda la riqueza de la realidad" (L. De Broglie (1965): 13.

9. VISIÓN FÍSICA DEL MUNDO

9.1. Introducción

Las teorías físicas utilizan las matemáticas como un lenguaje simbólico para expresar relaciones de *cantidad*[295]. Pero la ciencia no tiene como finalidad el estudio de la cantidad en sí misma. Las operaciones de medida que se realizan en el laboratorio no pretenden obtener sólo relaciones numéricas, sino que ante todo buscan interpretar los resultados experimentales con la ayuda del marco conceptual que proporciona la teoría.

El método científico no tiene como fin primario la obtención de una función matemática, sino comprender el significado de esas "relaciones cuantitativas", que corresponden a propiedades de magnitudes definidas. Por tanto, los datos numéricos que la física maneja tienen un significado que no pertenece a la matemática.

Por ejemplo, el objetivo que persigue la cinemática al medir la longitud recorrida por un móvil en un tiempo determinado no es obtener una serie numérica, sino conocer de qué forma varía el "espacio" que recorre un

---

[295] La limitada capacidad que posee la matemática para describir las leyes científicas ha sido sintetizada por Hartmann en los siguientes términos: "La estructura matemática del objeto de la física se produce por penetrar las categorías de la cantidad los sustratos especiales que constituyen el mundo de lo material, cinético y dinámico. Atraviesan este mundo desde abajo, por decirlo así, pero no lo resuelven en ellas. La determinación formal de las formaciones y procesos no puede agotarse, pues, en las relaciones matemáticas. Con sus momentos de inercia y gravedad, la materia es, y seguirá siendo, a pesar de entrar en el dominio de las relaciones cuantitativas, algo de raíz amatemático (…) Pero *la determinación comprimida en la fórmula matemática no es expresión de lo real mismo*, del proceso en cuanto tal, sino sólo de algo determinado de él, ni siquiera constituye la totalidad de su legalidad, pues en ésta entra también el peso entero de los sustratos" (N. Hartmann (1986): 25-26) [Cursiva añadida].

móvil en función de la variación del "tiempo". Intenta obtener en un caso particular una determinada característica física del movimiento, que sea generalizable con independencia de las notas particulares del cuerpo móvil.

Las magnitudes que figuran en una ley física simbolizan entidades idealizadas previamente definidas, como *masa, velocidad, tiempo, energía,* etc. Al aplicar la ley a un caso concreto, no sólo obtenemos valores numéricos, es decir, no sólo conseguimos una información sobre aspectos cuantitativos, sino también y sobre todo captamos cómo son las *relaciones* en las que intervienen las magnitudes. Es decir, con la ciencia empírica, además de procurar un conocimiento de índole cuantitativa, descubrimos bastante más. Pues conocemos rasgos peculiares de entes científicos, a través de valores cuantitativos obtenidos en operaciones de medida.

Supuesta una "partícula eléctrica" que atraviesa una "cámara de niebla" o una "emulsión fotográfica", dejando a su paso una traza impresa, la longitud de la trayectoria no es sólo un valor numérico, sino un dato que sirve para conocer su energía y así poder identificar la partícula, basándose en los conceptos de la teoría sobre la radiación.

La finalidad de la ciencia experimental no es por tanto conocer relaciones cuantitativas, sino comprender lo que esas relaciones desvelan acerca de las propiedades de los fenómenos naturales. En definitiva, el objetivo de la ciencia es la comprensión racional de los mecanismos internos que rigen los hechos naturales. Y el medio para lograrlo consiste en recoger y ordenar los datos cuantitativos con el fin de seguir el rastro que dejan las entidades reales en sus interacciones debido a su constitución material.

Ahora bien, puesto que el método científico no nos capacita para captar cómo son verdaderamente los "seres reales", debemos recurrir a sustituirlos por "entes idealizados" a los que atribuimos determinadas propiedades. Gracias a su dimensión cuantitativa, las interacciones de los "entes idealizados" pueden expresarse mediante leyes y relaciones matemáticas. Éstas se refieren en primera instancia a dichos entes idealizados e indirectamente a los hechos naturales. De aquí que, Hartmann afirme que dichas leyes no puedan identificarse con las llamadas "leyes de la naturaleza".

> Están sujetas [las leyes de la ciencia] al error como todos los demás contenidos del conocimiento, no pudiendo tomarse en rigor nunca sino tan sólo por grados de aproximación a aquéllas que se superan en el progreso del conocimiento. Las leyes reales de la naturaleza -hasta donde las hay- existen "en sí" e imperan en ella independientemente de todo conocerlas. Concebible sería que a pesar de toda la altamente desarrollada ciencia de las leyes no conociésemos bien ninguna de ellas[296].

Las "leyes científicas" no coinciden con las supuestas "leyes reales" que se mencionan en el párrafo anterior. Las leyes que enuncia la ciencia son el resultado de aplicar el método científico. Por lo cual, es más coherente referirse a leyes elaboradas como fruto de una construcción simbólica realizada a partir de observaciones experimentales. Es evidente que tales formulaciones no agotan todas las posibles manifestaciones de la naturaleza que de hecho es inabarcable, teniendo en cuenta la innumerable variedad y complejidad de los fenómenos que acontecen.

Tampoco nos parece aceptable tomar las leyes científicas únicamente como prescripciones sobre el modo

---

[296] N. Hartmann (1986): 274.

de producirse los hechos naturales. La ordenación legal de los fenómenos naturales no procede de los principios y operaciones matemáticas, sino al contrario, tales construcciones son originadas en el pensamiento especulativo y no conforman la realidad empírica.

La ciencia resulta del pensamiento creativo y de la observación experimental, que transforma los datos sensibles en un sistema coherente de símbolos y relaciones lógicas. Pero la naturaleza no participa en tal proceso, sino que posee un "modo de ser" en sí misma (cualquiera que éste sea) que en parte podemos captar y expresar en leyes mediante la razón. Comprendemos los sucesos naturales al modo geométrico, o sea modelados por formulaciones numéricas. Así lo expresa Hartmann interpretando el célebre texto galileano.

> La ciencia es cosa nuestra, viene después y se encuentra con la naturaleza ya bajo formas matemáticas. Éste es el sentido de la frase de Galileo, de que la filosofía está escrita en el libro de la naturaleza con letras matemáticas[297].

Como creación intelectual, la ciencia construye estructuras en forma de leyes rigurosas para comprender los fenómenos. Lo hace mediante selección, análisis y ensayos de laboratorio. La naturaleza "colabora" en el proceso de formación de leyes al presentar determinadas pautas regulares de actuación que son observables y susceptibles de medida. Por lo cual, está justificado afirmar que la ciencia construye un lenguaje simbólico, que nos proporciona un medio fehaciente para estudiar y describir los hechos naturales.

---

[297] N. Hartmann (1986): 306.

9.2. De la predicción a la comprobación

La formulación de una ley es la conclusión de un proceso de investigación cuyos resultados adquieren validez universal. Hay una primera fase que arranca de la observación de hechos singulares y se remonta a la definición de magnitudes. En una segunda fase partiendo de leyes y enunciados teóricos se desciende hasta las aplicaciones técnicas.

En esta etapa descendente, los enunciados teóricos se confrontan con los resultados experimentales y se comprueban las discrepancias entre las previsiones teóricas y los valores de las medidas que se realizan en el laboratorio. En la comprobación experimental surgen diferencias que no anulan la validez de la teoría, siempre que las discrepancias cumplan ciertos requisitos.

Las previsiones científicas se aproximan a la realidad de los hechos, en la medida en que sea posible captar elementos compartidos por los casos individuales. La raíz de la limitación que impone la materia no reside en la imposibilidad de observar un número infinito de casos particulares, sino en la misma operación de idealización que simplifica los objetos observados en aras de formar un esquema representativo de todos y de cada uno de los casos singulares. Por otra parte, los entes ideales gozan de la flexibilidad del pensamiento y hacen que la ciencia empírica se acerque mejor a la complejidad de la materia.

Como ilustración de lo anterior, tomemos las definiciones de *ácido* y *base*, que encontramos en química clásica. Una sustancia *ácida* es la que en contacto con una *base* reacciona dando lugar a otras dos sustancias más complejas, a las que se denomina *sal* y *agua*. El resultado de tal combinación química es la formación de otras dos sustancias distintas a las existentes inicialmente. Por tanto, mediante esa teoría, la química (en conformidad con su método) explica cómo actúan tales sustancias bajo determinadas condiciones establecidas. Con ello se han expresado sus propiedades valiéndose de definiciones previas, es decir, se ha recurrido a la construcción de dos "objetos idealizados", a los que llama *ácido* y *base*. Estas entidades con significado químico son definidas de un modo convencional en virtud de una clasificación ideal.

Como ocurre con toda definición, ésta se ha hecho a partir de un contexto determinado. Ahora bien, puede suceder que esas definiciones se modifiquen cuando varíe el contexto teórico. Por ejemplo, al establecerse una nueva teoría que no identifique a las sustancias químicas basándose en el tipo de reacción, sino que lo haga de acuerdo con la estructura atómica, como de hecho ocurre en teorías más modernas. En este caso, evidentemente, no se habrán alterado las propiedades naturales, pues en las mismas condiciones seguirán originando los mismos fenómenos, con independencia de las definiciones teóricas. Pero la nueva teoría, basada en principios de física atómica, proporcionará una visión más próxima a la realidad de los fenómenos y, también más rigurosa, sobre las propiedades químicas de tales productos.

El ejemplo descrito ilustra cómo las teorías científicas operan como instrumentos conceptuales que, mediante sistemas simbólicos, captan los mecanismos internos de la naturaleza[298]. Cuanto más tratan de profundizar en ella, más han de afinar sus herramientas -mediante la experimentación- para que sus descripciones se ajusten mejor a la lógica interna de los hechos. En definitiva y bajo una perspectiva realista, el proceso de búsqueda que

---

[298] Los símbolos químicos sustituyen idealmente a las sustancias materiales, hasta el punto, que en el laboratorio las fórmulas pasan a primer plano. A través de los símbolos se explican las reacciones y se experimenta con los compuestos, quedando en parte relegadas las percepciones sensibles de las sustancias.

lleva a cabo la ciencia experimental implica un acercamiento paulatino e indefinido al mundo real. Bajo esta perspectiva, según Evandro Agazzi, la investigación científica conduce a mantener una posición filosófica que "consiste esencialmente en afirmar que la ciencia *pretende* elaborar afirmaciones verdaderas concernientes al mundo físico, decir efectivamente 'cómo están las cosas', aun teniendo conciencia que este objetivo tan sólo puede ser alcanzado parcialmente y en qué grado se ha conseguido"[299].

"Los impedimentos de la materia"

Galileo dio una explicación acerca de estas diferencias metodológicas entre teoría y práctica. Esa característica propia del método científico no debe atribuirse a una imprecisión de las medidas o a una deficiente formulación de la teoría, sino que debe tomarse como una consecuencia del proceso de observación experimental y de la complejidad de los hechos naturales. Tales factores implican siempre una limitación operativa impuesta al acceso restringido de los sentidos a la compleja realidad material.

Por otra parte, como hemos señalado la construcción del modelo idealizado es inherente a una simplificación de los hechos naturales. Desde el mismo inicio de la observación científica hay que prescindir de circunstancias y propiedades particulares del fenómeno que se investiga. Por un lado, la simplificación e idealización son necesarias para superar la complejidad real y por otro, es un requisito necesario para establecer la generalización. En la fase ascendente, se prescinde de factores singulares para construir el "objeto científico". Se comprende que surjan discrepancias en la fase

---

[299] E. Agazzi (1978): 382.

descendente, al aplicar la teoría a casos particulares, o sea al "objeto material".

Ernan McMullin, estudioso del método galileano, ha analizado este aspecto del método científico, aludiendo a un conocido pasaje de los *Discorsi*, el que se atribuye a los "impedimentos de la materia" la imposibilidad de aplicar las propiedades geométricas a los objetos materiales. Se considera una superficie plana y sobre ella una esfera de hierro, la cual, debido al peso, tendrá más de un punto de contacto con ella. Por tanto, como objetos materiales, reales, la esfera y la superficie no se comportan como objetos geométricos. Cuando se toman como objetos idealizados, entonces, tenemos dos figuras geométricas: una esfera geométrica y un plano, que tendrán un solo punto común (el de tangencia). Esta ilustración gráfica sirve a Galileo para atribuir las discrepancias entre teorías y resultados a las limitaciones impuestas por la materia.

> La materia no puede alterar esas propiedades, simplemente dificulta su reproducción exacta[300].

Cuando se aplican los enunciados teóricos a un caso concreto en el que los objetos que intervienen ya no son ideales, sino materiales, el desajuste que se produce entre teoría y práctica proviene de las manifestaciones concretas de la materia y no de las formulaciones teóricas.

En su explicación, Galileo recurre a un argumento de tipo platónico, no sólo válido para referirse a un objeto geométrico, sino también a cualquier objeto idealizado para el que rigen las mismas leyes que para los objetos matemáticos. Es decir, los objetos físicos, considerados como objetos matemáticos, pierden sus propiedades

---

[300] E. McMullin (1985): 250. W. A. Wallace sobre el razonamiento *ex suppositione* (fundamento de la "nueva ciencia") utilizado por Galileo "para realizar el tránsito de lo real a lo ideal" (W. A. Wallace (1974): 98, 102).

sensibles y al compararlos con los objetos reales ponen de manifiesto los "impedimentos de la materia", como lo hacen los entes matemáticos. Las inexactitudes que se derivan de ellos pueden detectarse comparando los resultados medidos con los valores que predice la teoría.

Este aspecto del método galileano señala también una discrepancia esencial con la ciencia aristotélica, que, en su habitual tono polémico, Galileo ilustra en los *Discorsi* en los términos siguientes:

> Aristóteles dice: "Una bola de hierro de cien libras, cayendo de una altura de cien codos, llega a tierra antes que otra de una libra haya descendido un solo codo". Yo digo que llegan al mismo tiempo. Al hacer el experimento, tú te encuentras con que la mayor se anticipa en dos dedos a la menor; es decir que cuando la grande toca tierra, está la otra a dos dedos de distancia. Ahora querrías esconder bajo estos dos dedos, los noventa y nueve codos de Aristóteles, y hablando de mi error mínimo, pasar en silencio ese otro tan enorme[301].

Además de rebatir la teoría aristotélica sobre la caída de graves, el texto señala la diferencia entre la geometría, entendida como disciplina matemática, y su aplicación a la ciencia experimental. La misma esfera material de hierro, una vez tomada como un objeto idealizado de forma esférica, posee los mismos privilegios que la esfera matemática. De hecho, son dos objetos ideales cuyas propiedades estudia la geometría, si bien al objeto material se le asigna tales propiedades por idealización, sin que por ello pierda las características propias de un cuerpo material. Una vez tomados como entes geométricos, son aplicables idealmente manifestaciones sensibles. En consecuencia, la razón de la desviación entre

---

[301] Galileo (1968): vol. 8, p. 109.

teoría y experiencia hay que buscarla en la utilización de objetos ideales (matemáticos) como representantes de objetos reales y por tanto dotados de los requisitos que impone la materia.

En el ejemplo anterior, Galileo no compara simplemente dos planteamientos distintos, uno más próximo a la realidad que el otro, sino dos teorías, una de las cuales es científicamente correcta y la otra no. La primera predice un resultado que se aproxima más al valor que de hecho se mide en el caso concreto. La ley de caída de graves es una enunciación teórica sobre objetos idealizados, mientras que en el experimento real, intervienen cuerpos materiales que siguen una trayectoria vertical referida al espacio físico. Lo cual explica la desviación que existe entre la formulación matemática de la ley y la medida efectuada (dejando aparte los inevitables errores fortuitos asociados a las operaciones de medida).

La cuestión que se debe precisar es que las leyes científicas, por ser relaciones matemáticas, están inmersas en el modo de ser ideal de la matemática, con independencia de que sean o no aplicables a los seres materiales contingentes. Por lo cual, su validez sólo se da dentro del mundo ideal de los objetos matemáticos o de los entes idealizados de la ciencia experimental, los cuales, en este aspecto, son equiparables. Las formas ideales son universales y tienen un cierto grado de indeterminación, mientras que los casos reales son concretos y determinados por sus accidentes y circunstancias específicas.

En la naturaleza no existe ningún polígono matemáticamente exacto, ni ninguna circunferencia material que cumpla la definición. Igualmente, los objetos idealizados de la física, tal como un "sólido rígido", "máquina térmica", "cuerpo negro" o un "núcleo atómico", aunque tengan un correlato material, sin embargo, no se identifican con los entes ideales definidos por la teoría. En la materia tienen otro modo de ser distinto del que les asigna la razón científica.

9.3. ¿Un mundo irreal?

La visión del mundo que la ciencia empírica nos proporciona es diferente a la que obtenemos por otros medios. Las teorías científicas nos ayudan a comprender los fenómenos naturales a través de un lenguaje simbólico construido a partir de observaciones y de magnitudes definidas. La razón no puede abarcar directamente y en su totalidad el objeto que estudia, debe hacerlo construyendo un "objeto científico". Teniendo en cuenta ese proceso de transformación, es oportuno preguntar hasta qué punto ese conocimiento es verdadero. Es decir, en qué medida la imagen del mundo que ofrece la ciencia es un reflejo de la realidad.

En particular, nos preguntamos por la validez de las teorías físicas que trazan una visión global del universo y en qué medida lo describen. Sin duda, el objetivo es muy complejo como lo demuestran las llamadas *teorías cosmológicas* que pretenden indagar el origen y evolución temporal del universo. Por ejemplo, la "teoría general de la relatividad" proporciona una visión global del cosmos, a través de la geometría. Es evidente, que debido a la complicación del objeto y a los medios teóricos y técnicos que emplea, la descripción del universo que ofrece la ciencia no puede ser del mismo tipo que la que se obtiene por la observación inmediata. Esta nos muestra directamente los objetos que percibimos por los sentidos, aquella nos proporciona una representación mediante un lenguaje simbólico. En este caso, es razonable hablar de validez de la teoría, en la medida en que sea verificable empíricamente.

Puede afirmarse que la "teoría general de la relatividad" construye una imagen del universo físico, que es una simplificación idealizada del universo real. Lo hace mediante un modelo geométrico, que simplifica la distribución de la materia en el espacio, cuya estructura métrica real sería inabarcable. Por ello, considera tan sólo una estructura a gran escala, de forma que así sea asequible *representar* la materia uniformemente distribuida sobre grandes espacios, para que la densidad sea una función que varíe con extraordinaria lentitud. Este es el procedimiento seguido por Einstein basado en el método que siguen los geodestas, los cuales *aproximan* a la forma geométrica de un elipsoide la forma de la superficie terrestre, ya que si se hiciese a pequeña escala sería muy complicada[302].

El procedimiento seguido por Einstein nos recuerda el conocido proceso mental de *idealización*. En este caso, Einstein traslada a todo el universo la misma técnica de simplificación que se utiliza para realizar medidas sobre la superficie terrestre. El universo se representa mediante una estructura geométrica, no euclidiana (al aplicar las nociones relativistas), como se hace análogamente con la superficie esférica para representar a la Tierra de forma idealizada.

Esos modelos construidos mediante símbolos y teorías matemáticas en algunos casos presentan una perspectiva singular e incluso paradójica. La imagen física del universo en su conjunto y la visión que transmite la ciencia experimental, lleva a preguntarnos en qué medida obtenemos un conocimiento real a través de la ciencia. ¿Hasta dónde llega la capacidad de los símbolos y de las metáforas científicas para significar la realidad sin

---

[302] A. Einstein (2005): 501 [Cursiva añadida].

distorsionarla? El filósofo del lenguaje W. M. Urban lo expresa en los términos siguientes:

> El éter, los átomos, los electrones" son, pues (…) símbolos o parábolas con las cuales buscamos hacer comprensible la naturaleza. Pero ¿de qué son símbolos? ¿Cuáles son las verdades de que son símbolos? ¿Cuáles son las verdades de que son parábolas? Evidentemente de las relaciones matemáticas que se afirman como el conocimiento no real del mundo externo. Esto sería entonces conocimiento. ¡Pero no! Estas parábolas son la vestidura de los "símbolos matemáticos"[303].

Urban distingue entre datos numéricos extraídos experimentalmente y el lenguaje de símbolos construido dentro de un determinado contexto teórico. El grado de consistencia objetiva que posee la ciencia proviene de la observación experimental y de la medida, o sea de los datos numéricos que son posteriormente elaborados y sometidos a desarrollos matemáticos. Todo lo cual no es suficiente para describir el fenómeno, si esos conjuntos de números no se integran dentro de una envoltura simbólica que les dé un sentido físico, no solamente matemático, es decir, que les asigne un significado o referencia en el ámbito de los fenómenos naturales.

Cuando los hechos que se describen pertenecen a nuestro entorno próximo, los símbolos utilizados son fácilmente interpretables y es razonable admitir que las teorías describen de forma literal la realidad empírica. Por el contrario, cuando tales sucesos son microscópicos, o bien cuando el objeto de estudio tiene dimensiones cósmicas, la física recurre a construcciones simbólicas complejas alejadas de la percepción ordinaria del mundo y que tienen carácter *metafórico*. Es el caso de las teorías

---

[303] W. M. Urban (1979): 449.

relativistas y cuánticas que describen el universo y los fenómenos naturales más complejos mediante un lenguaje figurado, no literal, es decir, con un grado de literalidad menor que el del resto de las teorías.

Un ejemplo ilustrativo lo proporciona la conocida expresión "flecha del tiempo", atribuida a Arthur Eddington (1882 – 1944). En 1934, el astrónomo inglés visitó la Universidad de Cornell y allí expuso su particular interpretación cosmológica acerca del crecimiento de *entropía* y sobre la irreversibilidad de los procesos naturales. Cercignani transcribió sus opiniones en los siguientes términos:

> Después de preguntarse "...si hay en el universo, en todo lugar y en todo tiempo una señal con una flecha que indica 'hacia el Futuro' y otra que indica 'hacia el Pasado'", concluía que la señal, la flecha que nos dice cuál es la dirección del tiempo, es la entropía y está basada en la Segunda Ley de Termodinámica[304].

Es necesario distinguir en este caso, por un lado, la interpretación teórica (un tanto especulativa) y por otro, los hechos experimentales. Éstos consisten en intercambios energéticos espontáneos que se producen en la naturaleza, los cuales van acompañados del crecimiento de una magnitud termodinámica denominada *entropía*. Ese resultado es válido para sistemas finitos aislados[305], pero, a partir de los datos obtenidos en el laboratorio, la noción de "flecha del

---

[304] En el mismo comentario, su autor afirma que fue Eddington y no Boltzmann quien parecía no tener dudas sobre la interpretación de la llamada "flecha del tiempo" (C. Cercignani (2007): 109).

[305] El Termodinámica, el término "sistema" es el espacio donde ocurre un determinado fenómeno. Un sistema está aislado cuando no intercambia energía con el exterior (por ejemplo, una habitación cerrada y aislada donde se funde un trozo de hielo).

tiempo" extrapola los resultados y los atribuye a todo el universo, al que considera un sistema aislado.

Si se da por buena esa extrapolación, desde unas condiciones conocidas a otras inciertas o poco conocidas, entonces podrá afirmarse que efectivamente la *entropía* total del universo crece indefinidamente debido a los procesos energéticos que se producen en él, como ocurre en un sistema cerrado y finito, en condiciones experimentales terrestres. En esa situación, el incremento de *entropía* que acompaña a todo proceso natural marcaría un sentido temporal en la evolución del universo. Con tal interpretación de los datos experimentales, junto con la analogía mencionada, se justificaría la expresión generalmente adoptada de "flecha del tiempo".

Es evidente que desde el punto de vista estrictamente científico, o sea verificable en el laboratorio, el razonamiento anterior sólo es válido en la medida en que pueda aplicarse a todo el universo, aquello que ha sido comprobado en un sistema termodinámico cerrado y aislado (por ejemplo, un gas encerrado en un volumen, sin intercambio energético con el exterior). La aceptación de esta hipótesis es arriesgada, toda vez que hoy la ciencia no está en condiciones de determinar (si existen) los límites del universo y no es posible asegurar que éste sea equiparable a un sistema termodinámicamente aislado.

Pero, lo que importa destacar aquí es el proceso lógico en sí. Es decir, que el razonamiento es fruto de una especulación teórica y no se asienta en una verificación experimental. La tesis de la "flecha del tiempo" traslada los resultados experimentalmente controlados a un ámbito superior que excede la observación empírica y desborda el estricto dominio de la ciencia. Aquí es oportuno citar los comentarios de Karl Popper sobre la arriesgada tesis de Eddington, atribuida por él a Boltzmann. Para el filósofo vienés se ha de distinguir entre la interpretación denominada "flecha del tiempo" y la teoría que, en sentido estricto, se limita a constatar el aumento de *entropía* de todo proceso natural. La primera ha de calificarse de "subjetiva" y, al contrario, la segunda de "objetiva"[306].

La distinción de Popper revela oportunamente lo que ya hemos indicado. Por un lado, la necesidad de distinguir entre una interpretación literal, que se atiene a los datos empíricos y a las expresiones matemáticas y por otro, la *interpretación metafórica* que atribuye (sin verificación) a todo el universo, los resultados obtenidos en un sistema finito bajo control experimental.

Además, la magnitud *entropía* definida en termodinámica, nos permite comprender el papel de los símbolos científicos utilizados fuera de su ámbito de significación propio, o sea en el que se han definido. Con ello, también se pone de relieve la naturaleza simbólica de la ciencia y su capacidad de construir similitudes formales que no se circunscriben necesariamente al mundo de los fenómenos materiales. Así ocurre, dentro del campo de la "teoría de la información". En esta rama de la ciencia se hace uso de la noción termodinámica de *entropía*, a pesar de que se trata de un dominio científico sin relación conceptual con los procesos termodinámicos.

Se debe a Leo Szilard[307] el empleo metafórico de esta forma simbólica de origen termodinámico. A fin de utilizarla en la teoría de la información, establece una analogía formal entre la evolución temporal de un sistema termodinámico y el proceso de transmisión de información mediante señales. Se cuantifica la información definiendo una magnitud, cuya expresión

---

[306] K. R. Popper (1993): 219.

[307] K. R. Popper (1993): 219. En teoría de comunicación, la fundamentación matemática de la entropía se debe a C. E. Shanon (1948).

matemática es "formalmente" equivalente a la de la *entropía* termodinámica.

La transmisión a distancia de datos mediante señales eléctricas no es ningún proceso termodinámico[308] y por tanto en sentido estricto no puede ser objeto de esa ciencia. No es lícito, pues, aplicar al campo informático una magnitud que, en virtud de su definición, le corresponde un ámbito distinto de significación. Otra cosa diferente es la "utilización metafórica" de la noción de *entropía*, una vez establecido el paralelismo entre esos dos dominios científicos de suyo diferentes.

En este caso, es posible hacerlo así, ya que existe un terreno común entre ambos procesos: el termodinámico y el informático. En una y otra teoría existe un cierto grado de aleatoriedad en las unidades elementales que componen el sistema. Por un lado, en el proceso termodinámico, las partículas que forman el sistema se comportan como esferas elásticas en continuo movimiento caótico[309]. Por otro lado, en el proceso de transferencia de información, las señales eléctricas están sometidas a variaciones incontroladas a través de la línea de transmisión. En ambos fenómenos es posible hacer uso de la teoría de probabilidades y por tanto en esa rama de las matemáticas concurren uno y otro fenómeno.

Finalmente, a propósito del conocimiento a través del lenguaje metafórico del mundo que proporciona la física, recurrimos al testimonio acreditado de Schrödinger, creador de la mecánica ondulatoria, que refiriéndose a las "ondas de materia", profundiza sobre su "significado real" en los siguientes términos:

---

[308] Aquí el término *entropía* se refiere a la comunicación de signos a distancia, no a la transmisión de energía eléctrica.

[309] Según el modelo que se define en la teoría cinética de gases.

> Las más diversas imágenes de onda, tanto las antiguas ondas electromagnéticas tanto tiempo conocidas, como las nuevas, llamadas ondas de materia, no deben concebirse como una descripción puramente objetiva de la realidad, ni –tal como se ha considerado la electrodinámica clásica- como el compendio de las innumerables elucidaciones del estado de cada punto del espacio. Las funciones de onda no describen la naturaleza en sí, sino el *conocimiento* que, sobre la base de las observaciones realmente efectuadas, a veces poseemos de ella[310].

La experiencia personal relatada por el genial físico vienés es una muestra más de la idealidad de los "objetos científicos", nacidos en algunas mentes imaginativas, como símbolos útiles para describir las observaciones experimentales, para construir teorías y conseguir así una cierta comprensión de los fenómenos naturales.

9.4. Fundamento de las leyes científicas

El método científico no permite conocer las "causas entitativas" ni la "identidad metafísica" de los objetos reales, ni de sus interacciones. Tales características inmateriales escapan a la observación experimental y no pueden ser objeto de estudio de la ciencia empírica. Por otra parte, su naturaleza, cualquiera que sea, no podría expresarse en lenguaje matemático, ya que sus principios y operaciones sólo conciernen a la dimensión cuantitativa de los fenómenos.

El método experimental se centra en los procesos naturales que suceden con regularidad, de forma que siguiendo ciertas pautas operacionales puedan ser traducidos al lenguaje simbólico. Las relaciones entre cantidades, entonces, adquieren el rango de signos

---

[310] E. Schrödinger (1975): 36, 37.

interpretables que permiten comprender los fenómenos naturales. Esa manifestación de orden sistemático constituye una prueba de que tales sucesos no son aleatorios o caóticos, sino que son previsibles y susceptibles de estudio.

Parece pues legítimo afirmar que las leyes científicas son representaciones simbólicas de las "conexiones naturales permanentes". O bien, que cada ley es una traducción al lenguaje simbólico propio de cada ciencia, que Schrödinger describe del modo siguiente:

> Una "ley de la naturaleza" no es otra cosa que una regularidad establecida con seguridad bastante, de las observaciones en el acontecer natural, *siempre y cuando se las considere necesarias*[311].

Una vez más, recurramos a un sencillo ejemplo de mecánica. La caída de un cuerpo atraído por el campo gravitatorio terrestre es una prueba evidente de que tal movimiento natural ocurre por "necesidad"[312]. Es decir que, en circunstancias naturales, no puede dejar de ocurrir y que siempre lo hace, sin excepciones, siguiendo la misma forma de proceder. Siendo esto así, es razonable pensar que esos hechos ocurren porque existe una *conexión* permanente, independiente de nuestra observación y que no está sujeta a operaciones de otras entidades diferentes de las directamente implicadas. En el ejemplo aludido se manifiesta la existencia de un vínculo

---

[311] E. Schrödinger (1975): 17. Schrödinger, E. (1975): *¿Qué es una ley de la naturaleza?* Fondo de Cultura Económica.

[312] Por "necesidad material", entiende Aristóteles "La necesidad incondicional (la de 'lo que no puede ser de otra manera". 1014a34) es (…) la necesidad de la materia sin referencia a fines, aquella por la que las fuerzas de la materia producen 'ciegamente' sus efectos, tesis mantenida por muchos filósofos pre-platónicos y que Aristóteles admitirá en *Sobre las partes de los animales.* 642a1". (Aristóteles (1998): 168. Nota 84).

firme y persistente entre los dos objetos materiales que intervienen, esto es, la Tierra y el cuerpo que cae solicitado por la atracción gravitatoria[313].

Entonces, hay que concluir que es lícito concebir la "ley de gravitación" como la transcripción al lenguaje matemático de esa conexión necesaria que llamamos atracción gravitatoria. Importa señalar además, que tal formulación se realiza sin que sea preciso conocer la naturaleza material de los dos objetos que intervienen (la Tierra y el cuerpo que cae). Lo cual es una comprobación de que es posible captar los procesos físicos del mundo empírico con ayuda del método científico, sin necesidad

---

[313] En congruencia con las categorías aristotélicas enumeradas en la *Física*: "Así pues, si las categorías se dividen en sustancia, cualidad, lugar, tiempo, relación, cantidad, acción y pasión" (Aristóteles (1998): 303; 225b5).

En opinión de J. Cruz: "Después de Platón, Aristóteles trató varias veces en sus obras de manera explícita y sistemática, la relación (el προς τί, el *ad aliquid*). Luego, la filosofía hizo suyo el tratamiento de esas entidades llamadas relaciones, las cuales comparecen reiteradamente en los sistemas más dispares, como en Plotino, en Kant, y en Hegel. Sin la noción de relación, ninguna de esas filosofías se hubiera podido explicar a sí misma, ni hubiera podido explicar el mundo" (J. Cruz (2005): 12).

Por otra parte, precisando el sentido aristotélico de "relación", comenta De Echandía, "Una relación (*prós ti*) no es para Aristóteles un tipo de entidad distinta de los relatos que subsista por sí misma, sino que depende de los relatos, por tanto, sólo puede cambiar *per accidens* con respecto al cambio *per se* de los relatos" (Aristóteles (1998): 304 Nota 12). Es decir, la consistencia entitativa de la relación no reside en sí misma, sino que procede de los términos relacionados por ella. En esta misma línea interpretativa se debe señalar que el modo de ser que presenta la relación es muy diferente al de las restantes categorías. Y esto reside en su respectividad, es decir, en que su entidad consiste en ser para algo, *ad aliquid* [πρoς τί]. A diferencia de las otras entidades "absolutas", ésta entraña una menor consistencia ontológica. Para Averroes la "relación" es entre todos los predicamentos, el que tiene un ser más débil (*debilioris esse*).

Puesto que la ciencia empírica maneja entes idealizados que se forman en el pensamiento, las relaciones entre ese tipo de objetos serán de la misma naturaleza. Serán pues construcciones susceptibles de admitir una formulación de carácter matemático. Así, la ecuación algebraica que rige la caída de un cuerpo es una relación entre magnitudes que expresa cuantitativamente la "dependencia" real ("relación") que existe entre el espacio que recorre el móvil y el tiempo que tarda en llegar al suelo.

de conocer la constitución entitativa de los "seres" ni su estatuto metafísico.

Las leyes empíricas son una forma de expresar relaciones complejas que se dan entre los entes materiales. Esas conexiones necesarias o permanentes que asignamos a los objetos, como las fuerzas gravitatorias, manifiestan la existencia de una cierta estructura interna, que relaciona a unos seres con otros. En un sentido más amplio, el término filosófico "relación" designa un nexo natural entre dos o más objetos de los cuales deriva su entidad. Así, entre dos individuos que son padre e hijo existe una relación de parentesco. Es evidente que la relación de paternidad o de filiación no tiene su origen en ninguna regulación administrativa, ni es fruto de un acuerdo voluntario, sino algo permanente que surge de una realidad biológica y es ajena a la voluntad de ambos sujetos. Tal relación no existía antes del nacimiento del hijo y persiste en vida de ambos individuos. A este tipo de vinculación, la lógica clásica da el nombre de *relación predicamental* y los dos seres implicados en ella son calificados como *fundamento* y *término*. Consideramos aquí aquellos vínculos naturales que existen de hecho y que son independientes de nuestro pensamiento. No contemplamos los nexos ideados que puedan establecerse libremente entre entidades que no guardan ninguna conexión real.

En este contexto es oportuno recordar que el objeto de la ciencia empírica es descubrir y expresar esas *conexiones naturales universales y permanentes*, como las leyes mecánicas o electromagnéticas. Lo hace, mediante el método científico que construye un lenguaje simbólico a partir de la experimentación. La ciencia no maneja directamente entidades reales, tal como ocurre en el conocimiento ordinario a partir de las sensaciones que capta en el mundo exterior. Al contrario, los objetos inmediatos de su análisis son las *representaciones idealizadas* que guardan cierta razón de semejanza sensible con los objetos materiales. Esa semejanza se va haciendo cada vez más débil cuando la exploración científica se interna en regiones más complejas y distantes de nuestra observación directa.

La enunciación del principio de Arquímedes, por ejemplo, expresa una función de la *densidad, peso, empuje,* etc., que son a su vez magnitudes definidas a partir de propiedades de la materia. Sabemos así que todo sólido inmerso en un líquido experimenta un *empuje* hacia arriba de un valor cuantificable, dependiendo de las *densidades* respectivas del sólido y del líquido. Es decir, realmente obtenemos una información que está contrastada por la experiencia, sobre el "tipo de interacción" (o de "relación" de orden natural) que existe entre líquidos y sólidos en esas circunstancias precisas. Relación que es universalmente válida dentro del marco teórico establecido y que es atemporal e independiente de las clases de sustancias que intervienen e incluso del lugar mismo donde suceden. Tal principio hidrostático se mantendría igualmente válido en otro planeta, si bien en este caso, el valor del peso del sólido dependerá de la intensidad de la gravedad de aquel lugar.

En resumen, el principio cuya formulación debemos a Arquímedes nos proporciona un conocimiento real acerca del modo de actuar de la naturaleza, al cual hemos llegado sin hacer ninguna consideración sobre causas u otras entidades filosóficas. El resultado obtenido es una proposición de validez universal que traduce al lenguaje científico un nexo real que de hecho existe entre dos entidades materiales, un sólido y un líquido (en el ejemplo citado), los cuales se hallan en equilibrio hidrostático. Esta sencilla mención de una ley de la hidrostática es generalizable a otros dominios de la física.

Lo cual nos permite concluir que las teorías no se refieren directamente a los hechos como son percibidos en las observaciones experimentales, sino que lo hacen indirectamente a través de sus idealizaciones.

Vemos, pues, que las impresiones sensibles producidas en la observación no se pueden incorporar directamente a las formulaciones de las leyes. Entre unas y otras, se incluyen datos experimentales e interpretación de los resultados. Por ejemplo, la "intensidad de una corriente eléctrica" que circula por un conductor se mide mediante un dispositivo apropiado (amperímetro o galvanómetro) cuyos valores se interpretan en el marco teórico de la ley de Ohm que rige la trasmisión de la carga eléctrica en "conductores metálicos". Por otro lado, los detalles externos percibidos en la observación directa (no científica) se refieren a la instalación eléctrica de laboratorio formada por una combinación de conductores, generador de carga eléctrica, amperímetro, etc. Pero la interpretación correcta del "hecho científico" sólo se consigue cuando se analizan los resultados de las medidas de las magnitudes ("intensidad de corriente", "potencial, resistencia eléctrica, etc.).

Por consiguiente, de las teorías físicas no cabe esperar una descripción exacta de "hechos brutos", sino más bien será posible encontrar una interpretación expresada en un lenguaje preciso. Lo cual implica la transposición de los sucesos naturales captados por los sentidos al mundo del pensamiento. Por ello, no es de extrañar que la imagen descrita por los enunciados físicos sea diferente de la percibida por los sentidos, siendo mayor esa diferencia, cuanto más nos alejamos de la observación directa. Esto es lo que ocurre cuando el objeto de estudio es de dimensiones microscópicas o por el contrario se encuentra muy alejado de nuestras posibilidades de examen directo y deben utilizarse precisos dispositivos de observación, cuyos datos han de interpretarse recurriendo a un complejo marco teórico.

Esta combinación de teorías y observaciones hace de la física un sistema armónico con las características de un organismo vivo. Esta reflexión ha sido compartida, entre otros, por Henri Poincaré, Heinrich Herz. El físico y filósofo de la ciencia Pierre Duhem lo expresa en los siguientes términos:

> La ciencia física es un sistema que hay que tomar entero; es un organismo del que no se puede hacer funcionar una parte sin que las partes más alejadas entren también en juego, unas más y otras menos, pero todas en cierto grado. Si en este funcionamiento surge algún problema, alguna dificultad, el físico deberá adivinar, a través del efecto producido sobre todo el sistema, cuál es el órgano que necesita ser corregido o modificado, sin que le sea posible aislar ese órgano y examinarlo aparte. El relojero al que se le entrega un reloj que no funciona separa todos los mecanismos y los examina uno por uno hasta encontrar el que está desajustado o roto. El médico al que se le presenta un enfermo no puede diseccionarlo para establecer su diagnóstico, sino que ha de adivinar el lugar y la causa del mal examinando las alteraciones que afectan a todo el cuerpo. Es a éste y no a aquél a quien se parece el físico encargado de reajustar una teoría defectuosa[314].

---

[314] P. Duhem (2003): 247.

10. EPÍLOGO: MÁS ALLÁ DE LA CIENCIA

10.1. Desde la ciencia

En los capítulos anteriores hemos visto que el método descubierto por Galileo, luego perfeccionado por Newton y por destacados científicos posteriores, se convirtió en un camino seguro para estudiar el mundo natural. Así lo demuestran los éxitos que a lo largo de quinientos años contribuyeron a formar una imagen del universo e impulsaron notables aplicaciones tecnológicas. En el siglo XVII la mecánica de Newton, junto con la astronomía y ciencias derivadas concibieron el universo como un gran mecanismo sometido a leyes fijas. En el siglo XVIII, el *campo de fuerza* de Faraday y las ondas electromagnéticas de Maxwell, más allá de la mecánica, desarrollaron nuevas parcelas de la física, fomentando la exploración de remotos rincones del espacio con la ayuda de los radiotelescopios. A comienzos del siglo XX, las teorías relativistas de Einstein trazaron una representación del universo basada en la imagen de un "continuo espacio-temporal". Pero, esa representación no es completa, ya que la continuidad es incompatible con la discontinuidad cuántica. Para Louis de Broglie, fueron los *cuantos* quienes se introdujeron furtivamente en el vasto y grandioso edificio de la física clásica estremeciendo sus "fundamentos sin que al principio nadie se diera exacta cuenta de ello. Hay pocos cataclismos en la historia del mundo intelectual comparables a éste".

A pesar del espléndido ascenso de la física en el plano teórico y técnico, sus mismos éxitos han provocado también muchas dificultades y cuestiones especulativas sin respuestas convincentes. Especialmente, a partir de los primeros años del siglo pasado, en la física teórica se han suscitado diferencias de interpretación, en torno a las ideas sobre "onda-partícula", el "principio de incertidumbre" de Heisenberg, los "efectos relativistas" y la interpretación física del *cuanto de acción*. Tales disquisiciones originadas en el campo estrictamente científico, no tardaron en provocar reflexiones filosóficas y especulaciones al margen de la razón científica, desafiando en algunos casos los más sólidos principios del conocimiento; tal como la validez de las leyes naturales, la libre voluntad humana, o los fundamentos de la lógica. Así pues, la ciencia actual en su constante desarrollo se ve impulsada a afrontar nuevos enigmas que en muchos casos caen fuera de su campo de acción y desbordan las características de su método.

Este cúmulo de cuestiones ha sido afrontado por diversos autores poniendo de manifiesto que el método galileano no ofrece suficientes recursos intelectuales para obtener respuestas seguras y pierde su eficacia cuando se aplica a otras parcelas del saber. Por un lado, la ciencia plantea problemas cuyas soluciones trascienden sus propios recursos conceptuales y por otro lado, las teorías físico-matemáticas no son capaces de aportar soluciones satisfactorias a cuestiones que sobrepasan las categorías de orden cuantitativo. Al contrario, los enfoques filosóficos que buscan entidades metafísicas y leyes causales, tampoco pueden dar las respuestas adecuadas que demandan los fenómenos empíricos. Por tanto, al comprobar que la ciencia experimental, pese a sus grandes progresos, no satisface el natural deseo humano de saber, es preciso recurrir a un método que sea adecuado al objeto de investigación.

Este Epílogo trata de señalar algunos de los interrogantes que se encuentran más allá de la ciencia experimental y que precisan un proceso de estudio diferente. En primer lugar, se ha de admitir que el conocimiento científico del mundo natural no sigue siempre una vía estrictamente lógica, ya que no puede prescindir de la "captación intuitiva", condición necesaria para construir los primeros esquemas mentales; como Einstein reconoce.

> Cualquier experto sabe que los grandes avances de la ciencia, por ejemplo la teoría de la gravitación de Newton, la termodinámica, la teoría cinética de los gases, la moderna electrodinámica, etc., han surgido siempre de esta manera y que sus fundamentos tienen en principio un carácter hipotético. Por lo tanto, el investigador parte siempre de unos hechos cuya relación mutua constituye el objeto de sus esfuerzos. *Pero no llega a su sistema de ideas por vías metódicas e inductivas, sino que se amolda a los hechos a través de una selección intuitiva* llevada a cabo entre las distintas teorías posibles basadas en axiomas[315].

En el mismo inicio de la investigación científica se despliegan facultades que lejos de responder a la razón discursiva, tienen mucho que ver con una atenta percepción dirigida por el pensamiento intuitivo y la capacidad creativa.

10.2. Fuera de la ciencia

Los ejemplos históricos analizados muestran que las teorías físicas dejan fuera de su objeto de investigación algunas parcelas, como la referida a los seres vivos, de cuyos procesos biológicos se ocupa la biología y la química. Además, la experiencia ordinaria (no científica) nos pone en contacto con otros ámbitos del pensamiento.

---

[315] A. Einstein (2005): 233, 234 [Cursiva añadida].

Por ejemplo, el mundo de los *valores* económicos, estéticos, éticos y espirituales, que escapan a la visión científica del mundo por su naturaleza inmaterial. Es evidente, que los instrumentos aptos para conocer la estructura de la materia inanimada no son útiles para indagar un universo inmaterial, regido por la noción de *valor*. Pues en él no existen imágenes sensibles que puedan describirse mediante el lenguaje matemático, por lo cual, aquí, el método científico no es apropiado. Por el contrario, las teorías científicas, sí pueden ser sometidas a valoraciones con criterios estéticos. Por ejemplo, la teoría de Newton es estimable no sólo por su eficacia técnica, sino también por la coherencia interna y por su armonía dentro del conjunto de la física. La estructura formal ordenada que refleja el movimiento del sistema solar con precisión y sencillez es un ideal estético que supera su eficacia científica. En opinión de Einstein, el sentimiento estético de la ciencia:

> Es la experiencia más bella y profunda que se pueda tener... percibir que, tras lo que podemos experimentar, se oculta algo inalcanzable, cuya belleza y sublimidad sólo se puede percibir como pálido reflejo, es religiosidad[316].

La forma estética es uno de los rasgos definitorios de una teoría válida y muestra el ingenio del autor al reflejar el orden natural. Por tanto, la ciencia experimental abarca una porción del mundo real menor que la de los valores. Pues de las leyes científicas bien construidas pueden apreciarse valores estéticos. Por el contrario, la ciencia empírica no posee recursos para enjuiciar los valores estéticos o la bondad de las acciones humanas. En consecuencia, "si bien es cierto que la ciencia, en la

---

[316] A. Einstein (1980): 35.

medida en que capta conexiones causales, puede llegar a conclusiones significativas sobre la compatibilidad o incompatibilidad de objetivos y valoraciones, las definiciones independientes y fundamentales respecto a objetivos y valores quedan fuera de su alcance"[317].

El filósofo neokantiano Ernst Cassirer (1874 – 1945), en su obra "Las ciencias de la cultura", subraya dos diferentes ámbitos de conocimiento. Por un lado, el de los *conceptos naturales* y por otro el de los *conceptos culturales*. Los primeros son fruto de la ciencia empírica. En física, la noción "peso atómico" de un elemento químico procede de la aplicación de una ley, en virtud de la cual se construye la "Tabla periódica de los elementos". Por ejemplo, todo metal que posea el "peso específico del oro" será catalogado como tal. De esta forma, la ley general "establece un criterio cuantitativo" para clasificar los casos particulares; por ejemplo el Oro que, con el símbolo Au^{79}, se incluye en la posición que le corresponde según la ley.

De acuerdo con Cassirer, a diferencia de los conceptos formados en las ciencias empíricas, los *conceptos culturales* no admiten el mismo grado de precisión que el exigido en las ciencias experimentales. En las "ciencias de la cultura", donde se incluye entre otras, a la historia, la estética, la ética, también se establecen criterios que sirven para ordenar lo particular dentro del universal, sin establecer categorías precisas y subordinadas unas a otras[318].

---

[317] A. Einstein (1980): 43,44.

[318] Un ejemplo ilustrativo de este concepto es el de "cultura renacentista", señalado por Ernst Walser en sus "Estudios sobre la concepción renacentista del mundo". "La vida y los afanes de todo el Renacimiento no pueden derivarse de *un solo* principio, del *individualismo* y el *sensualismo*, como tampoco puede reducirse a un principio único la tan decantada unidad de cultura de la Edad Media". Citado en E. Walser: (2005): 101.

Sin embargo, a pesar de las grandes diferencias conceptuales y metodológicas señaladas entre las dos clases de ciencias citadas, algunos científicos contemporáneos de renombre, como Stephen Hawking, Richard Dawkins, Carl Sagan, Steven Weinberg, Edward O. Wilson y Stephen Jay Gould atribuyen a la ciencia experimental el monopolio del conocimiento de la realidad y rechazan cualquier otra vía de acceso intelectual. Conceden al método científico el privilegio de garantizar la racionalidad de todo conocimiento. Teniendo en cuenta el interés y actualidad de sus argumentaciones parece oportuno que analicemos algunas de sus ideas más destacadas.

Aparte de los factores personales, los conflictos históricos entre ciencia y religión son consecuencia de errores metodológicos. En el año 1633 en la sentencia del conocido caso Galileo se aplicaron criterios religiosos basados en una interpretación equivocada de textos de la Sagrada Escritura utilizados para analizar el movimiento de la Tierra alrededor del Sol, que ya había descubierto Copérnico en 1543. Si se pretende investigar un determinado campo de conocimiento utilizando un método inadecuado, se llegará a conclusiones no avaladas por los hechos. Hay una colisión entre ciencia y religión, cuando con criterios teológicos se enjuician hechos científicos y viceversa.

En efecto, cabe citar posiciones intelectuales que niegan la existencia de Dios y que basan sus razones en la ciencia empírica. Por ejemplo, en el campo de la física-matemática, Stephen Hawking (1942 - 2018), coautor de "El gran Diseño"[319] con Leonard Mlodinow. Se trata de un libro de carácter divulgativo, en el que se pretende justificar la inexistencia de un *Ser* creador del universo. O

---

[319] S. Hawking y L. Mlodinow (2010).

al menos, mostrar que tal "ser" sería inútil, ya que, según su opinión, la ciencia actual puede *explicar* el origen y evolución de un mundo por complejo que sea. Al parecer, tales afirmaciones se asientan en la llamada teoría M[320] (aglutinante de múltiples sub-teorías). Para los autores citados, esa teoría aporta razones estrictamente científicas que hacen prescindible la creación del universo.

De acuerdo con las predicciones de la teoría M, nuestro universo no es único, pues muchísimos otros universos fueron creados de la nada. Su creación, sin embargo, no requiere la intervención de ningún Dios o Ser Sobrenatural, sino que esa multitud de universos surge de modo natural de las leyes físicas y por tanto son una predicción científica[321].

En el Capítulo 7, mencionamos las "teorías de cuerdas" y nos referimos a la "teoría M" como compendio de un sinfín de teorías que pretende explicar todos los problemas físicos existentes. Pero, aun suponiendo que la citada "teoría M" ofreciese una base argumental segura, la afirmación recogida en el texto anterior no es aceptable como enunciado científico, ni tiene valor epistemológico. Pues el objetivo de la investigación científica no es la observación de ficticios universos, menos aún los que se suponen surgidos por "creación" de la "nada". Ambos términos no pertenecen al vocabulario científico, pues son inobservables. El término "creación", como acto de traer a la existencia algo que no existía antes, no tiene sentido

---

[320] Jon Butterworth, científico, "que trabaja en el Gran Colisionador de Hadrones de Suiza, declara que 'la Teoría M es muy especulativa y no se encuentra en la zona de la ciencia ni tenemos evidencias que la respalden' (…) sino que era más bien una corazonada científica". (Citado en J. Lennox (2016): pos. 740).

[321] Según la estimación especulativa de Hawking "La teoría M tiene soluciones que permiten muchos tipos de espacios internos, quizá hasta unos 10^{500}, lo cual significa que permitiría 10^{500} universos, cada uno con sus propias leyes (Hawking y Mlodinow (2010): 136.

físico. Tampoco lo tiene la noción de "nada", que es equivalente a inexistente y que, por tanto, no puede ser objeto de experimentación.

Supuesta la existencia de tales universos, está fuera de toda lógica afirmar que, conociendo las leyes físicas que rigen los fenómenos naturales, se adquiere el poder de crearlos. Las leyes científicas son una elaboración de la mente humana obtenida a partir de la observación experimental de la naturaleza. No al revés. Primero existen los fenómenos naturales, como la luz o las galaxias y después se construyen las teorías y las leyes que los gobiernan, conforme hemos mostrado analizando con detalle algunas investigaciones relevantes en la historia de la ciencia.

La aplicación del método científico comienza por la observación y continúa por la definición de magnitudes que sean experimentalmente mensurables, con la finalidad de elaborar teorías que puedan explicar los fenómenos naturales. Con ello, los científicos están en condiciones de hacer previsiones sobre hechos futuros, siempre dentro de los límites que estipulan las leyes. A partir de ese conocimiento teórico son posibles las aplicaciones técnicas. Pero es evidente que tal conocimiento de la naturaleza no conduce inexorablemente a la formación de mecanismos y procesos constructivos. Por tanto de una ley física no puede *surgir naturalmente* nada material y menos varios "universos". La afirmación de Hawking confunde el plano intelectual del pensamiento con el mundo donde ocurren los hechos naturales.

Los estudiosos anteriores a Newton no consiguieron explicar correctamente el movimiento de los planetas del sistema solar. Newton lo hizo por primera vez, expresándolo en la ley de gravitación universal que rige el movimiento de los planetas en torno al Sol. Una ley bien conocida que, con más de trescientos años, se sigue estudiando en las universidades y que proporciona una representación precisa del sistema solar. En cierto modo, podría afirmarse que, conociendo su ley, conocemos la mente de Newton, pero no sería sensato afirmar que ahora podemos prescindir de Newton y aún menos negar su existencia.

Por otro lado, el biólogo especializado en evolución, Richard Dawkins centra su indagación en explorar las posibilidades de la teoría de Darwin sobre la evolución de las especies. Su especulación sigue una senda diferente para llegar a un resultado parecido al de Hawking, dentro del mundo más restringido de los seres vivos. Pretende demostrar la existencia y variedad de los vivientes, incluido el ser humano, a partir de leyes y enunciados teóricos extraídos del *código genético* y de la *selección natural*. Esas y otras hipótesis confluyen en el llamado "principio antrópico", reconocido por algunos científicos como explicación plausible de la existencia de vida humana en nuestro planeta. Para muchos sería una prueba del origen sobrenatural de un universo ordenado que fue previsto por una mente superior. Dawkins no comparte esa interpretación.

> Lo que las mentes religiosas no captan es que se ofrecen esas dos soluciones candidatas para resolver el problema [del origen del universo]. Dios es una de ellas. El principio antrópico es la otra. Hay *alternativas*[322].

Lo que las mentes religiosas encuentran en el "principio antrópico" son indicios para creer en la existencia de un Creador del universo, es decir una mente capaz de diseñar y hacer realidad su pensamiento. Dawkins aduce una posibilidad que no es válida, ya que

---
[322] E. Dawkins (2008): 161...

la formación del universo necesita un sujeto agente, su origen no puede provenir de un "principio teórico". Un edificio no surge simplemente del diseño arquitectónico, sin la actuación de los constructores. Análogamente, el "principio antrópico" responde a una teoría basada en datos conocidos y comprobados pero su elaboración y la explicación que ofrece no puede ser *causa* del origen y fundamento de la evolución del universo.

Uno y otro autor, Hawking y Dawkins, pretenden prescindir del "sujeto agente". Piensan que descubrir algunas leyes científicas equivale a explicar el origen y evolución del universo. Pues, razonan: "si las leyes que rigen el universo son conocidas, entonces "conocemos la mente de Dios" y podemos prescindir de un Creador. Por lo cual, reducen la mente de Dios a aquello que la ciencia empírica conoce, sin aportar ninguna comprobación experimental válida, como exigiría la aplicación del método científico[323].

10.3. Ciencia y creencia

El método científico es un procedimiento discursivo que progresa mediante la razón aplicada a los datos experimentales proporcionados por los sentidos. Pero no es la única vía de conocimiento del mundo real. El buen uso de la razón no es monopolio de la ciencia empírica, ya que hay otros campos de conocimiento como los que cultivan historiadores, economistas, filósofos o teólogos, entre otros estudiosos de las ciencias humanas. La misma aplicación del método científico no sería posible sin admitir implícitamente algunos requisitos lógicos previos.

---

[323] "Si Dios existe, entonces es sobrenatural. Si es sobrenatural, no está limitado por las leyes de la naturaleza; Si no está limitado por las leyes de la naturaleza, no hay razón de que esté limitado por el tiempo; Si no está limitado por el tiempo, entonces está en el pasado, el presente y el futuro. La evidencia científica de la fe. (Citado F. S. Collins (2007): 92).

Tales son los "primeros principios" en los que se basa todo razonamiento natural, como el de *identidad*, del *tercio excluido*, o el de *causalidad*, cuyos fundamentos no se basan en ningún descubrimiento experimental. No son deducibles por el método científico ni siquiera son accesibles exclusivamente por vía empírica.

Sobre la existencia de un "ser creador" (causa del universo), cabe plantear dos situaciones opuestas, que sea un ser inmaterial o bien que sea material. Si el Creador es inmaterial, no tiene sentido plantear la demostración de su existencia utilizando el método experimental, pues éste sólo es aplicable cuando se investiga acerca de seres materiales y la ciencia no dispone de medios solventes para encontrar la respuesta. En el caso opuesto, si el "ser creador" fuese material, entonces, la ciencia experimental debería orientar su actividad en "detectar" las manifestaciones observables de su existencia, ya que el fin de la ciencia empírica es describir hechos naturales, no intuir "existencias".

Pero la tarea de la ciencia no exige ningún tipo de confesionalidad para desarrollar su cometido. No tiene sentido argüir que la fe no puede ser fuente de conocimiento científico por no ser un método racional, ya que no ofrece comprobaciones empíricas. Tampoco es necesario prescindir de ella para cultivar la ciencia con éxito, así lo demuestran los numerosos casos de científicos creyentes, aunque hay que reconocer que muchos se han beneficiado de una mejor perspectiva a la hora de acometer la investigación, descubriendo en la naturaleza rasgos que sintonizan con su ideal espiritual.

Al margen de la fe teologal, las leyes físicas como las de la mecánica de Newton o las del electromagnetismo de Maxwell, proporcionan indicios de la existencia de entidades materiales dinámicas, cuyo fundamento metafísico no es objeto de la ciencia experimental y que no impiden indagar los fenómenos de orden natural, cualquiera que sea su causa metafísica. De modo análogo, cuando arquitectos e ingenieros tienen que realizar cálculos precisos para proyectar un edificio, no dudan de la validez de las leyes mecánicas y la admiten implícitamente, sin intentar comprobarlas.

Basados en la experiencia común se ha de aceptar que la fe humana juega un papel imprescindible en la ciencia, no en virtud de la autoridad de los científicos, sino por la comprobación experimental de las teorías. La tarea de la ciencia es describir de forma racional y precisa los fenómenos naturales que se observan. Su objetivo se centra en analizar lo que *es* y expresarlo mediante un lenguaje preciso, sin decir cómo *debieran* ser las cosas que estudia. Por el contrario, la ética y la religión consideran los acontecimientos y acciones humanas desde la perspectiva del *deber ser*: analizan y juzgan con referencia a leyes éticas. Unas y otras, ciencias empíricas y ciencias del espíritu, tienen sus propios métodos y diferentes ámbitos de investigación.

Muchos investigadores han comprendido la limitación del método científico para resolver problemas no científicos. Así para responder a las cuestiones éticas, se precisan recursos filosóficos o teológicos, Albert Einstein reconoció en "Ciencia y Religión", la conveniencia de distinguir entre esas dos grandes regiones del pensamiento.

> Es también evidente, sin embargo, que el conocimiento de lo que *es* no abre la puerta directamente a lo que *debería ser*. Uno puede tener el conocimiento más claro y completo de lo que *es* y no ser

capaz sin embargo de deducir de ello lo que debería ser el objetivo de nuestras aspiraciones humanas[324].

Esas últimas palabras expresan la pretensión humana surgida del deseo innato de conocer que supera el horizonte de la ciencia empírica. Satisfacer tal pretensión precisa un método de análisis que eleve la perspectiva por encima de lo que *es*, sobre la mera existencia sensible, para dar razón de las otras aspiraciones humanas que impulsan el logro de valores superiores.

En la historia de la ciencia encontramos múltiples biografías de creyentes, que ofrecen un decidido testimonio de sus convicciones religiosas y una prueba de que tal convencimiento no les impidió desarrollar una actividad científica notable en muy diversos campos, tanto teóricos, como experimentales, lo que sirve para mostrar con creces la autonomía de la ciencia y la religión. Por el contrario, aquellos científicos que han pretendido explorar campos ajenos a su dominio no sólo no aportan razones solventes contra la fe religiosa, sino que parecen desdeñar lo que ignoran. En los primeros años del siglo XIX, el ateísmo agresivo de Thomas Huxley quiso poner la teoría evolucionista de Darwin en lugar de la fe cristiana, confundiendo los planos en que debían discurrir una y otra, con perjuicio de la primera.

Pues ateniéndose a los hechos comprobados, las creencias religiosas, lejos de ser un obstáculo para descubrir los misterios de la naturaleza, son un impulso para la investigación.

> Sólo pueden crear ciencia aquellos que están totalmente imbuidos en la aspiración a la verdad y el entendimiento. Esta fuente de sentimiento, sin embargo, brota de la religión. A ella también pertenece la fe en

---

[324] A. Einstein (2000): 37.

que las regulaciones válidas para el mundo de la existencia puedan ser racionales, es decir, inteligibles a la razón (…) la ciencia sin la religión está coja, la religión sin la ciencia está ciega[325].

En sentido contrario, el biólogo evolucionista Richard Dawkins emplea su actividad intelectual en combatir la creencia en Dios y sus escritos se dirigen a difundir resentimientos, más que a ofrecer razonamientos, como demuestran sus expresiones despectivas contra las confesiones religiosas más respetadas en Occidente.

Algunos científicos incluidos los no creyentes han criticado la forma radical de atacar las convicciones religiosas. Entre otros, Peter Ruse, filósofo de la ciencia en la rama de biología, considera que el talante axiomático suele esconder una posición insegura. El premio Nobel de física Peter Higgs (que se declara increyente) no considera que la ciencia y la religión sean incompatibles y critica la postura "fundamentalista" de Dawkins, rechazando la irrespetuosa actitud que mantiene hacia sus oponentes.

¿Qué razones científicas albergan los nuevos ateos para sostener tal rechazo a la religión? Para algunos científicos destacados, la fe religiosa no tiene cabida en la sociedad civilizada. Otros van más allá y la califican de peligro potencial que debe eliminarse. A este último grupo pertenece el premio Nobel en física Steven Weinberg, quien declara:

---

[325] Einstein debió rectificar su la teoría de la relatividad, cuando Georges Lemaître (1894 – 1966), sacerdote y astrónomo belga, le mostró su teoría cosmológica en la que afirmaba la existencia de un origen. "un día que no tuvo un ayer", en contra de la teoría antigua del universo eterno. La teoría del Big Bang de Lemaître consideraba un universo en expansión, que se anticipaba a la ley de Hubble, Einstein recelaba de esta explicación, ya que le recordaba la doctrina judeocristiana de la creación. (Citado en J. Lennox (2016): pos. 1008 – 1013.

> El mundo necesita despertarse de la larga pesadilla de la religión… Los científicos deberíamos hacer todo lo que podamos para debilitarla, algo que sería, de hecho, nuestra mayor contribución a la civilización[326].

En esta materia, Weinberg, prestigioso físico teórico, discrepa de Einstein quien reconoce el valor superior de la religión. Uno y otro no recurren a la ciencia para sustentar sus convicciones, sin embargo, la argumentación de Einstein está desprovista del tono categórico y beligerante del primero, cuyo irreductible fervor por la razón científica le impulsa a creer en una presunta "teoría final". Tal posición intelectual ha sido calificada por Giovanni Reale como una ontología encubierta.

> Al incluir en su discurso juicios no sólo ontológicos, sino también axiológicos, Weinberg acaba cayendo en una especie de criptoontología y en una especie de criptoética (…) [que] implica una precisa "metafísica nihilista", que supone la negación de un *fin ontológico y axiológico* de las cosas y la consiguiente *negación del sentido ontológico y ético de la vida.*[327]

De nuevo la historia de los descubrimientos científicos y de su aportación genial a la física, nos proporciona una larga lista de creyentes que han contribuido de modo decisivo al avance de la ciencia y al conocimiento del universo; entre ellos, Galileo, Newton, Faraday, Maxwell, Einstein dejaron perenne constancia de sus respectivos descubrimientos a favor del progreso humano. Su grandeza intelectual y moral no siempre se mide en distinciones y reconocimiento social, sino más

---
[326] Citado en J. Lennox (2016): pos. 282.
[327] G. Reale (2005): 139.

bien destacan por la profundidad de sus ideas geniales. Buena parte de su capacidad creativa se nutrió de los conocimientos filosóficos y de las creencias religiosas. El italiano Galileo refleja en sus escritos un buen conocimiento de los pasajes bíblicos, sin embargo no se sintió condicionado por la tradición escolástica, sosteniendo en contra la teoría del sistema planetario del católico polaco Copérnico, que fue compartida por el luterano alemán Kepler. Lo que prueba por vía de hecho, que ciencia y religión son compatibles[328].

La convicción de la existencia de un Ser que trasciende al mundo proporciona una posición psicológica más firme y profunda para afrontar la investigación y orientarse mejor frente a los enigmas de la naturaleza. Los ejemplos históricos muestran cómo una idea abstracta, procedente de un ámbito ajeno al problema propuesto, se convierte en semilla de un nuevo concepto eficaz. Piénsese en la "armonía de las esferas celestes" de Kepler, donde un sentimiento de raíz religiosa y estética, sirve de guía para su aventura astronómica. Hasta el punto de establecer proporciones geométricas entre las órbitas de los planetas conocidos. La creencia religiosa sobre el orden divino de la creación le encamina hacia el terreno de la investigación científica donde obtiene resultados objetivos, medidos y comprobados. Lejos de intervenciones sobrenaturales, esa moción interna, indefinida, orienta a quienes exploran mundos desconocidos cuando se hallan ante situaciones cerradas, sin horizonte racional. El mismo Newton concibió la fuerza de atracción gravitatoria entre el Sol y los planetas, acudiendo a razonamientos cuasi-religiosos, pues al fin y al cabo debía justificar una acción entre dos

---

[328] Afirmación compartida por la tesis expuesta en A. Fernández-Rañada (2000): 40.

cuerpos sólidos sin ningún medio material. Es decir, tenía que trascender la experiencia inmediata de fuerzas centrifugas que explican el movimiento de giro de una masa sujeta a una cuerda, o producidas al empujar o tirar de un cuerpo; todas ellas, fuerzas que actuaban por contacto con la materia. En el conocido Escolio general, que cierra el Libro III de los *Principia*, escribe:

> Tan elegante combinación de Sol, planetas y cometas solo pudo tener origen en la inteligencia y poder de un ente inteligente y poderoso. Y si las estrellas fijas fueren centros de sistemas semejantes, todos ellos construidos con un esquema similar, estarán sometidos al dominio de *Uno*.

Es evidente que en este comentario, Newton no recurre a la acción divina (no sería un recurso científico), para justificar el concepto de "fuerza mecánica de atracción" del sistema solar. Pero, la creencia en un universo creado pudo proporcionarle mayor seguridad psicológica. En todo caso, su descubrimiento no se debió al conocimiento de causas metafísicas, sino a la construcción de un lenguaje matemático apropiado, basado en la observación y en el análisis de fuerzas, trayectorias, masas y distancias entre planetas.

La creencia en Dios ha propiciado en muchos científicos una perspectiva sobre el mundo, probando por vía de hecho la sintonía enriquecedora entre ciencia y fe, pues supone un salto desde la razón a la fe. En el siglo pasado, encontramos uno de los ejemplos más sobresalientes de la amigable combinación entre fe y ciencia avalada por el éxito. A comienzos de 1931 Georges Lemaître, sacerdote y astrofísico belga, propuso la hipótesis del "átomo primitivo", es decir, la descripción de las condiciones iniciales de la formación y expansión del universo; semilla de la que nacería la teoría del Big Bang. La exposición tuvo lugar con motivo del centenario del *British Association for the Advancement of Science* con asistencia de eminentes astrónomos, como Arthur Eddington y Robert Millikan. La idea fue rechazada por algunos científicos entre ellos por Einstein porque invitaba a pensar en la creación. Se quería evitar una intromisión de la teología en el terreno científico, quizá recordando la situación del caso Galileo, cuando algunos clérigos creyeron ver en el heliocentrismo una intromisión en la doctrina del Génesis. En el pensamiento de Lamaître es evidente la separación entre los dos planos científico y teológico, que puede apreciarse en el siguiente texto:

> El científico cristiano va hacia adelante libremente, con la seguridad de que su investigación no puede entrar en conflicto con su fe. Incluso quizá tiene una cierta ventaja sobre su colega no creyente; en efecto, ambos se esfuerzan por descifrar la múltiple complejidad de la naturaleza en la que se encuentran superpuestas y confundidas las diversas etapas de la larga evolución del mundo, pero el creyente tiene la ventaja de saber que el enigma tiene solución, que la escritura subyacente es al fin y al cabo la obra de un Ser inteligente y que, por tanto, el problema que plantea la naturaleza puede ser resuelto, y su dificultad está sin duda proporcionada a la capacidad presente y futura de la humanidad[329].

10.5. Universo inteligible

En el transcurso de estas páginas, hemos puesto de manifiesto la eficacia del método científico. La historia de la ciencia nos enseña que el lenguaje científico es diferente conforme a los fenómenos naturales que se estudian.

---

[329] Citado en E. Riaza (2010): 70.

Desde la cinemática y dinámica de los cuerpos terrestres y celestes, hasta la estructura interna de la materia o la emisión de energía radiactiva y la exploración del cosmos.

Transcurridos más de cuatro siglos desde el origen del método científico, el mismo progreso de las teorías físicas constituye una prueba empírica de que la mente humana está capacitada para comprender la naturaleza y por tanto que el cosmos es inteligible. Los descubrimientos, junto con sus numerosos desarrollos técnicos, revelan que la naturaleza es una fuente inagotable que se presenta a nuestra observación y experimentación. El medio que nos rodea es en parte modificable, pero inalterable en su integridad esencial. En esa compleja estructura perdurable encuentran su fundamento las leyes físicas, como las que rigen y ordenan el sistema solar.

Por consiguiente, es razonable afirmar que el universo material que la ciencia nos descubre es el *cosmos* de los antiguos filósofos griegos. Hoy, gracias a las más avanzadas tecnologías de exploración espacial y a la teoría general de la relatividad, disponemos de una imagen global del universo más acabada, según una representación geométrica. Aún así es un perfil incompleto que la ciencia traza en su incansable actividad, combinando inventiva experimental y creatividad intelectual; un fructífero trabajo de cooperación desarrollado a través de los siglos.

Pierre Duhem, físico francés de principios del siglo pasado, entiende la tarea de investigación científica, como una constante confrontación entre naturaleza y razón. El desarrollo de la física incita a una continua lucha entre "la naturaleza que no se cansa de producir" y la razón que no quiere "cansarse de comprender".

Ante la enorme complejidad del universo, la ciencia experimental lo descompone en piezas que trata de encajar en el conjunto. Si pensamos en las ciencias experimentales que se ocupan de la materia inanimada o las que estudian la materia organizada, e incluso de la materia viva, en todas ellas, existen características propias que denotan su inteligibilidad, a pesar de sus diferencias. Una propiedad de la naturaleza, que el filósofo de la ciencia M. Artigas ha subrayado:

> La naturaleza tiene una consistencia propia, y a ella se refieren las dimensiones *ontológicas*. Estas dimensiones existen con independencia de nuestro conocimiento, aunque sólo las descubrimos cuando adoptamos una perspectiva filosófica[330].

Desde esa perspectiva, cabe preguntarse por la sintonía que existe entre el modo de proceder de la naturaleza (su lógica de actuación) y la razón científica. ¿Por qué se cumplen las previsiones teóricas formuladas por los científicos, que sugieren una armonía entre la razón científica y el orden natural?

El físico teórico Paul Davies explica tal sintonía asegurando que la actitud científica sensata es esencialmente teológica: "la ciencia únicamente puede proceder si el científico adopta una visión del mundo fundamentalmente teológica". Puesto que, la ciencia requiere de modo implícito hacer un acto de fe para aceptar "la existencia de un orden natural similar a una ley, inteligible para nosotros al menos en parte"[331]. Estas afirmaciones, que son fruto de la propia experiencia, resultan tanto más convincentes, si se tiene en cuenta que proceden de un no-creyente confeso.

Entre el orden natural y la lógica científica existe una afinidad que revela un origen común. Una armonía que el

---

[330] M. Artigas (1992): 323.
[331] Citado en J. Lennox (2016): pos. 1008.

joven Maxwell, estudiante en Cambridge, descubrió y analizó en una breve disertación filosófica dedicada a la "analogía": *Essay for the Apostles on Analogies in Nature* ["Ensayo para los Apóstoles[332] sobre la Analogía en la Naturaleza"]. Esa reflexión personal nació con motivo de un trabajo experimental que mostraba la concordancia entre los resultados experimentales y las previsiones teóricas. Más allá de los datos científicos, como filósofo de la naturaleza, Maxwell detecta una correspondencia entre el discurso de la razón y el orden natural del universo; fundamento último que garantiza el valor del método científico.

---

[332] "The Apostles" era un conocido club estudiantil de la Universidad de Cambridge. (P. M. Harman (1990): 376 – 383).

BIBLIOGRAFÍA

Achinstein, P. (1987): "Scientific Discovery and Maxwell's Kinetic Theory". *Philosophy of Science,* vol. 54, pp. 409-434.

Agazzi, A. (1978): Temas y problemas de filosofía de la física. Herder. Barcelona.

Agazzi, E. (1981) "Il realismo scientifico e il carattere storico della siena" en "La nuova crítica", 57-58., 37. Traducción italiana del original publicado en *Voprosi Filsofii*, 1980, p. 6.

Agazzi, E. Artigas, M. Radnitzki, G. (1986): *La fiabilidad de la ciencia.*

Agazzi, E. (1997): "Criteria for Ontological Status of Entities". En: Agazzi, E. (Ed.). *Realism and Quantum Physics.* Rodopi, The Netherlands, pp. 40-73.

Alonso García, J. (1995): *La epistemología de Evandro Agazzi* Universidad de Navarra. Tesis doctoral, Pamplona.

Alonso García J. (1997). "La epistemología de Evandro Agazzi". En: *Excerpta e Dissertationibus in Philosophia.* Universidad de Navarra, Pamplona. vol. 7, pp. 187-261.

Anderson, D. R. (1987): *Creativity and the Philosophy of C.S. Peirce*, vol. 27. Martinus Nijhoff Publishers, Dordrecht.

Antiseri, D. (2001): *La Viena de Popper*. Unión Editorial, Madrid.

Arana, J. (2001): *Materia, Universo, Vida*. Tecnos, Madrid.

Arana, J. (2012): Los sótanos del universo (La determinación natural y sus mecanismos ocultos). Biblioteca Nueva. Madrid.

Ariew, R. y Barker, P. (1986): "Duhem on Maxwell: A Case-Study in the Interrelations of History of Science and Philosophy of Science". *Proceedings of the Biennial Meeting of Science Association*, pp. 145-156.

Aristóteles (1988): *Tratados de lógica II (Órganon). Sobre la interpretación. Analíticos primeros. Analíticos segundos.* Introducción, traducción y notas: M. Candel Sanmartin. Biblioteca Clásica Gredos, Madrid.

Aristóteles (1990): *Retórica.* Introducción, traducción y notas de Q. Racionero. Biblioteca Clásica Gredos, Madrid.

Aristóteles (1998): *Física*. Introducción, traducción y notas de Guillermo E. de Echandía. Biblioteca Clásica Gredos, Madrid.

Aristóteles (2000): *Sobre las líneas indivisibles. Mecánica*. Introducción, traducción y notas de Paloma Ortiz García. Biblioteca Clásica Gredos, Madrid.

Arquímedes (1986): *Arquímedes: El método*. Introducción y notas de L. Vega. Alianza Editorial, Madrid.

Artigas, M. (1987): "Objetividad y fiabilidad en la ciencia" *Folia Humanística*, 25. n. 294 – 295. pp. 463 – 464.

Artigas, M. (1989): *Filosofía de la ciencia experimental*. Eunsa Pamplona.

Artigas, M. (1992): *La inteligibilidad de la naturaleza*. Eunsa. Pamplona.

Atkinson, D. y Peijnenburg, J. (2004): "Galileo and prior philosophy". *Studies in History and Philosophy of Science*, vol. 35, n. 4, pp. 115-136.

Baggott, J. (2013): *Farewell to Reality: How Fairytale Physics Betrays the Search for Scientific Truth*.). Little, Brown Book Group. Edición Kindle.

Bailer-Jones, D. M. (2003): "When scientific models represent". *International Studies in the Philosophy of Science*, vol. 17, no. 1.

Barr, W. (1971): "A syntactic and semantic analysis of idealizations in science". *Philosophy of Science*, vol. 38, n. 2, pp. 258-272.

Barrow, J. D. (1997): *¿Por qué es el mundo matemático?* Grijalbo, Barcelona. pp. 98 - 99.

Berkeley. G (1993): "De Motu". Edición bilingüe de Ana Rioja. *Excerpta Philosophica*. Facultad de Filosofía de la Universidad Complutense. Madrid

Berkson, W (1981): Las teorías de los campos de fuerza. Desde Faraday hasta Einstein. Alianza Editorial, Madrid.

Bohr, N. (1988): *La teoría atómica y la descripción de la naturaleza*. Alianza Universidad, Madrid.

Boscovich, R. J. (1966): *A Theory of Natural Philosophy*. Edición inglesa del texto de la primera edición veneciana de *Theoria Philosophiae Naturalis*. Venetiis MDCCLXIII. The M.I.T. Press. Cambridge, Massachusets.

Bunge, M (2006): http://www.proyectosandia.com/2010/11/mario-bunge-cuestionando-la-teoria-de.html.

Bunge, M (2013): *La ciencia su método y su filosofía*. Laetoli. Pamplona.

Bustos, E. (1991): "Las metáforas científicas y el realismo semántico". *Arbor,* 542, pp. 69-82.

Casas, A y Rodrigo, T. (2012): *El bosón de Higgs*, CSIC. Madrid.

Cassirer, E. (1948) *El problema del conocimiento IV* Fondo de Cultura Económica México.

Cassirer, E. (1998): *Filosofía de las Formas Simbólicas*. Fondo de Cultura Económica, México. 3 vols.

Cassirer, E. (2005): *Ciencias de la Cultura*. Fondo de Cultura Económica. México.

Cat, J. (2001): "On Understanding. Maxwell on the Methods of Illustration and Scientific Metaphor". *Studies in History and Philosophy of Modern Physics,* vol. 32, n. 3, pp. 395-441.

Cercignani, C. (2007): Ludwig Boltzmann. The Man Who trusted Atoms. Oxford University Press, Oxford.

Chalmers, A. F. (1973): "Maxwell's methodology and his applications of it to electromagnetism". *Stud. Hist. Phil. Sci.*, vol. 4, n. 2, p. 155.

Clavelin, M. (1996): La philosophie naturelle de Galilée : essai sur les origines et la formation de la mécanique classique. Albin Michel, Paris.

Cohen, I. B. (1985): *El nacimiento de una nueva física*. Alianza Editorial, Madrid.

Collins, F. S. (2007): *¿Cómo habla Dios?* Francis S. Collins. "Temas de hoy".

Corradi, G. (1995): *The Metaphoric Process*. Routle, London.

Crombie, A. C. (1974). *Historia de la ciencia: de San Agustín a Galileo*. Alianza Editorial. Madrid.

Cruz, J. (2005): "Ontología de la Relación". En "La Relación (1600) de Juan Sánchez Sedeño". *Colección del Pensamiento Medieval y Renacentista*. Eunsa, Pamplona, pp. 11 – 91.

Daston, J (1984): "Galilean analogies: Imagination at the bounds of sense". *Isis*, vol. 75, p. 305.

Dawkins, R. (2008): *El espejismo de Dios*. Espasa, Madrid.

De Broglie, L. (1965): *La Física Nueva y los Cuantos*. Editorial Losada. Buenos Aires.

De Groot, J. (2000): "Aspects of Aristotelian Statics in Galileo's Dynamics". *Studies in History and Philosophy of Science*, vol. 31A, n. 4, pp. 645-664.

De Juana, J. M. (2003): *Física General*. Pearson, Madrid.

Di Vecchia (2008): "The Birth of String Theory" *Lect. Notes Phys.* 737, Springer-Verlag, Berlin, Heidelberg, pp. 59 - 118.

Dijksterhuis, (1987): *Archimedes*. Princeton University Press, New Jersey.

Dilworth, C. (1989): "Idealization and the Abstractive-Theoretical Model of Scientific Explanation". *Poznan´ Studies in the Philosophy of the Sciences and the Huminaties*. Rodopi, Amsterdam, vol. 16, pp. 167-181.

Drake, S. (1983): *Galileo*. Alianza Editorial, Madrid.

Drake, S. (1990): *Galileo: Pioneer Scientist*. University of Toronto Press, Canada.

Duhem, P. (1910): "Dominique Soto et la escolastique parisienne". *Bulletin Hispanique*, vol. 12, vol. 13 y vol. 14.

Duhem, P. (1959): Système du monde histoire des doctrines cosmologiques de Platon a Copernic. 10 vols. Hermann, París.

Duhem, P. (1991a): *The Origin of Statics*. Kluwer Academic Publishers, Dordrecht.

Duhem, P. (1991b): *The Aim and Structure of Physical Theory*. Princeton University Press, New Jersey.

Duhem, P. (2003): La Teoría Física, su objeto y su estructura. Herder, Barcelona.

Einstein,A.(1918-1921): einsteinpapers.press.princeton.edu/vol7-trans/335?printMode=true Doc. 71 Princeton Lectures, pp. 319, 320.

Einstein, A. (1919): "Time, Space and Gravitation". Traducción de Mercedes García Garmilla. *The Times* (28 de noviembre de 1919), pp. 13-14.

Einstein, A. (1920): *The Berlin Years: Correspondence. May-December 1920*. https:// einsteinpapers.press.princeton. edu

Einstein, A. (1924): "Das Comptonsche Experiment", *Berliner Tageblat* (20 abril 1924), Suplemento, p. 1.

Einstein, A. (1931): "Maxwell's influence on the development of the conception of physical reality". En *James Clerk Maxwell. A Commemoration volume, 1831-1931*. Cambridge at the University Press, Cambridge.

Einstein, A. y Infeld, L. (1939): *La Física aventura del pensamiento*. Editoral Losada S. A., Buenos Aires.

Einstein, A (1979). *Albert Einstein: Notas autobiográficas"* Prefacio de Paul Arthur Schilpp. Alianza Editorial. Madrid.

Einstein, A. (1980): *Mis ideas y opiniones*. A. Bosch. Barcelona.

Einstein, A. (1984): *Albert Einstein: Notas autobiográficas*. Alianza Editorial, Madrid.

Einstein, A. (2000): *Mis ideas y opiniones*. Traducción: José M. Álvarez Flórez y Ana Goldar. Bon Ton, Barcelona.

Einstein, A. (2005): *Albert Einstein*. Introducción, selección y edición: J.M. Sánchez-Ron. Crítica, Madrid.

Euclides (1991): *Elementos* libros, I-IV. Introducción de L. Vega. Traducción y notas de M. L. Puertas. Biblioteca Clásica. Gredos, Madrid.

Fabro, C. (1978): *Percepción y Pensamiento*. Eunsa, Pamplona.

Faraday, M. (1859): *Experimental Research in Chemistry and Physics*. Taylor. Londres.

Faraday, M. (1965): *Experimental Research in Electricity*, 3 vols. Dover, New York.

Fernández-Rañada, A. (2000): Los *científicos y Dios* Ediciones Nobel. Oviedo.

Fischer, K. (1986): *Galileo Galilei*. Herder, Barcelona.
Fisher, K. (2001): *Faraday's Experimental Researches in Electricity (Guide to a first Reading)*. Green Lion Press, Santa Fe. New Mexico.

Galileo (1968): *Le Opere di Galileo Galilei*. Edizione Nazionale, a cargo de A. Favaro. 20 vols. Barbèra 1890-1909, Florencia.

Galileo (1984): *El Ensayador*. Traducción, prólogo y notas: José Manuel Revuelta. Aguilar. Sarpe, Buenos Aires.

Galileo (1994): *Diálogo sobre los dos Máximos Sistemas del Mundo Ptolemaico y Copernicano*. Edición de A. Beltrán. Alianza Editorial, Madrid.

Galileo (2002): *Le Mecaniche*. Ediziones critica e saggio introduttivo di Romano Gatto. Leo S. Olschki Editore.

Galileo (2003): *Diálogos acerca de dos nuevas ciencias*. Editorial Losada, Buenos Aires.

Galluzzi, P. (1979): *Momento: studi galileani*. Edizioni dell'Ateneo, Roma

Gatto, R. (2000): "Consideraciones sobre las mecánicas de Galileo". En: *Galileo y la gestación de la ciencia moderna*. Acta IX. Encuentros, Canarias, pp. 187- 203.

Gehlen, A. (1980): *El hombre*. Ediciones Sígueme, Salamanca.

Giere, R. N. (1988): *Explaining Science*. A cognitive Approach. The Univesrsity Chicago Press, Chicago.

Gooding, D. (1992): "The Procedural Turn; or, Why do Thought Experiments Work?". En: Giere, R. (Ed.). *Cognitive models of science. Minnesota Studies in the Philsophy of Science*. Minneapolis, pp. 45-76.

Goodman, N. (1979): *Fact, fiction, and forecast*. Harvard University Press, Cambridge.

Greene, B. (2011): *El universo elegante*. Crítica. Planeta.

Hanson, N. R. (1958): *Patterns of Discovery: an Inquiry into the conceptual foundations of science*. Cambridge University Press, Cambridge.

Harman, P. M. (1982): *Energy, Force, and Matter. The conceptual Development of Nineteenth-Century Physics*. Cambridge University Press, Cambridge.

Harman, P. M. (1990): *Essay for the Apostles on 'Analogies in Nature. The Scientifc Letters and Papers of James Clerk Maxwell 1846 – 1856*, vol. 1, Cambridge University Press.

Harman, P. M. (1998): *The Natural Philosophy of James Clerk Maxwell*. Cambridge University Press.

Hartmann, N. (1986): Ontología I. Fundamentos. Traduccción de José Gaos. Fondo de Cultura Económica. México.

Harré, R. (1960): "Metaphor, model and mechanism". *Proceedings of the Aristotelian Society*, vol. 60, pp. 101-122.

Harré, R. (1970): *The Principles of Scientific Thinking*. Macmillan, London.

Harré, R. (1989): "Idealization in Scientific Practice". *Poznan´ Studies in the Philosophy of the Sciences and the Humanities*. Amsterdam, vol. 16, pp. 183-191.

Hawkins, S. (2010): "El Gran Diseño". Crítica.

Heisenberg, W. (1959): *Física y Filosofía*. La Isla, Buenos Aires.

Heisenberg, W. (1971): *Physics and Beyond*. Harper and Row, Nueva York.

Heisenberg, W. (1974): *Más allá de la Física*. BAC, Madrid.

Herrero, M. A. (2014): "La formación de los conceptos científicos. De Grosseteste a Galileo". *Naturaleza y Libertad*, n. 4, pp. 97-156.

Herrero, M. A. (2016): *Símbolo y Metáfora en Física* Ed. Punto Rojo.

Hertz, H. (1894): *Die Principien der Mechanik*, Leipzig.

Hesse, M. (1953): "Models in physics". *British Journal for the Philosophy of Science*, vol. 4, pp. 198- 214.

Hesse, M. (1965): *Models and Analogies in Science*. Nôtre Dame University Press.

Hesse, M. (1988a): "The Cognitive Claims of Metaphor", *Journal of Speculative Philosophy,* vol. 2, pp. 1-16.

Hesse, M. (1988b): "Theories, Family-Resemblance and Analogy". En: D. H. Helman (ed.). *Analogical Reasoning*. Dordrecht: Kluwer, pp. 317-340.

Hesse, M. (1995): "Models, Metaphors and Truth", En: Z. Radman (ed.). *From a Metaphoric Point of View. A Multidisciplinary Approach To the Cognitive Content of Metaphor*. De Gruyter, Berlin, pp. 351-372

Hintikka, J. (1994): *Aspects of Metaphor*. Dordrecht, Kluwer.

Holton, G. (1982): Ensayos sobre el pensamiento científico en la época de Einstein. Alianza, Madrid.

Holton, G. (1995): "Metaphors in Science and Education". En: Z. Radman (Ed.). *From a Metaphoric Point of View. A Multidisciplinary Approach To the Cognitive Content of Metaphor*. De Gruyter, Berlin, pp. 259-288.

Hossenfelder, S. (2019): *The New York Times*, 23 de enero de 2019.

Hossenfelder, S. (2018): *Lost in Math: How Beauty Leads Physics Astray*. Hachette Book Group. Ebook.

Hughes, R. I. G. (1997): "Models and Representation". *Philosophy of Science, 64 (Proceedings)*, pp. S325-S336.

Hutten, E. H. (1954): "The role of models in physics". *British Journal for the Philosophy of Science*, vol. 4, pp. 284-301.

Jammer, M. (1966): The Conceptual Development of Quantum Mechanics. Mc Graw-Hill, New York.

Klein, U. (1999): "Techniques of modelling and paper-tools in classical chemistry". En: Morgan, M. S. y Morrison, M. (eds.): *Models as Mediators*. Cambridge University Press, Cambridge, pp. 146-167.

Koyré, A. (1965): *Newtonian Studies*. Chapmam and Hall, Londres.

Knorr Cetina, K. (1995), "Metaphors in the Scientific Laboratory: Why Are They There and What Do They Do?". En: Z. Radman (Ed.). *From a Metaphoric Point of View. A Multidisciplinary Approach To the Cognitive Content of Metaphor*. De Gruyter, Berlin, pp. 329-349.

Koyré, A. (1990): Estudios de historia del pensamiento científico. Siglo XXI, Madrid.

Kuhn, T. S. (1987): La teoría del cuerpo negro y la discontinuidad cuántica, 1894 – 1912. Alianza Universidad, Madrid.

Kumar, M. (2011): *Quántum. Eintstein, Bohr y el gran debate sobre la naturaleza de la realidad*. Kairós. Barcelona.

Lakatos, I. (1984): *Historia de la ciencia y sus reconstrucciones racionales*. Traducción de D. Ribes, Tecnos, Madrid.

Llano, A (2013): *Deseo y Amor*. Encuentro, Madrid.

Laymon, R. (1980): "Idealization, Explanation and Confirmation". *Philosophy of Science*, vol 1, pp. 336-350.

Lennox, J. (2016): *Disparando contra Dios*. Publicaciones Andamio, Barcelona.

Locke, D. (1997): *La ciencia como escritura* Ediciones Cátedra. Madrid.

Locke, J. (2005): Ensayo sobre el Entendimiento Humano. Porrúa, México

López Quintás, A (1993): *La formación por el arte y la literatura*. Rialp. Madrid.

Maasen, S. Weingart, P. y Mendelsohn, E. (eds.) (1995): *Biology as Society, Society as Biology: Metaphors*. Kluwer, Dordrecht.

McMullin, E. (1978): *Newton on matter and activity*. University of Notre Dame Press Notre Dame, Indiana.

McMullin, E. (1985): "Galilean idealization". *Studies in History and Philosophy of Science*, vol. 16, n. 3, pp. 247-273.

Mach, E. (1942): *The Science of Mechanics*. The Open Court Publising, London.

Mach, E. (1987): *Análisis de las Sensaciones*. Alta Fulla. Barcelona.

Marcos, A. (1997): "The Tension Between Aristotle's Theories and Uses of Metaphor". *Studies in History and Philosophy of Science*, vol. 28, No. 1, pp. 123-139.

Margenau, H (1970): La naturaleza de la realidad física. Una filosofía de la Física moderna. Estructura y Función, Tecnos, Madrid.

Martin Soskice, J. y Harré, R. (1995): "Metaphor in Science". En Z. Radman (ed.). *From a Metaphoric Point of View. A Multidisciplinary Approach To the Cognitive Content of Metaphor*. De Gruyter, Berlin, pp. 289-307.

Maxwell, J. C. (1990): *The Scientific Letters and Papers of James Clerk Maxwell*, 2 vols. Edited by P. M. Harman. Cambridge University Press, Cambridge.

Maxwell, J. C. (2003): *The Scientific Papers of James Clerk Maxwell*, 2 vols. Dover Phoenix Editions. Dover Publications, Inc. Mineola, New York.

Merlau-Ponty, M (1975): *Fenomenología de la Percepción*. Península, Barcelona.

Mersenne, M. (1966): *Les Mechaniques de Galilée*. Edición crítica de B. Rochot. Presses Universitaires de France, Paris.

Miscevic, N. (1992): "Mental models and thought experiments". *International Studies in Philosophy of Science*, vol. 6, n. 3, pp. 215-226.

Montuschi, E. (1995): "What is Wrong with Talking of Metaphors in Science". En: Radman, Z. (ed.). *From a Metaphoric Point of View. A Multidisciplinary Approach To the Cognitive Content of Metaphor*. De Gruyter, Berlin, pp. 309 – 327.

Morrison, M. C. (1998): "Modelling nature: between physics and the physical world". *Philosophia Naturalis*, vol. 35, pp. 65-85.

Nersessian, N. J. (1989): "Faraday's Field Concept". En Gooding, D. y James, Frank A. J. L. (eds.): *Faraday Rediscovered. Essays on the Life and Work of Michael Faraday, 1791 – 1867*. MacMillan Press, Hong Kong.

Nersessian, N. J. (1990): *Faraday to Einstein: constructing meaning in scientific theories*. Kluwer Academic Publishers, Dordrecht.

Nersessian, N. J. (1993): "In the theoreticians's laboratory: Thought experiments as mental modelling". En: Hull, D.; Forbes, M. and Okruhik, K. (eds.). *PSA 1992, East Lansing, MI: Philosophy of Science Association*, vol. 2, pp. 291-301.

Newton, I. (2010): *Principios matemáticos de la filosofía natural*. Eloy Rada García. Alianza Editorial. Madrid.

Nicholl, Ch. (2005): *Leonardo el vuelo de la mente*. Taurus, Madrid.

Nowak, L (1989): "Abstracts are not our constructs. The mental constructs are abstracts". *Poznan´ Studies in the Philosophy of the Sciences and the Huminaties*. Rodopi, Amsterdam, vol. 16, pp. 193-206.

Ortega y Gasset, J. (1992): *La idea de principio en Leibniz*. Revista de Occidente en Alianza Editorial, Madrid.

Ortony, A. (ed.). (1979): *Metaphor and Thought*. Cambridge University Press, Cambridge.

Pais, A. (1982): *Subtle is the Lord*. Oxford University Press, Nueva York, 1982

Palmieri, P. (2003): "Mental models in Galileo's early mathematization of nature". *Studies in History and Philosophy of Science*, vol. 34, pp. 229-264.

Palmieri, P. (2005): "Spuntar lo scoglio più duro: did Galileo ever think the most beautiful thought experiment in the history of science?". *Studies in History and Philosophy of Science*, vol. 36, pp. 223-240.

Pascal, B. (1996): *Pensamientos*. Traducción, introducción y notas de J. Llansó. Alianza Editorial. Madrid.

Paty, M. (1993): *Einstein Philosophe*. Presses Universitaires de France, París.

Peirce, Ch. S. (1959): *Selected Writings (Values in a Universe of chance)* Edited by Ph. P. Wiener. Dover Publications, New York.

Pérez, J. J. y Sols, I. (1994): "Domingo de Soto en el origen de la ciencia moderna". *Revista de Filosofía*, Vol. VII, núm. 12, pp. 27-49. Ed. Complutense, Madrid.

Planck, M. (1960): *A Survey of Physical Theory*. Dover Publications Inc., New York.

Poincaré, H. (1905): *La Valeur de la Science*. Frammarion, Paris.

Popper, K. R. (1985): *Teoría cuántica y el cisma en Física* Post Scriptum a la Lógica de investigación científica. vol. 3. Tecnos. Madrid.

Popper, K. R. (1993): *Búsqueda sin término*. Tecnos, Madrid.

Popper, K. R. (1998): Realismo y el objetivo de la ciencia. Post Scriptum a La lógica de la investigación científica. Tecnos. Madrid.

Reale, G. (2005): *Raíces culturales y espirituales de Europa*. Herder, Barcelona.

Reichenbach, H. (1958): "The philosophy of space and time" Dover New York.

Riaza, E. (2010): *La historia del comienzo" Georges Lemaître, padre del Big Bang*. Encuentro. Madrid.

Rioja, A. (1984): *Etapas en la concepción del espacio físico*. Tesis Doctoral. Universidad Complutense de Madrid.

Rioja, A (1996):"La filosofía de la ciencia física de G. Berkeley". *La ciencia de los filósofos*. Themata, n. 17, p. 164.

Rioja, A. y Ordoñez, J. (1999): *Teorías del Universo*, 3 vols. Vol. I y II. Síntesis, Madrid.

Rioja, A. y Ordoñez, J. (2006): *Teorías del universo,* 3 vols. Vol. III. Síntesis, Madrid.

Rivadulla, A. (2006): "Metáforas y modelos en ciencia y filosofía". *Revista de Filosofía,* vol. 31, n. 2, pp. 189-202.

Sánchez Navarro, J. (2001): "Los experimentos imaginarios de Occam a Galileo". En: *Galileo y la gestación de la ciencia moderna*. Acta IX. Encuentros, Canarias, pp. 63-80.

Sánchez Ron, J. M. (Ed.). (1998): *James Clerk Maxwell. Escritos Científicos*. Consejo Superior de Investigaciones Científicas, Madrid.

Saumells, R. (1970): La Geometría euclídea como teoría del conocimiento Ediciones Rialp, Madrid.

Schlick, M. (2002): *Filosofía de la naturaleza*. Traducción y notas: J. L. González Recio. Ediciones Encuentro, Madrid.

Schrödinger. E. (1975): *¿Qué es una ley de la naturaleza?* Fondo de Cultura Económica. México.

Segura, A. y Moreno, J. A. (2004): *Retos actuales de la Epistemología de la ciencia*. Universidad de Granada, Granada.

Shanon C. E. (1948): "A mathematical theory of Comunication". *The Bell System Technical Journal*, vol. 27, pp. 379-423, 623-656.

Shea, W. R. y Artigas, M. (2003): *Galileo en Roma. Crónica de 500 días*. Ediciones Encuentro, Madrid

Simpson, T. K. (1998): *Maxwel on the Electromagnetic Field. (A Guided Study)*. Rutgers University Press, London.

Smolin, L (2007): "Las dudas de la física en el siglo XXI" ¿Es la teoría de cuerdas un callejón sin salida? Crítica, Drakontos, Barcelona.

Spencer, Q. (2004): "Do Newton's rules of reasoning guarantee truth...must they?". *Studies in History and Philosophy of Science,* vol. 35, pp 759-782.

Steinle, F. (1994): "Experiment, Speculation and Law Faraday's Analysis of Arago's Wheel". *Proceedings of the Biennial Meeting of Science Association*.

Sylla, E. D. (1991): *The Oxford Calculators and the Mathematics of Motion 1320 – 1350*. Physics and Measurement by Latitudes. Garland Publishing Inc. New York & London .

Suppe, F. (1989): The Semantic Conception of Theories and Scientific Realism. Illinois University Press, Urbana.

Szabó, T. (1998): "Galileo and the Indispensability of Scientific Thought Experiment". *The British Journal for the Philosophy of Science*, vol. 49, pp. 397-424.

Thomson, J. J. (1931): "James Clerk Maxwell". En *James Clerk Maxwell. A Commemoration Volume*. 1831 – 1931. Cambridge at the University Press.

Tuve, M. A. (1967): "Physics and the Humanities The Verification of Complentary", *The Search for Understanding*, Ed. Caryl P. Haskins. Washington D. C. Carnegie Institution, p. 46.

Tweney, R D (1986): "Procedural Representation in Michael Faraday's Scientific Thought". *Proceedings of the Biennial Meeting of Science Association*, pp. 33-344.

Tweney, R D (1989): "Faraday's Discovery of Induction: A Cognitive Approach". En: Gooding, D and James, Frank A. J. L. (eds.): *Faraday Rediscovered. Essays on the Life and Work of Michael Faraday, 1791-1867*. MacMillan Press, Hong Kong, pp. 189 – 209.

Urban, M. W. (1979): *Lenguaje y Realidad*. Fondo de Cultura Económica, México.

Vega Rodríguez, M. (2004): *Aristóteles y la Metáfora*. Universidad de Valladolid, Valladolid.

Von Weizsäcker, F. C. (1974): *La Imagen Física del Mundo*. BAC.

Way, E. C. (1991): *Knowledge, Representation and Metaphor*. Kluwer, Dordrecht.

Wallace, W. A. (1971): "Mechanics from Bradwardine to Galileo". *Journal of the History of Ideas*, vol. 32, n. 1, pp. 15 – 28.

Wallace, W. A. (1974): "Galileo and Reasoning Ex Suppositione: The Methodology of the Two New Sciences". *Proceedings of the Biennial Meeting of Science Association*, vol. 1974, pp. 79-104.

Walser, E. (2005): *Las ciencias de la cultura*. Fondo de Cultura Económica. Trad. de Wenceslao Roces 2ª ed. México.

Weinberg, S. (2015): *Explicar el mundo. El descubrimiento de la ciencia moderna*. Taurus. Pensamiento. Edición Kindle.

Westfall, R. S. (1980): *Never at Rest. A Biography of Isaac Newton*. Cambridge University Press.

Westfall, R. S. (1996): *Isaac Newton: una vida*. Cambridge University Press.

Whittaker, E (1951): "A History of the Theories of Aether and Electricity". *American Institute of Physics*, vol. 7, p. 42.

Wittgenstein, L. (1989): *Tractatus logico-philosophicus*. Alianza Editorial, Madrid.

Wittgenstein, L. (1999): *Tractatus logico-philosophicus*. Alianza Editorial, Madrid.

Zagal, H. (1993): *Retórica, inducción y ciencia en Aristóteles*. Universidad Panamericana, México.

Zubiri, X. (1995): *Estructura dinámica de la realidad*. Alianza Editorial, Madrid.

Sobre el autor

Miguel Ángel Herrero (Segovia, 1943) es doctor en Ciencias Físicas por la Universidad de Valencia y doctor en Filosofía por la Universidad Complutense de Madrid. Ha sido Profesor Titular de Física en la Universidad Politécnica de Valencia hasta el año 1987 y en la ETSI de Telecomunicación de la Universidad Politécnica de Madrid (1987 - 2014). Es autor de numerosas publicaciones docentes, científicas y técnicas. En la actualidad, centra su investigación en el método científico.